马炜梁，1936年生，教授，上海市人。曾任中国植物学会理事、国家教委面向21世纪师范教学改革指导委员会委员兼植物学科组组长、上海市植物学会副理事长、华东师大教学委员会委员及生物学系副主任等职务。曾荣获"国家级优秀奖"（1989年，国家教育委员会颁发），"高等师范院校教师奖一等奖"（1993年，曾宪梓教育基金会颁发），"上海市高教精英"称号（1994年，上海市高等教育局颁发），享受国务院"政府特殊津贴"（1993年），中国植物学会先进工作者（1988年）等。现为中国摄影家协会会员，《辞海》及《大辞海》分科主编，《生物学教学》杂志名誉主编。先后主持两项国家自然科学基金研究项目，发表学术论文30余篇；主编或参编植物学教材共15部。代表性的著作与论文有：1. 高等院校精品教材《植物学》国家"十五"规划教材，2006年高等教育出版社出版。2.The Historic and Current status of Herbaria in China 刊于权威的植物分类学期刊 *Taxon*，37（4）。3.《中国植物志》英文版 *FLORA OF CHINA: Eriocaulaceae, Bromeliaceae*，2003年在美国出版。4.《中国谷精草属的新资料》，刊于《植物分类学报》29（4）。5.《薜荔榕小蜂 *Blastophaga pumilae* L.和薜荔 *Ficus pumila* L.》的共生关系，刊于《生态学报》9（1）。

"Wisdom" *of* Plants

植物的"智慧"

马炜梁

寿海洋　著

北京大学出版社

PEKING UNIVERSITY PRESS

图书在版编目(CIP)数据

植物的"智慧" / 马炜梁，寿海洋著. — 北京: 北京大学出版社, 2021.1
ISBN 978-7-301-31543-9

Ⅰ.①植…　Ⅱ.①马…②寿…　Ⅲ.①植物学－普及读物　Ⅳ.①Q94-49

中国版本图书馆CIP数据核字（2020）第149721号

书　　　名	植物的"智慧"	
	ZHIWU DE "ZHIHUI"	
著作责任者	马炜梁　寿海洋　著	
责 任 编 辑	周志刚	
标 准 书 号	ISBN 978-7-301-31543-9	
出 版 发 行	北京大学出版社	
地　　　址	北京市海淀区成府路205号　100871	
网　　　址	http://www.pup.cn　　　新浪微博:@北京大学出版社	
电 子 信 箱	zyl@pup.pku.edu.cn	
电　　　话	邮购部 010-62752015　发行部 010-62750672　编辑部 010-62753056	
印 刷 者	北京九天鸿程印刷有限责任公司	
经 销 者	新华书店	
	889毫米×1092毫米　16开本　30印张　443千字	
	2021年1月第1版　2023年1月第5次印刷	
定　　　价	128.00元	

目录
Contents

王文采院士序言

得知《植物的"智慧"》将在北大出版社出版，我感到十分高兴。好书是该有更多的读者欣赏与阅读的！作者几十年如一日地以饱满的热情投入到大自然的怀抱，在野外千百次地发问，千百次地思考，千百次地寻求看似无解的植物进化之谜的答案。作者是个积极的提问者，他深入的思考使问题得到了深入的理解。作者也是个严谨的学者，对已有的答案常常要再问一个：是不是这样？经过严格的考察、验证，一些错误的解答便不攻自破。作者又是个勇敢的实践者，凡他拍摄的照片都有出处，绝无弄虚作假之嫌。这些都使得读者在开卷之后就可以放心、开心地看下去。此外，有些至今无解的问题作者也尽力提供探究的方向，体现出一个学者求真务实的风范。

本书以丰富的实例探讨植物演化中的种种"智慧"，讲解生动细致，新见迭出。《再力花奇特的变异有利于食虫还是传粉？》（p.233）是一篇以事实为依据的科学题材，为了探究"再力花为何把苍蝇的头割下来了"，作者花费了大量精力，证明再力花的花柱弯曲是花粉的输入与输出，而不是植物对昆虫的割头行为，避免了对青少年的误导。《协同进化的杰出例证》（p.79）是本书着墨最多的一篇，该文叙述了薜荔与榕小蜂间最高的动、植物共生范例，它们协同进化至今已是"合则皆旺，离则皆亡"，就像钥匙与锁的关系，协同进化是我国生命科学领域优先发展的十大课题之一，这也是作者在国内首个推出的此类作品。淡竹叶（p.340）只有基部第一朵花能结实，其他都成为它远播的工具。本来是同等地位的花，有一些竟然退化到"工具"的地位，足见为了一个共同的目标而集体努力是植物界发展的客观需要。胡萝卜等（p.298）伞形科植物开花不遵从向心式或离心式开放的原则，而是整个花序中雄性或雌性一起开放，由此可见植物的遗传、变异没有死板的程序，只要有利于植物就好。《不开花也能传粉的启示》（p.250）对太子参、铺地堇、两型豆的闭锁花现象做了分析，明确它们不仅节约了成花能量，也是保证居群数量的有力手段；闭锁花与正常花是一对密不可分的伙伴，两者能相互促进居群的繁荣。《奇怪的蜡菊开花之谜》（p.220）、《灰绿龙胆为何见阳光就开，一旦遮阴就关？》（p.239）等共同揭示了光线、水分对开花的极其迅速的作用，体现出植物生生不息的强有力的适应性。桔梗（p.226）、美人蕉（p.170）开花时雄蕊第一步先展示花粉（花粉全部脱出花药，交给花柱），第二步才由雌蕊（而不是雄蕊）进行传粉，这一特殊的路线使得传粉效率更高，美人蕉的5个雄蕊只要半个就能完成全部任务。马兜铃（p.97）的花很小，但是就有一种小蝇能钻进花筒，拿外源花粉对它进行传粉，临走时还带走了该朵花的花粉。这是典型的异花传粉。这一巧妙的传粉动作，稍一粗心就搞不清楚了。沼生水马齿（p.274）看似柔弱，但它却凭借花粉管在体内细胞间隙中游走，因而它虽然花药不开裂，却具有在沉水、浮水、湿地等不同条件下都能结实的高超本领。金鱼藻（p.262）、

苦草（p.265）、浮萍（p.270）都生活在水中，它们各有一套特殊的传粉、结子、散布后代的本领。旱金莲（p.213）花开放时雄蕊一个个分别上翘，以延长授粉期，过后雌蕊才上翘，接受外源花粉，体现出严格的异花传粉需求。鹤望兰（p.278）巧借蜂鸟的脚底传粉，证实了植物设计的传粉路线有多巧妙。矢车菊（p.203）传粉者来临则如期推出花粉，否则就耐心等待，成为花与虫密切配合的久远的话题。凡是植物几乎皆有欢迎杂合、拒绝纯合的倾向：丹参、水苏、玄参、三色堇、西番莲、矢车菊、旱金莲、桔梗等莫不如此，我们还未发现相反的情况（除了有闭锁花的种类）。

作者立志探究植物的"智慧"是在1982年。在近四十年的科研历程中，他的故事太多了。仅以忘我研究而影响身体为例，就曾患过漆疮皮炎。为了拍得几张满意的照片，他不顾漆疮皮炎一再发作，以至于脸肿成一片。他生怕吓着他人，先后3次不敢进食堂打饭。8月份从西安回来，在闷热的火车里由于暴露的腿、手臂、脸又红又肿，满是水泡，不敢随意和人接触，生怕人家怀疑他得了不明传染病。在海南被蚂蟥咬得出血不止，手足无措。带着被森林螨咬过的威胁，惴惴不安

地从长白山返回上海，三个月过去总算没得脑炎、偏瘫等症才告平安无事……

　　这些图片拍摄不易，原因在于它们全部要在新鲜材料下拍得，所以就得人随花动，哪里的花开了就得去哪里拍。有的花必须到山里到处找寻，好不容易寻到了，花却快过期了，只能次年再来。如：草麻黄的拍摄经过了6年3地才拍到（两赴新疆、内蒙古、北京郊外）；鸽子树（珙桐）经过了6年3个国家，由7个地点的照片汇合而成（美国长木国家公园，德国富生，我国上海、浙江等）；香椿虽栽在上海，却花了4年；榆树在校园内，却等候了很长时间，直到第5年采到好的开花枝条才拍摄成功。有的需赴高山才能拍到，有的需雪中上山才能拍到，有的需下海边拍摄，有的需到荒漠拍摄。总之，植物长到哪里，作者就去往哪里，如此不辞辛劳，才不至于有遗漏和遗憾。

　　综上所述，可见本书内容丰富、精彩，无论在植物学理论研究上还是植物学教学和科普上都有重要意义，因此我愿向热爱植物、对生命进化之谜有兴趣的朋友们推荐。

胡适宜教授序言

马炜梁教授不辞劳苦，亲临野外并带领团队务实地工作，积累三十余年的研究和拍摄资料写成了这本富有创新思维的好书。2013 年我阅读马炜梁教授赠书时得出的印象是：这是一本科学性与趣味性统一的植物生态学科普著作。我称它为"趣味生态学"，并预料这本书必定得到广大读者的喜爱。喜闻我校出版社要出版此书的修订版，这是推广植物学这一领域的知识的大好事。在新版《植物的"智慧"》即将付印之际，对本书的价值我还想说几句话。

首先，本书服膺达尔文的自然选择学说，以植物的物种特性的形成是长期适应生存环境的结果的理念为纲来设计内容。作者在代前言及书的第一篇的开头就简要阐明，在其后的篇章中都以自己细致观察的植物为例，从结构上和生理上阐述植物生存对环境的适应性。如阐述高寒山地植物的适应性的课题，以天山上的雪莲为例，上部叶片变态为包围花序的苞片，起着保温的作用，使花能正常发育；又如讲食虫植物的捕虫的适应性课题，提出人们在观赏奇异的猪笼草时，好奇者必然会问几个为什么，作者以曾做过仔细观察的我国原产的猪笼草为例给予回答，不但描述植物的外部形态、野生的状态，而且详细阐述引诱昆虫探访、被捕落入瓶状结构内的过程、被消化吸收的结构和生理特点。关键的结构特点都有精细的图片显示，甚至精密到电镜水平，瓶里有众多种类的昆虫，都是我第一次见识。这些新的发现，无疑是理解以食虫为营养的植物的生存"智慧"的珍贵资料。在《植物如何避免近亲繁殖？》中，作者在开头用通俗的语言介绍达尔文的异花受精（传粉）有利的理念之后，以几种植物为例，从结构和生理机制的角度阐述植物如何避免自花传粉。虽然，对行使繁殖功能的花而言，雌雄异株、雌雄异熟等现象是两性隔离的保证，这在达尔文的《植物界异花受精和自花受精的效果》的著作中已论述，但当时研究技术有限，不可能提供这些现象的直观图片。本书针对这些特性提供亲自观察的资料及精美的图片，充实了达尔文最早提出的植物传粉生物学的知识。

　　其次，本书在写作上，除了用恰当的通俗语言代替惯用的科学术语的特点外，我感觉还有两方面的特点。一是，先对现象下隐藏的本质提出一个个问号，引发读者思考、追求答案的兴趣。二是，精美的图片占据很大的篇幅，这些图片让读者有如直接观察到植物本身，尤其是作者用创新的微距摄影技术（装置 micro 镜头）所拍摄的肉眼看不清的细微结构照片，对形形色色的植物在不同生境中生存、繁荣的巧妙“策略”的精确显示，令人惊叹和信服。微距摄影技术能显示微小结构的细节，其直观、清晰的优越性，在本书

及作者的另一部著作《中国植物精细解剖》中有充分的体现，特别适用于生态学和分类学的野外研究记录。科学的发展离不开研究技术的进步，这是无可置疑的。

　　最后，我觉得本书是具浓厚学术性而又较为深入浅出的著作，与一般的科普书不同，归入现时所谓“学术科普”读物中更为合适。这本著作，既适合非本学科但对形形色色的植物世界有好奇心的广大读者阅读，对专攻本学科某一方面而对其他方面稍感陌生的内行专家也是有价值的。马炜梁教授对多彩的、奥秘神奇的植物界怀着浓厚的求索兴趣，执着于实践，坚持野外考察研究达三十多年。他不畏艰辛、精益求精的工作作风，乐观、创新的精神，为后辈生物学工作者树立了好榜样。

关于植物智慧的思考（代前言）

植物有没有智慧？这是阅读本书时必然要思考的问题。目前有相互对立的两种观点，兹介绍于下。

一种观点认为，植物是有智慧的。什么样的环境就会有什么样的植物，不管是终年严寒的高山、酷暑难耐的荒漠，还是海水浸润的潮间带，光照、气温、土壤盐分千差万别，当植物生长的条件得不到充分满足时，就会有特殊的植物生长在那里，这就是植物智慧的表现。试想，在高寒山地，植物正因具备了"自制棉衣"或"自建温室"，加上生理上的抗寒机制才得以度过一年中大部分都极其严寒的季节；在最干旱的地方，植物所形成的根、茎、叶抗旱结构和生理上的特殊适应性共同组成了杰出的抗旱机能，才使得旱生植物能够在一般植物不能生长的荒漠上朝气蓬勃地生活，要是搬离它现在的住地，反而生长不好；小至一朵花内雄蕊何时给雌蕊传粉，以什么方式给雌蕊传粉，都有很精巧的结构和设计；植物避免自花传粉的多种巧妙的结构与行为使人们笃信植物的智慧是确实存在的，要不然植物就会早早地从地球上被淘汰而不会变得像今天那样种类繁多、生机勃勃。所以说，植物是有很高的智慧的，植物的智慧使得它几乎是无处不在，无所不能。

但是持这种观点的人士无法回答如下的问题："这些过人的智慧是谁掌控或指导着的？怎么会形成这样的智慧？"要回答这样的问题，有人可能会说："这是有一只巨大的、无形的手在管理着植物界（乃至世间万物）。"这就是唯心的神创论，而我们是唯物论者，不信世界上有神存在。对植物的智慧也可能作这样的第二种诠释："植物为了达到某种目的、为了某种需要就产生了这些结构。"事实上，不管动物或植物，谁都不可能凭主观的要求来改变自身的结构（譬如，多个胳膊或少一条尾巴），所以这种目的论的解释是没有事实根据的。此外，也可能有第三种解释："这是至今无法回答的问题。"这是不可知论的回答，太过虚无缥缈。可见这些观点都是经不起推敲的，最后都不能自圆其说。

另一种观点则认为，植物本无所谓智慧，只是它具有无限多的适应变化了的环境的能力。此处引用徐炳声先生的两段话：

"近20年来进化生物学的一个最重要的发现、最惊人的发现就是在各类生物中都发现了有很高水平的遗传异质性（genetic heterogeity），按照保守的估计，一个基因就有两个等位基因，1500个基因，则有31500或10715种可能的组合。这个数字比估计的宇宙基本粒子的数目10^{78}还要大得多！这样巨大的遗传变异储备为将来根据自然选择的需要发生的进化反应提供了基础。

"因此就不难理解，有性生殖居群中的每一个个体都有其独特的天赋，能产生不同的类型。无性繁殖的植物虽能产生与其亲本植物具有同样遗传组成的后代，但由于环境条件到处都不一样，植物纵然基因型一致，对环境的反应却各有异，终究会导致它们后代的趋异（divergence）。因此，变异性，即一个居群（种群）内的特性环绕着平均值的波动，成为有机体所有类群的一个属性。"（徐炳声《植物种内的生态变异》）

徐先生是从基因的角度来阐述植物的变异，认为植物有巨大的变异储备和天赋，遗传中的变异是有机体所有类群的一个属性。

当环境变得不利于生存时，在如此巨大的遗传变异储备下产生的变异是全方位的、随机的，至于什么样的变异能够遗传、被固定下来得到发展，完全取决于自然选择。达尔文的理论认为，随机而无目的性的变异受到无目的性的自然选择的作用，在自然界激烈的生存竞争中产生了优胜劣汰、适者生存的结果，这个结果就是大家看到的所谓的植物的智慧。植物作为一个主体并没有自主地朝某一个方向变异的能力，有的只是大自然的随机的无目的选择。

由于演化的历史时间超乎人们的想象，一些真相必然被遮盖，很难看出，因此不少都是靠推测的。

譬如，某种花具有长长的距，这个"尾巴"是怎么产生的呢？它绝不是突然产生的，对它的形成可以作这样的设想（或者说推测）：一朵花开始只在其花瓣的基部的表面分泌蜜汁（如射干），传粉昆虫为了获取蜜汁几次来探访，这朵花就可能有了较多的传粉机会，也就有了比一般花多的后代。如果居群中有些花产生了变异，花瓣的凹陷深一点，或者说储藏的蜜汁比其他花多一点，这朵花就有了更多的传粉结子的机会，就更可能把这种（变异）特征遗传给后代。这就是最初的距。有利的变异是可以遗传的，这是被许多事实证明了的。

我们再看传粉昆虫是怎么活动的：短吻的昆虫遇到长距底下的蜜汁，只能望蜜兴叹。只有具有更长吻的昆虫才能采食到更长距内的蜜汁。尤其在食物短缺的时候，只有长吻的同类才能继续生存下去。长距成了长吻的选择因子，如此不断地反复加强，距和吻互为选择因子促使对方不断加长，直至当地的蜜源和蜜蜂数量达到平衡。在这一过程中，不存在哪一方有主动的"应该再长一点"的自主意识和认知能力。

我们不妨查证一下《辞海》是怎么界定智慧的："对事物能认识、辨析、判断、处理和发明创造的能力"，或者"学习、记忆、思想、认识客观事物和解决实际问题的能力"。《辞海》里所言的"……的能力"，这是对我们有大脑的人们所下的

人文的定义，至于植物有没有智慧，不是该书必须回答的问题，所以《辞海》的定义不足以给本书的问题一个满意的答复。

很多单性花都是由两性花演化而来，甚至在一株植物的整个生命过程中还会互转（如番木瓜）。在植物的演化过程中，单性花的发生是多次的、平行演化的结果，多数人推测这是对避免自交的适应，也有人觉得可能是对能量分配方面的适应。

被子植物出现在地球上，已有 1.5 亿年的历史，而人类历史只有 1～3 万年，两者相差上万倍。对于人类来说，植物演化的年代实在是太久远了，大量的植物出现以后又灭绝了，出现和灭绝的过程都是在人类出现以前，而且植物的鉴别依据主要是花，而花是没有骨骼的，极难像恐龙那样以化石的形式保留其演化过程，因而留下了许多不解之谜。有时我们似乎一定要找到客观的化石依据才能证明"植物是演化来的"观点，但这是不现实的。大自然在漫长的地质年代中不断淘汰不适者，保留最适者，由于不适应而淘汰的必然是多数，人们平时惊叹植物的智慧是指植物的多种适应被大自然选中而得到保留的一点，遗

传和变异是生物进化发展的基础，变异为进化提供了原料，而遗传则保存和积累了某些变异。植物在进化中是随着环境而被动地适应，它没有主动的智慧可言，所以不能说植物是主动的、有意识地改变自身以适应环境。所以在科学的意义上讲，植物没有智慧可言。

你觉得上述两种观点哪个更合理呢？我个人倾向于第二种观点。需要说明的是，这里呈现给读者的是一本科普书。我们不能把一本科普书写得连大众都无法理解，因此在写作本书时，我有意使用大众能接受的语言，并且注意到当今植物已经是遍布全球的无所不在的现象，但又不去探究它们是如何演化来的，所以仍然采用"植物的'智慧'"这一大众的语言作为书名，避免一再出现的争论。

当然，冷静地想，人类的知识是有时代局限的，今天的认识并不一定正确，今天我们把植物作为无知觉（无所谓智慧）的对象来看，到底对不对呢？为什么同样由基因组成的动物（尤其是人类）的智慧被广泛承认，而植物却被另眼看待？植物尽管没有神经中枢（大脑），但它也有遇到刺激并马上做出反应的 5 个生理学的步骤：**感应器、传入神经、神经中枢、传出神经、效应器。**（例证见《昆虫为何被拍打了？》《传粉时花朵的主动行为》《灰绿龙胆为何见阳光就开，一旦遮阴就关？》以及《食虫植物的捕虫策略》，等等。）量子力学的原理对整个世界有颠覆性的理解，那么在植物世界又有哪些观点我们应该接受呢？我们期待着对植物的智慧有一个更全面的认知。

第一篇　植物的智慧随处可见

　　任何植物都不是单独生长的，它们以居群（种群）为单位对周围的环境进行了长期的适应。无论在极度寒冷的高原、极度干燥的荒漠，还是盐分极高的海水中，都有植物生存。可以说，有什么样的环境就会有什么样的植物。植物的智慧使得它们无所不在，这是对植物界总体而言。至于单个个体那就死亡得太多了，因为不适应就会被淘汰。在变化了的环境下，能存活下来的植物必然有其适应自然条件而产生的变异，这种能遗传的变异经过千万年的累积就能生成新的物种。

　　生物之间有时是你死我活的竞争关系（如对阳光的竞争）；有时一方利用另一方（寄生）；有时被寄生者反过来成为反寄生者；有时则变成双方都得利的一对共生者。本书提供的最高级的共生关系中，有要求对方先作出批量的牺牲，然后在当年或在几十年之后再回报给对方的子孙的杰出例证（见 p.79《协同进化的杰出例证》）。这种错综复杂的关系的建立，令我们不得不惊叹植物的智慧。

高寒山地植物的智慧

高寒山地气候寒冷而风大、热量不足、辐射强、昼夜温度变化剧烈，生长季只有2～6个月，年降雨量一般在250mm以下，并多以雪的形式在夏季降落。植物在此环境中形态与生理上表现出多种适应性，如：植株矮小，常呈匍匐状、垫状或莲座状，芽有鳞片，芽及叶片常有油脂类物质保护，植物器官的表面有蜡粉或毛茸，它们还能吸收更多的红外线以保持体温。而植物更重要的是生理上的适应：例如气温降至0℃以下时引起结冰，由于细胞内淀粉和蛋白质在酶的作用下不断水解成为可溶性的糖类和氨基酸，增加了细胞液的浓度，提高了细胞的渗透压，使其冰点下降，细胞才免受冻害。这是在千万年中植物不断地适应环境，大量淘汰不适者，留下最适合的变异者，才成了今天我们看到的景象。下面列举我国西部的高山上植物在形态结构方面适应自然的几个实例。

卷叶性与茸毛性　此类高寒山地植物叶通常较小，叶缘常向内卷曲，叶片密被茸毛以减少蒸腾，减少劲风带来的伤害。如菊科植物棉头风毛菊（毛头雪兔子，图1）的叶片羽状分裂，长有许多白色

的绵毛，整个植株看起来像一丛毛茸，它的花在发育过程中被众多的毛被包裹，既可以防风保暖，又可以防止紫外线的灼伤，十分有利于幼嫩的花在阳光下积聚热量正常发育。当花发育成熟时便伸长到绵毛外，头状花序开放接受传粉，产生种子。多刺绿绒蒿、火绒草（图2）、小叶金露梅、头花蓼等都具有卷叶和多绒毛的特征。

大苞现象　蓼科植物塔黄（图3）有很大的叶片，生长十几年后，便向上伸出一个粗达10～20厘米、高达70厘米的巨大花序。这样的花序挺立在空旷的山坡上，自是难以保持热量、抵抗夜间的低温。塔黄的适应对策是它用苞片自建了一座温室：它的苞片很大，呈淡黄色、半透明，并且每一片都向下翻卷，盖住了下方花序中的花。许多苞片都这么翻卷，就相当于一个温室（图4）。据测定，在西藏亚东，夏日正午大气温度为13℃，而"温室"内花序周围的温度是27℃～30℃，正适合花朵的发育，到了晚上气温下降为−5℃以下，而这时花序温度还有4℃～6℃，可免受冻害。

天山雪莲植株下部的叶为绿色，行光合作用；

图1　棉头风毛菊（*Saussurea eriocephala*）植株。叶片有很多长长的绵毛，先端羽状分裂，花在发育过程中缩在叶丛下面，得到很好的保护，开花时才伸出外面接受昆虫传粉，完成生活史。

图2　火绒草（*Leontopodium* sp.）又称雪绒花，叶和花序全被绵毛包裹，有利于在极度寒冷的条件下生长。

图3 塔黄（*Rheum nobile*）自建的"温室"。

图4 塔黄花序顶部剖面，示苞片反卷，包住下面众多的花朵。

上部的叶变态为苞片，淡黄色，起温室屋顶的作用，以保护整个花序在温室中生长、发育直至开花。雪莲生长5年以上才开花，开花结实以后就结束生命。（图5、图6）

垫状现象 在高寒山地常可见到趋同适应的现象，即一些不同科的植物表现出相同的形态，如：石竹科的蚤缀属（图7—图9）、囊肿草属，报春花科的点地梅属，蔷薇科的山梅草属、委陵菜属，豆科的黄芪属等。这些草本或小灌木的小枝生长极度受抑制，形成了半球形的垫状体，它们的茎非常密集，叶小型且覆盖于球状体的表面，夏天落在球状体上的雪比其他不毛之地的雪融化得快，水分渗入垫内，使垫状体获得充足的水分。垫状体的形态还可减小风的冲击力，当强风吹来时，垫状植物的贴地半球形使它具有抗倒伏的能力，垫状体背风面不易降低温度，如此则寒气不易侵入，在气温突降的夜里可免受冰冻之苦。所以这种形态能起到为植物体周围"微环境"增温、保温、减少蒸发、多储水分和抵御强风侵袭的功能。垫状为高山上多种植物的共同形态。从一株蚤缀的剖面（图9）可见，它从主根发出许多极度缩短的分枝，彼此靠拢形成一个实心的半球体，分枝之间有许多枯死的老叶、碎石、砂粒和泥土。

胎生现象 珠芽拳参（珠芽蓼）的部分花芽特化成了小的球茎，并且在小球茎还没有脱离母体时即已长出了几个叶片，这种不经过性细胞的结合，在母体上直接长出新一代植物体的现象称为胎生现象（图10、图11），当植株正在开花时，小

图5 雪莲（*Saussurea involucrata*）植株下部叶片绿色，行光合作用，上部的叶变态为苞片。

图6 雪莲。植株上部叶片呈淡黄色半透明，似温室的透光屋顶，起保护花朵正常发育的作用，等到花朵发育成熟，便如本图所示，张开苞片以便昆虫进来传粉。

图 7   蚤缀属的甘肃雪灵芝(*Arenaria kansuensis*),众多的"顶芽"准备一起生长,长成一个个半球形的垫状体。

图 8   蚤缀(*Arenaria* sp.)的垫状体,背面不远的高处就是植物分布的最高极限 —— 流石滩,从寸草不生到仅有少量耐寒植物生长。

图 9　蚤缀垫状体的剖面。它不像我们平时见到的球形树冠，四周有一层叶片，而里面的分枝则是空荡荡的。它不是空心的，里面分枝密集，还有许多由山风带来的砂土和小石子。这种形态使得它具有增温、保温、减少蒸发、多储水分和抵御强风侵袭的功能，成为不少科属植物趋同演化的共同特征。在此极度恶劣的环境下，这株比馒头大一些的植物已经生活了几十年。

图 10　珠芽拳参（*Polygonum vi-viparum*）。由于当地生长季短暂，常常是开花的植株尚未结果，寒潮便突然来临，花朵因失去了温暖的条件，无果而终。面对这样的现实，部分花朵特化为小球茎，与花同时发育。

图 11 珠芽拳参的小球茎已经从母体中获得了生长的首批营养物，帮助它在雪被下安然越冬。

球茎就已经长出了不定根，成了一个根、茎、叶俱全的新的植物体。如果天气突变，不利于花朵的结实，珠芽拳蓼也不至于没有后代，它通过胎生产生的无性繁殖的后代——小球茎照样可以在雪被的保护下安然越冬，来年长成新植株。当然，只要环境允许，它还是要走异花传粉的有性生殖之路，因为从长远来看，种内基因的交流是种群强盛的基本保证。

具艳丽的花朵　高山上紫外光强，寒冷，使得传粉昆虫相对减少，故花朵色彩特别艳丽，以吸引昆虫前来采蜜，花色以蓝、紫、黄、粉红色居多，如：白色的高山杜鹃，红色的红景天，蓝紫色的龙胆科植物和马先蒿，黄色的委陵菜等（图12）。而且随着海拔的升高，花色常变得更艳丽。

畸形树（旗形树、风剪树）　由于高山垭口地区多风、风力强劲，正当发育的茎枝遭受固定方向吹来的强风压迫，风压使树木一开始便以偃卧状态接近地面，平卧生长，有的树木虽保持直立状态，但其枝条常顺风生长，只有在背风面才能得到发展，茎枝的形态和位置会发生永久性的改变，形成畸形的风剪树或旗形树（图13）。

图 12（本页图）　信手采来的高山花卉。

图 13（右页图）　高山上的旗形柏（*Cupressus* sp.）受固定方向来的强风压迫，树木的分枝呈旗形生长。在远处山上都是白雪（8 月摄自美国西部洛基山脉 2000 米的山上）。

藓类植物繁荣的现象　从终年积雪的、没有植被的永久冰雪带往下是植物生长的最高地带 —— 流石滩（图14）。由于强烈的寒冻风化，大量的岩石不断被冰雪崩裂，植物只有在短暂的暖季获得生长的机会，在此严酷的条件下首先出现的是哪些植物呢？也就是说，哪些植物是最能忍耐极端气候的呢？这里特别应该提到的是藓类植物杰出的繁荣现象。通常认为，苔藓植物是生长在阴暗、潮湿的环境中，如墙角、林下、沟边。可是在海拔如此高的山上没有高墙，没有树林，也很少有溪沟，在这样的山坡上伴随而生的只有少量平卧于地的草本植物，可就在这样的环境里竟然郁郁葱葱地生长着一片片的藓类植物。图15是一片紫萼藓，这里的自然条件极其恶劣：天气晴朗时太阳把石头晒得发烫，紫萼藓被晒干，采下一小撮用两只手指轻轻一搓，便

图14（左页图）　流石滩。这里岩石缝隙中的水结成冰后体积增大，致使岩石从上方崩落下来，且受雪水的推动不断向下滑动。石块的形态是棱角分明的，不像我们常见到的经过长期的水流中砂石磨损已变成没有棱角的鹅卵石。圆圈内那块黑色岩石的平展处长满了紫萼藓。

图15（本页图）　紫萼藓（*Grimmia* sp.）在石块上生机勃勃地生长，照样进行有性生殖，说明它在此环境下活得很好。

像干茶叶一样变成了粉末；可是一旦雾气来临（在地面往上看就是云朵），它单层细胞的叶片可以从空气中直接吸收水分，因而即使只有短暂的雾气也可以使它获得足以复苏的水分，重又恢复生机（图16）。

那么，是什么因素使得它具有超强的抗旱、抗寒、抗紫外线的能力呢？它们何以能存活于一年之中大部分时间处于冰冻期的地方呢？又是什么原因使得它体内的酶在如此低温的条件下不被冻死，而在短暂的光照使得温度突然升高的情形下仍能保持活性？

代前言中已经讲到植物的基因有巨大的遗传变异的储备，可以根据自然选择的需要为各种各样的进化反应提供基础。上面所提供的只是环境条件变得寒冷而风大，不适宜于植物生长时植物发生的变异。就所举的不多的例子来看，变异的形式就有：毛茸的发展、苞片作用的变化、植株形态的剧变、繁殖方式的创新乃至生理上的变化等等。这些变异已经初步说明，多方面的、全方位的变异都是在被大自然选中之后得到保留的，那些不变的植物便被自然淘汰，至今已是无影无踪了。

我们知道，地球上有1/3的土地不适合植物生长。我国冻土面积达215万平方千米，约占国土面积的22%，科学家们一直在寻找能抵抗冰冻、干旱、辐射、盐碱、贫瘠和缺铁等各种"环境压力"的植物，使它们能在恶劣环境下生长和繁殖，近几十年来科学家们通过杂交、优选等手段培育高抵抗力植物，但效果不理想。如果他们能够用植物已经用了多少年的"抗冻基因"，来重建恶劣条件下植物的新陈代谢平衡，将可以取得事半而功倍的效果。如果人类从基因的角度破解了这个谜，并把它生理上如此杰出的抗寒、抗旱、抗冻基因移植到其他植物上，植物界又将出现何种壮观的奇迹！这个问题有待于从事基因工作的科学家们仔细研究，也期待青年人做出贡献。

高寒山地盛产许多名贵药材，如梭砂贝母、冬虫夏草、雪莲、胡黄连等。许多特有的种类在此生长，它们都有一套适应的本领，所以我们说高寒山地是一个特殊的自然基因库，在我们认识自然、开展科学研究、造福人类方面有着特殊的意义和地位。我们要保护那里的一草一木。近年来那里的名贵药材遭到了过度采挖，我们应该认识到不能把眼光停留在几张人民币上而误了对这一宝库的研究、开发和利用。

图 16　紫萼藓单株，下部叶片已经枯死，上部照样进行有性生殖。这三株紫萼藓，个头不高，但是它们的寿命可能比任何一个活着的人都长。

干旱荒漠中植物的智慧

我国西北部有大面积的荒漠，占国土面积的1/5。这里降水稀少、冷热剧变、风大多沙、日照强烈、强度蒸发、土表盐碱化，年蒸发量超出降雨量十倍到几十倍。这里植被稀疏，极端的地方甚至成为寸草不生的沙漠。植物在如此干旱的环境下有许多平时见不到的现象，这都是它们在严酷的环境下产生变异并在遗传过程中保留了这些有利变异的光辉范例。

一、根系生长极快

在新疆荒漠上普遍生长的骆驼刺，是骆驼的主要草料之一，它的地上部分仅 40～50 厘米，而地下部分却可深达 15 米。尤其在苗期，地下部分的生长比地上部分快得多。这是它能够利用深层的水分保持存活的主要原因，在面临严重缺水的情况下，无论植物顺应自然还是坚持不改，最后必然由自然选择的法则（适者生存、不适者淘汰）来决定它们的去与留（图 1 — 图 3 ）

图 1　骆驼刺（*Alhagi sparsifolia*）枝条先端比缝衣针还尖硬，此为躲避动物啃食的对策。但是在幼嫩期，骆驼照样可以嚼食。

图 2　骆驼正在骆驼刺的灌丛中进食。

图 3 　地上部分约为 50 厘米而地下部分可长达 15 米之深。此图为两者之对比，可见其根系之庞大。

二、形成特有的根套：这是避免大风刮来，尖利的砂石磨损根系的巧妙办法

很多沙生植物的根能分泌黏液，固结周围的沙粒形成根套。具有根套的根系被风刮出沙面时，根套能保护根系免受灼热沙粒的灼伤和流沙的机械伤害，同时，能使根系减少蒸腾和防止反渗透失水。如羽毛针禾的根系在沙层表面，向四周伸长达5～6米，当晚上沙层表面结露时，它便能吸足水分（图4、图5）。沙芦草、沙芥、沙竹等植物都具有根套，这是植物充分利用土表的水汽并防止过度日晒的巧妙适应。

图 4（左页图）　羽毛针禾（*Stipagrostis pennata*）的根部已被大
风掏空，露出了多条根，具根套的根伸向四处。

图 5（本页图）　羽毛针禾的根靠着分泌物的黏性将沙粒黏附在外，
形成根套，以防止过度的日晒和表皮的磨损，又有利于晚上降温后
土表水汽的收集。

三、自动播种的"风滚草"现象

角果藜、浆果猪毛菜、沙米、冰藜、防风、叉分蓼、展枝唐松草等植物到了秋季，在主干的近基部产生断层的离层细胞，大风吹来很容易从这里折断，于是整个植株便成为一团疏松的圆球，在风力的推动下不断滚动，在滚动中散布它的果实和种子（图6—图8）。这是对地面平坦、常吹强风的荒漠环境的适应。

图6　角果藜（*Ceratocarpus arenarius*）的形态适于在沙地上滚动、撒布果实，不致被掩埋。

图7　风滚草在荒漠中滚动受阻，于是此处就是它后代生长的地方。要是风向变了，它又转向别的地方继续滚动。

图 8　角果藜放大图。它的叶片变态为针刺状（左下），果实先端也有 2 枚针刺（右下）。胚弯曲。

四、避开炽热的阳光烤晒，采取夏季休眠对策

一些沙生植物在干旱炎热的季节停止生长，进入休眠期。多年生的阿尔泰独尾草就是一种夏眠植物，它的根和芽饱含水分，茁壮地在沙层下面等待下一个生长季的到来（图9、图10）。

五、叶片退化，减少蒸腾

它们尽量缩小叶片的表面积，或将叶片退化为膜质鳞片状，以减少蒸腾面积，节约利用有限的水分，幼茎绿色，行光合作用。如：沙拐枣、麻黄、琐琐（梭梭）、无叶豆等（图11—图13）。

图9 夏眠的阿尔泰独尾草（Eremurus altaicus）。花序已经枯萎，种子已经散放，看似已经枯死。

图10 阿尔泰独尾草在地下休眠的粗壮的根，一颗大芽正等待下一个生长季节的到来。

图 11（左上图） 沙拐枣（*Calligonum mongolicum*）叶退化，靠嫩枝行光合作用，老枝泛白以反射灼热的阳光。

图 12（右上图） 琐琐（梭梭）（*Haloxylon ammodendron*）嫩枝绿色，老茎泛白以反射炎热的阳光。

图 13（下图） 准噶尔无叶豆（*Eremosparton songoricum*）树上开出许多红花，却没有一张叶片，由茎枝进行光合作用。

六、植物体多浆汁

　　如猪毛菜、盐地碱蓬、琵琶柴、白茎盐生草、骆驼蓬、景天属、霸王、沙芥等。多为草本或小灌木，茎多圆柱状，肉质，叶特别肥厚，叶表常被蜡质，气孔器有不同程度的下陷，栅栏组织发达，有发达的储水组织，输导组织和机械组织都不发达，植物体常含有丰富的单宁和胶状物质（图14、图15）。

　　干旱荒漠的生境主要是缺水，因此植物围绕着水分的吸收与利用进行了艰苦的努力：或加大吸水面积（根深）；或减少水分的丧失（叶小、气孔下陷，或以休眠的形式避开炎热的阳光）；或加强储水功能（叶片多汁）以及如形成根套、散播种子等其他特有方式……从这里可以看出，植物是全方位地动用了所有的器官以使水分更多地获得、更少地消耗。在这过程中，保水、吸水的方式有多种，对具体某种植物来说，究竟采用哪种方式更好？其实，植物完全是随机地变异，只有在环境的检测下才体现出哪种变异更合适。植物的变异经过遗传得到保留，并一代一代地得到加强，植物本身并没有要加强某种变异的意识。这样理解就避免了神创论（没有一个神在主导着世界万物的变化），也否定了目的论的解释（植物并非为了某个目的而产生特有的变异）。除此之外，植物体同时进行了内部生理特性上的变异，如：细胞液浓度增加；细胞内含有亲水胶体物质、脂肪和多种糖类，大大加强了植物固水、保水的能力。另外，这类植物的细胞具有高达40~60个大气压的渗透压，有的可达100个大气压（中生植物一般不超过20个大气压；淡水水生植物只有2~3个大气压），因此能从含水量极少的土壤中汲取水分，从而具有更强的抗旱能力。

　　此外，在土壤盐碱化的生境中，盐地碱蓬等可以吸收盐分，把它储藏在液泡里，于是蛋白质中的酶不改变活性，可以继续生长。到了9月份，盐地碱蓬遍布在东部海滩以及新疆的盐碱地上，形成浓烈的红色，像一条鲜艳的地毯覆盖在大地上，煞是好看（图16）。

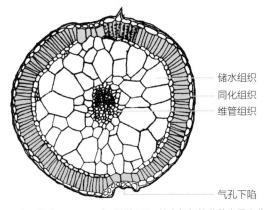

储水组织
同化组织
维管组织

气孔下陷

图14　猪毛菜（*Salsola* sp.）叶横切面，储水组织储藏着大量水分。

图 15 浆果猪毛菜（*Salsola foliosa*），示叶片肉质多浆。叶腋里结
一个胞果。花被有 5 片，每一片的背部在花后急剧扩展呈花瓣状，
使得整个胞果像装上了风轮，在荒漠中随风急速飞奔以散布种子。

图 16 盐地碱蓬（*Suaeda salsa*）的叶入秋变红，装扮着大地，分外艳丽。

红树林在海水中的智慧

你去过海南岛吗？在海南省东北部的东寨港自然保护区，有一片我国最大的红树林，面积达 20 平方千米。有人称它为海底森林，就是因为海水涨潮时，整个树林都被海水淹没，只露出树冠在海面上，就像大海中的孤岛，退潮之后，红树林便又回复了生机。红树林是生长于热带、亚热带地区的海湾、江河入海口潮间带的一类植物（图 1）。我国除海南外，广东、广西、福建、台湾、香港、澳门都有分布。红树林的环境特点是海水的盐度高、海浪的冲击力大，一般的树木都不能在此生长，唯独红树林形成了一套特殊的适应结构。

红树林首先要面对海浪的冲击，红树植物从树枝上长出许多拱形的支柱根直达土壤，同时在主根上发出多条板状根。这就使得红树能够稳稳地站立在海水下的淤泥中（图 2、图 3）。

红树生活在含氧量很少的海底淤泥里，它们必须解决好自身的氧气供应问题。在那里可以看到一些从地下冒出来的膝曲状的呼吸根，根的表面凹凸不平。细看才发现这是根皮形成了一个个向下开口的袋状的空腔，海潮上涨时虽然整个植物都浸在海水里，但是空腔里的空气依然被保留在里面，仍可维持一定时间的氧气供应。剖开呼吸根，可见它的木栓层很疏松，呈放射状排列，呼吸根可运输氧气到植物体各部（图 4、图 5），这对于生活在这里的植物是至关重要的。

图 1　退潮时的红树林

图 2　红海榄（*Rhizophora stylosa*）的支柱根

图3（左页图）　秋茄树（*Kandelia obo-vata*）的板根和淤泥中的幼苗

图4（本页上图）　木榄（*Bruguiera gymnorhiza*）从淤泥底下冒出来的膝状的呼吸根，表面显得粗糙不平，像一只只袋口向下的口袋贴满根外，在涨潮时仍可维持一定时间的氧气供应。

图5（本页下图）　木榄解剖。左：胚轴纵切面，示胎生现象；中：呼吸根可见通气组织发达；右：支柱根结实而硬。

图6 角果木（*Ceriops tagal*）的胎生现象。

红树植物的繁殖也受到海水的威胁，它们的果实成熟以后落下来，必然被海水冲走，得不到扎根的机会，所以角果木、木榄等许多植物发育出了"胎生现象"（图6、图7）：植物的种子成熟后不直接掉落，而是先在母树上萌发，它们的胚轴突破果皮向下生长，形成一枝枝下端尖尖的长约二三十厘米的棒状胚轴，退潮时它借助本身重量下坠插入淤泥，几小时内迅速扎根成为一棵新的植株，在下一次潮水到来之前即已站稳在海水中了。这种果实成熟后，在母体上发芽，长至一定程度才脱落下来，是典型的胎生现象，在植物界较少见，多见于红树林，也可见于罗汉松、高山榕、珠芽蓼等植物。第28页图3秋茄树周围的许多幼苗就是这样扎根的，而那些未能扎根、漂在海水中的幼苗，便随波逐流，在海上漂浮几天至几个月不死，一旦遇到淤泥便生根发芽，这也是红树林传播很广的一个原因。当然，如果这些果实飘到海洋中间，得不到泥土，便会死去，所以这些漂浮的果实是冒着生命的危险去寻找新的生活场所的。

红树植物表现出旱生植物的特点：叶通常很厚，革质或带肉质，角质层厚，气孔下陷，有储

图 7　角果木的胎生现象：果实在树上萌发，先长出幼苗的胚轴，然后整棵幼苗从母株上下坠，凭借重力，直接插入淤泥，并很快长出须根，幼苗就站立在土壤中了。见 p.28 众多幼苗子叶已开展。

水组织（图 8），叶片脉梢的管胞特化为扩大的储水管胞，叶表面常突出有盐腺，它包括收集细胞和分泌细胞两部分，盐分通过分泌细胞壁上的小孔，将盐排出体外，细胞的渗透压比陆生植物高出几倍至几十倍。凭借这些特点，它可以一方面减少水分的蒸发，另一方面又可以把体内的盐分排出体外，以维持体内的平衡。这是它对高盐度的海水生境的适应。

　　红树林以红树科植物为主，红树科的植物富含单宁，在空气中氧化后呈红褐色，这类植物的树皮被割或被砍后也经常呈红褐色（图 9），因此称为红树林，如红树、秋茄、木榄、红海榄、角果木等。

　　这里应该看到，在一定的环境中不同科属的植物有向同一种形态变异的可能，

图8　红树。此类植物虽然长在水中，却有旱生特性：叶厚、革质，气孔下陷；有储水组织和盐腺，既减少体内水分的蒸发，又将盐排出体外，使得这类植物长在多水的泥沼中，却有着旱生植物特有的适应性。

我们称之为趋同演化，如：多种植物有板状根、支柱根和呼吸根；不少植物有胎生现象。这些特征不单红树林有，在其他地方只要出现了类似的条件，就会有相似的形态。如，落羽杉也会向上生出膝状的呼吸根以满足淤泥中根对氧气的需求，珠芽蓼的胎生正好符合环境的要求，等等。趋同演化是生物界普遍存在的现象，这也告诉我们，当环境变化时所有的植物都具有类似的变异能力，这也体现出植物基因的强大功能。

红树林是一个复杂的生态系统，它的生态价值在于以下几点。

1. 抗风消浪、造陆护堤、降低台风灾害，还可使水中的颗粒物沉降，促进土壤形成。

2. 净化海水水质，净化大气。

3. 红树林是动物的栖息地和生物多样性的保护地。据统计，在红树林里生活的鱼类有 154 种，各类虾蟹 30 种以上，各种贝类百余种，浮游动物 26 种，藻类约 50 种。此外，还有许多水禽在其上筑巢或觅食。

4. 红树林的旅游功能也很引人，表现在新、奇、旷野等特点上，红树林景观开阔、奇根异花、胎生果实，已成为赏景、观鸟、钓鱼、品尝海鲜等观光旅游及环保科普教育的基地。

不过，由于长期以来不注意保护，任意毁林、围海造田、造盐田、围塘养殖、城市建设等使红树林的面积不断缩小，我国现有的红树林亟待保护。

图 9　红树科的植物树皮剥离以后呈红褐色，故名红树。

热带森林植物的求生智慧

大约四十多年前，我接到上海科教电影制片厂打来的电话，说有群众来访并反映：海南有一种植物，会伸出卷曲的藤，追杀动物和人。一旦追上就紧紧地卷住动物或人，将其绞死。电影厂觉得这个题材不错，如果确实，准备组织力量前去拍摄。他们也问来访者这种植物在海南哪里，来访者说在尖峰岭热带原始森林里。我一听便告诉他两点：1.尖峰岭我去考察过，没有这种可怕的植物。2.国内外的文献、资料也未曾报道过有这样的植物，因此你们不必去拍摄。

那么，这种传言从何而来呢？原来在那里确有一类植物称作"绞杀植物"，它被传言者拟人化了。下面就让我们来了解这类植物。

海南、台湾、云南省的南部属于热带，那里植物种类繁多，非常茂密，有着许多闻所未闻的奇特动植物，其中森林里的四大奇观是最为突出的，这就是绞杀现象（一株植物把另一株大树给绞死了）、独木成林（一株植物长成了一片森林）、板根现象（根向四周发出明显加宽成板状的板根）和老茎生花（花朵开在粗大的茎秆上）。下面让我仔细道来。

一、绞杀现象

有些藤本植物会把一株巨大的乔木活活地绞死（图1、图2），这不是很可怕吗？事实上，这一过程是若干年中完成的，非常漫长，我们只能看到它的结果。绞杀植物主要是指桑科榕属植物，它之所以能够绞死别的树木，主要是它的不定根靠在一起时能够互相融合连成一体，这一才能是植物界中少有的。也正是由于这一才能，使得它可以把其他的树包围起来，就像给人的脖子套上了绞索，致使其死亡。它的生长可以分成三个连续的阶段：附生阶段、藤本阶段和乔木状阶段。第一步，附生阶段：鸟类吃了它的果实，把种子带到高处排泄，种子萌发的幼苗便在高处生根。此时是典型的附生植物，因为这株幼苗和它攀附的大树之间没有营养上的联系。第二步，藤本阶段：它发出的不定根向下生长到达地面的土壤。这时它才开始吸收泥土中的无机物，在光合作用中成为一株"苗条"的藤本植物。第三步，乔木状阶段：由于侧根互相连接，在它攀附的大树外面形成了一个由不定根织成的网，这时它才对曾依附过的大树造成"绞杀"的

图1　榕树（*Ficus* sp.）把围在中间的一株树绞死了。

图2　像蛇一样爬在树干外面的叶色深的黄葛树（笔管榕）（*Ficus virens*）正在绞杀一棵独立的叶色淡的大树——黄连木（*Pistacia chinensis*）。

威胁。为什么会绞杀里面的大树呢？因为它把里面大树的生长空间围困住了，也就是堵死了里面大树增粗的空间。大家知道，树木之所以能够一年一年地生长，是靠着它茎干里的木质部和韧皮部输送水分和无机养料。由于树木被围困，韧皮部得不到更新，几年后就死掉了，这就引起了整棵树木的死亡（图3、图4）。这一过程中，绞杀植物在树木的高处争夺阳光、根部织成网状都是它生活的状态，不这样它就会为自然选择所淘汰。但是它绝不是有意识地要"绞杀"某种异类，如果碰到了石块，它也会织网包围石块，只是石块没有生命，因此也就伤害不了石块（图5）。通过绞杀植物，我们应当建立起这样一个观念：生物的进化没有目的，它向着各个方向变化，经过自然选择，不利的特征被淘汰，有利的特征得到加强，所谓"适者生存"就是这个意思。我们绝不可以说绞杀植物是很凶恶的、很残酷的，甚至说它有很高的智慧，会主动地把另外的树绞死。拟人化的解释比较生动有趣，但是离开了科学的真实，就会走上谬误。

图3（上图） 榕树（*Ficus sp.*）绞死了一株大树，该大树已经腐烂殆尽，只剩下乔木状挺立的榕树根网，人可以钻进去。

图5（下图） 榕树的根碰到了大石块，根的分枝 —— 不定根也会织成网状对石块加以包围。

图 4　柬埔寨吴哥窟塔布隆寺的绞杀植物 —— 榕树。
其左侧众多不定根交织成网，右侧两条不定根未与
其他根相交，于是像电线杆那样直插地面。

二、独木成林

人们常说："单丝不成线，独木不成林。"然而榕树有一奇特的习性：经常从树枝上挂下气生根，在热带雨林湿润的环境下，它的气生根不会干瘪，继续往下生长。一旦碰到泥土，气生根便吸收水分和无机盐以向上供应整个植株生长，而且愈长愈粗，成为榕树的另一个主干。许多气生根都这么生长，于是就成了"独木成林"的景观了（图6、图7）。有时候气生根碰上了下面的分枝，便与它愈合，使整棵树像一个巨大的立体网，强风吹不倒也刮不断（图8）。据说在第二次世界大战中，有一支7000人的队伍在缅甸的一株大榕树的树荫下度过了一个炎热的中午，可想这株榕树有多大了。

图6 1960年在云南思茅拍摄到的独木成林榕树。照片中有4人，你能全找出来吗？

图7 1960年云南思茅的一株独木成林的榕树，看起来像有5棵树围在一起组成一小片树林。

图8 西双版纳的一棵榕树长成了一小片树林。

三、板根现象

在热带经常有台风、暴雨，使得地下泥土中饱含水分，树木的抗风力减弱，尤其对于那些长得特别高大的树木，树大招风更是一个致命的弱点。于是便出现了板根现象，以维持它高大的树冠不致倾倒。如四数木科的四数木（图9），它的树冠高高地矗立在热带雨林二三十米高的树冠层之上，一旦狂风吹来，它将承受巨大的风力。值得庆幸的是，这种大树下部有板根，因而狂风吹不倒它。同样，壳斗科的刺栲（红锥）、桑科的榕树等树木基部也都可见到板根现象（图10、图11）。尽管它们形态各异，但作用还是同样的。

图9（上图）　西双版纳密林中一般的树木都有二三十米高，四数木（*Tetrameles nudiflora*）挺立在它们的上方，飓风来临时它受到的力可想而知。它的基部向四方伸出巨大的板根，保证了上方的树冠摇而不倒。

图10（下图）　榕树（*Ficus* sp.）匍匐地面的板状根像条蟒蛇。（福建宁德师院的陈勇主任正在测量。）

图 11 榕树的板状根，摄于柬埔寨热带雨林。

四、老茎生花

热带雨林的树冠层非常稠密，相反在林下却比较空旷，于是那些耐阴的、较矮的树木便找到了自己的生态位，这些树的树干上开花结实，这一景象也就成为热带雨林的一个特有的现象。这也是趋同演化的另一个实例。如：桑科的木菠萝（也称波萝蜜）、木瓜榕、番荔枝科的刺果番荔枝（也称红毛榴梿）等都有老茎生花的现象（图12、图13）。

图12 木菠萝（*Artocarpus heterophyllus*）老茎生花。

图13 木瓜榕（*Ficus* sp.）老茎生花。

食虫植物的捕虫策略

"植物吃动物"的主题是大家都感兴趣的,因为历来人们只看到牛吃草,兔子吃青菜,从来没有看见倒过来的情景。这里要向你介绍的是一些专门靠捕食小型动物为生的植物,也称为食肉植物。这一类植物为什么要吃肉呢?这是植物在环境的逼迫下逐渐形成的一种适应。食虫植物生活的地方,土壤中缺乏氮素营养,植物就不能长大,为此它以昆虫体内的蛋白质补充自身的氮素营养,还有少量的磷钾等元素。它们捕虫的策略各有不同,现在就让我们具体看看它们是如何捕到小虫的。

图1 种在花盆里的捕蝇草(*Dionaea muscipula*)。图上方一张叶片正关住了一只苍蝇;左上方的一只苍蝇躯壳已被取出,放在花盆的边缘;其他的捕虫器似乎都是两片平面的东西,还未发育成熟。

一、捕鼠夹式的捕蝇草

捕蝇草(图1)属于茅膏菜科,它的叶片分作两部分:下部为两侧扩大的叶柄,上部特化为一个蚌壳状的捕虫器,里面能分泌特殊的臭气。苍蝇逐臭,来到蚌壳状的捕虫器上舔食臭腺,它的腿不断触动两侧各3根毛,捕虫器就会突然合拢,待苍蝇感到情况不妙时,捕虫器边缘的刺状结构已经把它牢牢地关在蚌壳状的牢笼里了。

为什么捕蝇草能够以极快的速度关闭捕虫器呢?据哈佛大学马哈德万的研究,捕虫器上的六根感觉毛是关键(图2)。当苍蝇第一次触动这些毛时,捕虫器看上去没有什么反应,但事实上它已经知道活的蛋白质来了,就准备捉虫了:两片蚌壳状的捕虫器中心不断向上鼓起,好像在进一步展示自己的臭腺,实际上正在积聚捕虫的

图2 捕蝇草捕虫器内面各有三根触毛,图中可清晰看到2根,这时的捕虫器是平展的两片,并未鼓起。

能量。当苍蝇一而再、再而三地触动这几根毛时，捕虫器的两个向内鼓起的半球，就像一对有弹性的皮球突然翻转，合成一个圆球，把苍蝇包在两片边上有刺芒的捕虫器中了。从图3可以看到关闭起来的捕虫器，并不是两片平展的东西合拢，而是两个半球形的东西合拢，把苍蝇包在里面。这动作是靠弹性能量的蓄积和释放（苍蝇第一次触动那些毛的时候就开始蓄积能量了，平展的两半开始向上鼓起，充分展示出它的臭腺，当它鼓起到极限时就像两个半球形的被翻转了的皮球，可以突然翻转回来），只需1/10秒就把苍蝇捉住了。然后捕虫器分泌蛋白酶把虫体蛋白质分解、吸收以后重又张开，等待雨水把虫体的躯壳冲掉，于是叶片又可以捕捉苍蝇了。这种方式好比人们在捕鼠夹上放置一小块食物，引诱老鼠上钩。你看捕蝇草的智慧有多高。

图3　捕蝇草。右边的一个捕蝇器鼓起来了，已把苍蝇关在里面。当苍蝇触动触毛，捕蝇器快速翻转过来时将先前积聚的能量释放出来，这正是捕蝇草快速捕蝇的一招。请细看：当昆虫尚未降临之时，捕蝇器的两半安静地平躺在下，也没有向上鼓起。只有当昆虫降临、多次触动6根感觉毛，捕蝇器才开始向上鼓起，积聚反转的能量，准备关键的一击。

二、捕鼠笼式的狸藻

黄花狸藻（图4）属于狸藻科，它的叶片细裂成丝状，一部分裂片特化为囊状的捕虫囊（图5）。像人类在水中做蛙式游泳一样，水蚤靠触角划动，一下一下地向前冲。当它们游到囊口时，见囊内的色泽比四周更浅一些，于是一下就闯进了囊内。由于囊口的瓣膜是一个活门，只许进不许出，于是小虫便被关在囊内等死。

狸藻的捕虫效果是很突出的。一次我们在水池里捞了一些狸藻放在茶杯里准备养起来，谁知道到了第二天起床时，整个屋内充满了大便的臭气，经多方寻找，才发现原来臭源就在杯子里。由于狸藻放得太多，囊内的水蚤蛋白质一起腐败，恶臭就出来了。

狸藻科的许多植物如圆叶挖耳草（图6）的匍匐茎上也有捕虫囊，用以捕捉小虫，它们生长在缺乏氮素营养的滴水的岩石上。由于不断有虫子来补充氮素营养，因此它们欣欣向荣，开花结实（图7）。

图4 黄花狸藻（*Utricularia aurea*）叶片细裂成丝状，部分裂片变态为捕虫囊。

图5 水蚤进入捕虫囊就别想出来了，因为它的盖子是一扇活门，只准进，不准出。

图 6 圆叶挖耳草（*Utricularia striatula*）
的匍匐茎上长有捕虫囊。

图 7 某种挖耳草（*Utric-ularia* sp.）正开着鲜艳的花朵，准备有性繁殖。

三、粘蝇纸式的锦地罗、捕虫堇和毛膏菜

锦地罗是双子叶植物纲、茅膏菜科的一种小草，分布在我国浙江、福建、广东、广西、云南等南方山区，它的生长环境有很多特点（图8）。这里是一个山坡的下部，山坡上不断有水慢慢地流下来，这里光照和水分都很充足，可是土壤却非常瘠薄，尤其是缺乏氮素营养，因而一般的植物都无法在此生长。凑近看，可以见到锦地罗一株株贴着地面生长，还有不少能自己合成氮素营养的蓝藻，都长得很好（图9）。锦地罗为什么能在此生活下去呢？原来，锦地罗就是依靠捕捉小虫、分解虫体蛋白质来取得氮素营养的。

锦地罗靠什么捉住跑得飞快的小虫呢？

锦地罗通常只有一元硬币大小（图10）。它的叶片由中央向四周伸展，叶面上长满了黏性的腺毛，每根腺毛的顶端都有一团黏性很强的黏液。当蚂蚁或小蜘蛛掉到叶片上时，就被这些腺毛粘住，四周的腺毛得知此信息便纷纷向内弯曲，压在小虫身上，最终使小虫紧贴在叶片上再也不能抬起腿、挺起身来了；然后腺毛分泌出蛋白酶把虫体内的蛋白质水解成液体，由叶面吸收。

我们试着人为地制造一场战斗，看看锦地罗捕食的全过程和蚂蚁逃跑的精彩场面，这就必须要两者都是活的。我们先从地里连根挖起几株锦地罗放在解剖镜下观察，然后对准墙脚正在爬行的蚂蚁用镊子夹过去。有时正好夹在蚂蚁的头

图8　锦地罗（*Drosera burmanni*）生境。由于地表缺氮，植物生长很稀疏。（广州华南植物研究所大楼后的一块坡地上长着锦地罗，陈邦余正在检视生长情况。）

图9　锦地罗和蓝藻长在一起。蓝藻是地球生命史上最古老的一类植物，能行光合作用，自己制造有机物。此外还有一株蕨类植物。

图10　锦地罗粘住了一只苍蝇。它只动用了下面一片叶片上的毛，就牢牢地抓住了苍蝇的右翅，看来这苍蝇逃不了了。

部，这只蚂蚁被夹死了就不能用，有时正好夹到它的一条腿，一只活蚂蚁就捉住了。你小时候有没有这样的体会：当你抓住蝗虫或蚱蜢的一条后腿时，它的腿就立即断下来，整个身体便摔到草地上并逃之夭夭了。你可能会奇怪，它的腿怎么这么脆弱，一碰就断？其实这正是它们的一种策略——当腿部被强大的"敌人"抓住时，千万别赔上性命，赶快把腿奉送，逃命要紧，这叫作"弃腿保命"。蝗虫用这样的策略在"强大的敌人"面前常常可以多活一次命。可是蚂蚁却不是这样，当它的一条

腿被镊子牢牢夹住之后，它会拼命地"拉"，用力挣扎，想抽出这条腿，并翻过身来咬镊子，即使因此赔上性命也不肯送人一条腿。正当蚂蚁在镊子尖上疯狂挣扎之时，我把它移到锦地罗叶片的上方，然后轻轻地松开镊子。蚂蚁从镊子尖上掉了下去，以为自由了，撒开六条腿就想跑，谁知六条腿被叶片上的六团黏液牢牢地粘住了。蚂蚁欲伸出触角向前探路，触角又被前方的腺毛粘住，蚂蚁被架在腺毛的上方摇摇晃晃却使不出劲。当它拼命拉出一条前腿时，身体的后部却更深地陷入黏液中；当它用口器将拉出的这条前腿刮干净，再迈步时，却又陷入了另一团黏液中。图11可见这只蚂蚁正在竭尽全身力气作挣扎。叶片上的腺毛有两种，大多数是圆球形、具黏液的腺毛，这些毛具有捕捉的功能；黏性很大，如果蚂蚁把黏液拉扯到比它身体还长的距离，那么黏液就像橡皮筋一样裹在蚂蚁腿上，把腿往回拉。整个叶片的表面布满了几十根这种腺毛，蚂蚁没有逃跑的平路可走；另外在叶片的外周有十来根椭圆形腺体的红色腺毛，这些毛具有分泌消化液和吸收营养的功能。锦地罗"得知"蚂蚁已经掉到叶片上，它的腺毛便向内卷曲，慢慢地向蚂蚁靠拢。一旦沾上蚂蚁，腺毛就迅速

粘住不放，几十根腺毛从四面八方将蚂蚁团团围住，并把它往下压，直到它动弹不得。图 12 叶片上的一只蚂蚁还是活的，它的腿已经不能再上下活动了，只有一条腿还在水平方向抽动。外圈的红色腺毛也压过来，这些腺毛对蚂蚁来说是致命的，它们分泌出蛋白酶把虫体的蛋白质水解成液体状态，然后再吸收这富含氮素的营养液供植株生长、发育、开花、结果之用。当虫体被完全消化以后，腺毛又重新舒展开来，等待雨水的降临把死蚂蚁的几丁质躯壳冲走（图 12 右侧）。于是，这个叶片便又开始了新一轮的捕虫。

图 12　图正中的这只蚂蚁已被众多的腺毛压在下面，已无反抗的能力，只能水平方向抽动它的一条腿。红色的腺毛有的已经压上，有的正在赶去的途中，这只蚂蚁必死无疑。右侧叶片上一只蚂蚁的蛋白质已被抽取，仅剩下躯壳，一场大雨就能把它冲走，所以此叶片上的毛已经解锁。

思考与实验

1. 锦地罗能不能进行光合作用，自己制造养料？若能，它为什么还要捉虫？

2. 蚂蚁是在地上、草上到处爬行的，蜘蛛是在空中结网的，都是动作很快、很灵活的动物，它们怎么会被锦地罗的叶片捉住呢？

3. 应该到怎样的环境中去才能找到锦地罗？在农田里能否栽培锦地罗供人们观赏？

4. 锦地罗感受到食物降临的刺激便开始卷动腺毛，那么它接受的到底是物理性的刺激，还是化学性的刺激？你能否设计两个实验，用以证实哪个设想是符合实际的？

5. 动物有神经细胞，有传递刺激作出反应的反射弧，植物没有这些，但是它确实能获取信息，随即作出反应。这是怎么回事？

| 提示 |

锦地罗有叶绿素，是自养性的植物，它能够自己合成有机物，但是由于环境中缺乏含氮的营养物，所以它不能合成生命必需的蛋白质。没有氮，它就不能形成新的细胞，也就不能长大。草丛中常常有小蜘蛛挂在自己放出的细丝末端，在空中由一处飘到另一处，它们一旦掉落到锦地罗的叶片上便再也跑不了了；蚂蚁也常会从上方的杂草叶片上掉下来。这种概率还是很高的，锦地罗不愁没有小虫来自投罗网。

找锦地罗应该到我国南方水分充足而土壤贫瘠的地方去。农田里由于农民不断施肥，土壤不缺氮素营养，反而不适合锦地罗的生长，也找不到锦地罗。

要区分是化学刺激还是物理刺激引起锦地罗卷动腺毛，可以做两个实验。1.用镊子捉几只蚂蚁，把它们的躯体挤破，使得体液（化学信号）充分展示。把这样的一团食物放到叶片上去，观察锦地罗对这样强烈的化学刺激有没有反应，如果它的腺毛向内卷曲，并包住这团它喜欢吃的食物，这就证明腺毛的卷曲是对蚂蚁蛋白质的化学刺激的反应；如果它的腺毛依然不动，则说明它不接受化学刺激。2.用镊子夹取一小片和蚂蚁身体大小相仿的苔藓植物的叶片或小纸屑，放到叶片上轻轻地上下左右摇动，模仿活的小虫在挣扎，同时在解剖镜下仔细观察，以确定锦地罗对物理刺激有没有反应。

为了帮助大家思考问题，我们把自己做过的实验结果写在下面，如果你自己有条件做，那就先别看下面的文字。从我们的实验来看，锦地罗对强烈的化学刺激——刚刚挤死的蚂蚁——没有反应。锦地罗本来可以不费力气、不损伤一根毫毛便获得大量的营养，它没有反应说明它要吃活的，要吃自己捉住的食物，而不接受现成的、送上门来的化学刺激，即使这是它喜欢吃的、吃惯了的蚂蚁。当我们用提灯藓——一种叶片与蚂蚁体长相当的苔藓植物的柔软叶片在腺毛上摇曳时，腺毛开始弯曲，这一微小的动作表明它已对此物理刺激作出了反应。但随后又立即不动了，任凭你怎么摇摆，它再也不弯曲，这表明它已经分辨出这不是蚂蚁。蚂蚁的挣扎是六条腿和一对触角分别在动作，不是一起上、一起下、一起左、一起右，蚂蚁挣扎时的频率和振幅与现在提灯藓的叶片不一样，更像空中飘来的一片无用的垃圾。要是锦地罗不能进行这种区别，那么它就会多次将无用的垃圾当作小虫来抓，而当真正的食物到来时，它的腺毛却都包卷着垃圾，它还怎么生活下去呀。当我们看到锦地罗立即调动捕捉的器官——黏性的毛纷纷朝虫体压来时，我们不由得感到惊叹：对刺激作出及时的反应，是动物的本能。黑暗中手部接触到很烫的物体时，便会极快地缩回，这一动作根本不用思考，而就在这简单的动作中却包含了 5 个部位的反应：感应器（手部的感觉神经）——传入神经——神经中枢——传出神经——效应器（手臂收缩的神经指令）。植物是没有神经系统的，但是它具有神经系统一样的分析刺激的功能，正如我们在前言中所述，植物的基因使得它具有巨大的变异能力，这里虽然形态上没有变化，但是它同样具有了向各种功能变异的可能性。它的机理到底是什么呢？这是一个从未见有报道的课题，留待有志于此的年轻人去进一步探索。

图 12 的蚂蚁已经被制服，锦地罗还有一些没有卷曲的腺毛，它们再也不会白费劲地卷曲了。由此可知，锦地罗是很知道节约能量的，一项捕捉任务如果只需调动叶片上 70% 的腺毛，它就不会一窝蜂地都卷上去，蚂蚁在叶片上挣扎促使锦地罗的毛一再地压上去，直到蚂蚁不动了，锦地罗的毛就不再压上去。它是如何得知这信息，并准确地调动自己的"兵力"？至今是个谜。

锦地罗如果碰到了大一些的昆虫又会怎样呢？这里有一个有趣的见证（图 13）。一天，我们见到一只蝗虫的幼虫。蝗虫是不完全变态，它的幼虫称为若虫，形态和成虫相似。它在蹦跳起来落地的时候正好身体的前半部撞在叶片上，一下子被大量的腺毛粘住了。本来它可以凭着强劲的后腿一蹬，就逃离现场，可是偏偏两条后腿架空在叶片之外，只能空蹬腿，使不上劲。我们就把这株锦地罗带回来，继续观察，发现若虫被无数腺毛包围逃脱不了。但是锦地罗的腺毛不够长，不足以把若虫的身体包裹起来，此时锦地罗不但调动了这张叶片上100%的腺毛，甚至整个叶片都向上弯卷起来了，还是没有控制住这只若虫。半个小时过去了，若虫最后虽然挣脱了羁缚，却仍死在离锦地罗仅10厘米的地上。锦地罗的腺毛也被比蚂蚁大几十倍的若虫搅得凌乱不堪。这一场战斗的结果是两败俱伤。

我们设想一下，要是锦地罗捕捉到了这只若虫，那么它就一下子获得了相当于几十只蚂蚁的营养物，从而能生长得更壮实，它的后代也更健壮。生物体就是在严酷的生存竞争中，在不断的锻炼与考验中生存与进化的。那么，若虫为什么会死去呢？可能有两个原因：一是锦地罗的消化液对它的侵蚀作用，更重要的可能是黏液封闭了它身体侧方的呼吸通道——气孔，从而窒息而死。

以上所列举的都是事实。对事实的解释只是作者的一家之言，不一定对，也不一定只有一种解释。这方面有待于各位开动脑筋，并用实验来证实自己的想法，使我们的思想更接近实际。

图 13 若虫降落时不巧一头撞在叶片上，后面的两条腿被架空了使不上劲，叶片却慢慢卷向若虫，不让它逃跑，同时封闭了若虫身体两侧的气道，不让它呼吸。虫体的挣扎一定很厉害，以至于所有的叶片不管是否抓住了虫子全都把毛卷起来了。

除了锦地罗外，高山捕虫堇、茅膏菜也有类似的捕虫策略，我们不妨先看看高山捕虫堇的捕虫方式。高山捕虫堇（图14）长在我国西南部海拔较高的岩石滴水处，它的叶片上面有许多腺毛（图15）。当蜘蛛、蚜虫等小虫掉落其上时，被其粘住，小虫的挣扎或者雨水的溅落，不断地使它向叶片的边缘移动，而卷曲的边缘恰恰是消化性腺毛的所在地，这些小虫就成了高山捕虫堇的营养来源。

茅膏菜生长在潮湿的山坡、草地与森林边缘，我国长江流域、珠江流域至西藏南部皆有分布。它是直立的草本，高可达50厘米，株顶开白色花朵（图16），它的叶片表面布满腺毛，树荫下、草丛中飞舞的小虫一旦碰上腺毛就会被粘住。小虫愈挣扎，它的腺毛就愈快地卷曲过来，直到小虫停止挣扎（图17、图18）。于是，茅膏菜便开始了它的消化过程。

图14（上图） 高山捕虫堇（*Pinguicula alpina*）叶面长满捕虫毛，两侧卷起。

图15（下图） 高山捕虫堇已捕捉到蚜虫、蜘蛛等小虫，四周浅色的颗粒是一根根腺毛顶端的腺体。

图 17 茅膏菜动员了所有的毛才捉住了一只小型的红头苍蝇。

图 16 茅膏菜（*Drosera peltata*）生长于湿地草丛中，分布于长江流域及珠江流域各地区。

图 18 茅膏菜捉住了一只飞虫。

图 19　某种猪笼草（*Nepenthes* sp.），产于巴拉圭、昆士兰。

四、陷阱式的猪笼草

一大堆有趣的问题　在许多花卉展览会上，食虫植物猪笼草会引起人们强烈的兴趣：花盆里伸出一只只小瓶状的结构，瓶子上方还有一个翘起来的盖子。看着这奇怪的花卉（图 19、图 20），人们不禁会问：猪笼草吃什么虫？它为什么能够捉住虫子？它用怎样的牙齿咬死虫子的？它有没有口腔、胃、肠等消化系统？为什么叫它猪笼草？它和猪有什么关系？它生长在什么地方？为什么我们没见过？对于这些问题，展览会的主办方一般都不作回答，因为所有展览出来的猪笼草都是进口的，他们没做过仔细的观察，他们回答不出。这里就我国原产的猪笼草作一介绍。

猪笼草属全球共有 176 种，主要分布于加里曼丹岛和苏门答腊岛，我国仅有一种产于广东、海南和香港。

猪笼草吃些什么虫　我国产的猪笼草叶片分成三部分：基部为扩展的叶片，中间是一根很细的柄，先端有一个瓶状的结构，瓶子端部还有一个打开的盖子（图 21）。猪笼草可以借卷曲细长的柄攀爬到树木上去（图 22）。我们若在猪笼上打开一个洞，能看到里面有半瓶子水，水面上浮着许多小

图 20　根特猪笼草（*Nepenthes* 'Gentle'）为国外引进的杂交品种。

图 21　我国原产的猪笼草（*Nepenthes mirabilis*）。叶分三部分：基部叶状，中间丝状，上部瓶状。瓶口还有一个盖子。

图22　我国原产的猪笼草可以借助丝状的结构攀缘到树上。

虫，除了不同种类的蚂蚁外，还有苍蝇、甲虫、蝗虫幼虫等（图23、图24）。所有这些虫都有一个使它们丧命的共同特点：贪甜食。猪笼草用富含糖分的蜜露设下了一个个圈套，吸引这些虫子一步步走上死亡之路。

猪笼草食虫三部曲　这些小虫平时都是很灵活的，怎么会被它捉住呢？原来是猪笼草用甜甜的蜜汁（蜜露），设下了陷阱三部曲。第一步：大宴宾客，敞开供应。猪笼草瓶盖的下表面密密麻麻地布满了红色的小点，每一个点都是由许多能分泌蜜汁的细胞集合在一起，使得这里排满一颗颗晶莹剔透的蜜露（图25）。蜜露多的时候，就相互连起来成了一层厚厚的、黏稠的糖水，成百上千的小虫到这里可以大吃一顿。当它们把这层糖液吃光以后，发现"味道好极了"，可是蜜露就只有这么一层，

图 23　猪笼草的瓶子里有半瓶富含消化液的水，上面漂浮着许多昆虫。

图 24（左图） 从"猪笼"里倒出来的虫：各种蚂蚁，其色泽和大小不一，还有苍蝇、直翅目的若虫、叩头虫和蚊子幼虫 —— 孑孓的蜕皮。

图 25（右图） 黄色的蚂蚁正在猪笼草的瓶盖上吃蜜露。

根本就填不饱成群结队的虫子的肚子，于是便开始四下里继续寻找糖源。当它爬到了瓶的口部时，就踏上了死亡陷阱。第二步：半饱状态，四下觅食。瓶口还有许多条隆起的棱（图26），蚂蚁在上面边走边用触角四下里寻找蜜露，脚底下只有薄薄的一层糖液。蚂蚁的口器是咀嚼式的，这种口器最适合于撕碎或咬住食物，但是无法舔食。因此，尽管遍地都是糖水，蚂蚁闻得到却吃不到，窝火得很。当蚂蚁转身90度把触角伸向瓶口内侧时，突然触到了特别巨大的蜜露，只要吃上一滴就可以撑饱肚子了（图27）。殊不知，这90度的转身乃是致命的失误呢！这最大的蜜露就是要它性命的第三个陷阱：意外惊喜，一头栽下。蚂蚁找到了最大的蜜露，实际上已经走到了它生命的尽头。为什么这么说呢？

致命的转身90度　我们再来仔细看一下，红色的瓶口有许多条隆起，用扫描电镜进一步放大就会发现每一条隆起上还有更细的十几条凹槽，每条凹槽上，方向一致地排列着许许多多浅底口袋形的结构（图28）。千万别小看这结构，正是它使蚂蚁走上不归路。因为，当蚂蚁顺着瓶口作圆周爬行时，它六条腿部末端的两个尖爪至少有一半能够牢牢地抓住这些袋底（图28中的1和2）。这时它会

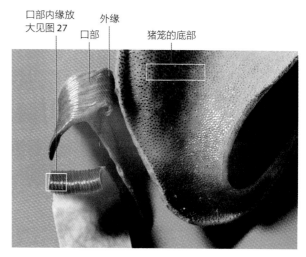

图26　猪笼的笼壁内面布满了一个个向下的腺窝，由它们分泌消化液，并且保持笼内有一定量的液体。口部的内缘为锯齿状，挂有巨大的蜜露。

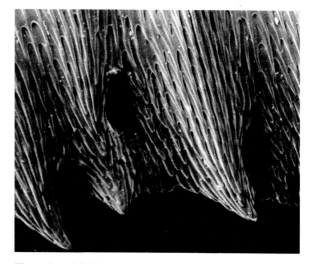

图27　瓶口内缘的电镜照片。凹槽上排列着许多浅底的口袋形结构，下部为锯齿状。两个锯齿之间，一个个巨大的蜜露挂在其下。（沈敏建摄）

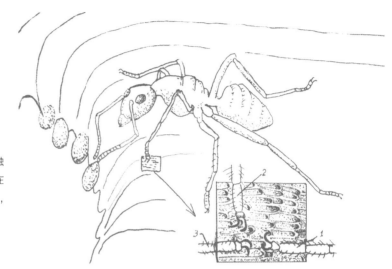

图 28 猪笼草瓶口内缘放大。蚂蚁转身 90 度，触到了下方的蜜露。与此同时，它强劲的后腿已处在极其危险的"3"的位置上（图中 3 完全不能抓牢，2 基本不能抓牢，1 可以牢牢抓住表面）。

觉得这个地方不打滑，没有掉下去的危险。当它转身 90 度，触角触到下方集中开口的蜜露时，它的爪子已经由图 28 中的 1 和 2 转到了该图中 2 和 3 的位置。也就是说，爪子已经脱离了 1 的位置，已经不能抓住"袋底"了。这一瞬间的危险蚂蚁全然不知，它正为前方的蜜露而激动，急着探头去吸食。它以为强劲的后腿可以抓住"地面"的"袋底"不至于掉下去。当它探出身子，重心移向瓶内时，突然感觉：怎么强劲的后腿打滑抓不住了？当它还未明白是怎么回事时，便"扑"地一头栽了下去，掉入早已等候着它的消化池中了。

猪笼草就是这样，用小虫喜爱吃的蜜露吸引

它一步一步地踏上死亡之路、投入它早已准备好的消化池中。掉入池中的小虫是无法再爬上来的，因为瓶子的内壁是非常光滑，而且有许多向下的内凹的腺体，掉下去的虫子是无法攀附上来的。这些腺体既可以吸收虫体蛋白质，又可以分泌水分和消化液保持瓶内的液面。可见，猪笼草生长在那里一动不动，却可以捉住跑得很快的蚂蚁和会飞会跳的许多小虫（参见 p68，《猪笼草能捉住青蛙、蝴蝶吗？》之图 3）。那么，它又是如何吃掉这些小虫的呢？

猪笼草有没有牙齿 当人们提到"食虫植物"时，很自然地会想到动物的进食过程：首先是吞入口腔，然后用牙齿切断、磨碎，再把磨碎的食物咽下，到胃、肠进行一系列的消化吸收作用。猪笼草没有消化系统，它对小虫的消化、吸收全部在这个瓶子中进行，它不用牙齿咬碎食物。如上所述，瓶体内壁能分泌蛋白酶，把虫体蛋白质水解成液体状态的含氮、含磷化合物，然后直接吸收转为自身的营养，以弥补贫瘠的土壤中氮、磷等营养的不足。而虫体的躯壳是由几丁质组成的，猪笼草无法分解几丁质，因此我们在图24中看到的虫基本上都完整无损，实际上其中大部分已经被抽去了蛋白质，只是一个空空的躯壳。

蚂蚁为何没将危险告知同类 任何动物遇到危险时都知道躲避，并且会把这种情况告诉同类，以免重蹈覆辙。所有的动物都怕火，这是多少年来它们的同类告知的，而自己并不一定被烧伤过，便是明证。可是你看猪笼草的囊内，被抓住的蚂蚁有成百上千（图29），它们怎么没有收到同类发出的危险信号呢？它们为何如此"奋勇"地去送死呢？原因就在那致命的90度转弯。当它们在瓶口转过身来头朝中央时，突然发现了下面有巨大的蜜露。这强烈的冲动使得它不顾一切，先吃了再说。正要去吃时，就感到重心前移了。脚下原来能抓住的，怎么变得打滑了？它根本没有意识到危险来临，它还没有搞清楚是怎么一回事，就一头栽了下去。待它掉下去以后便中断了与上面其他蚂蚁的联系，信息就再也不可能传上来。于是，源源不断的蚂蚁相继掉落下去。

图29 蚂蚁蜂拥而至，竞相吃蜜露，结果全军覆没。（华跃进摄）

猪笼草的盖子是一个能关闭的活门吗　在某花展上工作人员想当然地回答中学生说：当虫进去以后盖子就会立即关上，防止虫的外逃。事实果真如此吗？猪笼草的内壁非常滑溜，里面有半瓶子水，掉入水中的小虫必被淹死。那么它的盖子有什么作用呢？原来，盖子是用来挡雨的。大家知道，热带的暴雨是很猛烈的，这个盖子相当于一把伞。如果没有这把伞，那么当暴雨灌满瓶子的时候，掉下去的所有虫子不是都可以从容地浮上来逃命吗？所以这把伞是很起作用的。不单如此，盖子下面的糖液还是引诱昆虫来送死的第一个机关，这第一个机关不会被淋湿、不会被稀释，总是浓浓的一层等待小虫的到来。你看，猪笼草的智慧有多高啊。

猪笼草属于被子植物门、猪笼草科，全世界有176种，分布在东南亚、澳大利亚、东印度到马达加斯加一带的热带地区，我国只产一种（*Nepenthes mirabilis*），仅见于广东、海南和香港。本组照片拍摄于广东珠海。随着经济的发展，很多地方被开发作为他用，猪笼草的生长环境愈来愈小了。对于这样一种奇特的、我国唯一的猪笼草属植物，理应加以很好的保护，很好地开展研究。据说我国广东已经栽培成功，但是至今未见市场有销售的，花展中展出的都是国外的种类（图19、图20），有许多都是人工杂交种，可见这方面我们是落后了。每年要用外汇去购买这奇特的植物，自己家里有的却让它自生自灭，这是十分遗憾的。

猪笼草名称的来历，可能是和南方农民拿到市场上出售小猪时，装小猪的竹笼子有点像的缘故，猪笼的一端有开口和一个盖子。

笔者在拍摄这些照片的过程中还有不少生动的故事呢。为了探个究竟，沿着悬崖攀爬，被虫叮蚊咬，遭日晒雨淋，这就是科学探索中必然碰到的。为了一探真理，必须具备疲劳中的坚持、危险时的谨慎互助、旅途中的友爱、需要时的奉献以及实事求是的科学精神。这些都是我们在具体的学习、工作中应该注意培养的品质。我们不能仅满足于一些知识和结论，而是要学习前人的路是怎么走过来的；在科学知识发现的时候，要注意能用哪些科学的方法、科学的思想，怎样的科学精神指导这种发现，这样就会摆脱死记硬背的机械性学习。研究性的学习会使你感到学习是非常有趣的过程，只有乐于投身到研究性学习中去提高自己的科学素养，将来才会有更大的作为。

猪笼草能捉住青蛙、蝴蝶吗?

一天我们几个一起到珠海的一座小山去考察猪笼草，经过了一番艰苦的攀爬，气喘吁吁地到达了猪笼草的生长地。只见湿漉漉的岩壁上、小树上，东一株、西一株地长着不少猪笼草（图1），绿油油的叶片表明它生长正旺，枝顶伸出长长的"卷须"，像猴子伸出长长的手臂去攀扶高处的树枝往上爬的样子。仔细一看，这"卷须"的顶端是尚未发育的"猪笼"，原来猪笼草叶的三个部分最早发育的是细长的铁丝般的中部。在阳光下，瓶体就像一只只半透明的工艺品，非常美丽。我们用尺测量一下"猪笼"（瓶体），呵，竟有23厘米长！我们又在一个"猪笼"上开了一个长窗户，里面成堆成堆的蚂蚁都已死亡，可见猪笼草的"胃口"是很大的，它真是蚂蚁的杀手啊!（见p63，图29）我们正在兴奋地考察时，忽然有人发现瓶子里面有一只青蛙，大家围过来看。我想，这是一只贪嘴的青蛙，一定是在捕捉瓶口蟋蟀等较大的昆虫时自己掉入瓶内的。这下可好，贪嘴使它身陷囹圄。要知道，这里面的水足以杀死并分解成百上千只蚂蚁，这青蛙看来也活不长了，多可怜啊！经过讨论，大家决定先看看这只蛙是死是活，是否还来得及抢救。于是我们在边上折了一枝细树枝，往里探去，当树枝碰到青蛙时，它往下缩了。原来它还没死，于是大家把这瓶子开一窗口，以便青蛙能自己出来。可又有谁知，青蛙却愈来愈往下缩成一团，全部泡在水中，像是奄奄一息的样子（图2）。我们只好找来一根硬树枝，从青蛙的下面把它托起，帮它逃出囹圄。说时迟，那时快，青蛙突然嗖地上跳，掉到地上三跳两跳便不见了踪影。

这时大家才恍然大悟，原来这青蛙不仅是活的，还活得挺好呢。

这只青蛙究竟是捕虫时误入歧途，真的出不来了，还是故意钻进去的？瓶内含有各种动物的消化液，难道不会灼伤青蛙的皮肤致其死亡吗？为了探个究竟，大家更积极地检查每个瓶子内的情况，突然有人高声叫起来说："这瓶子里也有一只青蛙！"大家都围拢来往里看。一旁的李老师说："这次我们能否做一个实验，证明它是不是故意躲在里面不出来的？"我们捉了一只小的蚱蜢，用灯心草扎住后，在瓶口晃动，引诱青蛙。果然，青蛙一下子跳上来

图 1 正滴着水的潮湿岩壁上生长着猪笼草（*Nepenthes mirabilis*）。

图 2 一只青蛙进了"猪笼"。

咬住了虫子 —— 青蛙被吊出来了！这一事实清楚地说明，青蛙是故意躲在这里面"守株待兔"，等待小虫来到瓶口的。它在这里面很安全，不用担心被蛇、鸟等天敌吞食，如果吃不饱，随时可以跳出去，吃饱了再进来。这是它找到的一个既能吃到虫子，又能确保自身安全的休息场所 —— 啊，聪明的小青蛙！

那么瓶内的液体为什么没有伤着青蛙呢？我想，青蛙体表不是很黏滑吗，这些黏液可能正好阻隔了瓶内消化液对它的侵蚀！当然，这方面有待进一步的实验证明，这里暂不作结论。

当我们继续往猪笼里面看时，却愈来愈发现猪笼草其实贪嘴得很，凡是它能逮到的虫子一律都要吃。请看图3：左上方是一只蜚蠊，俗称蟑螂（*Periplaneta* sp.），向左多为4对足的蛛形纲的动物，第三列是甲壳纲中的等足类（Isopoda）如鼠妇等，第四列是一只快分解完了的螳螂目（Mantodea）的若虫，图片中间是一只蟋蟀（*Gryllidae*），右边一大堆多为膜翅目（Hymenopera）的胡蜂等，此外还有鳞翅目（Lepidoptera）和鞘翅目的许多种类，还有蜗牛等。这些虫共有一个致命的弱点 —— 贪甜食，所以就成了牺牲品（见《食虫植物的捕虫策略》

"陷阱式的猪笼草"）。

我们又发现瓶口有一只蝴蝶（图4）。它正在干什么？它会不会掉到瓶里去？蝴蝶的口器是虹吸式的，它正用长长的吻在瓶口上吸食薄薄的一层糖液，一行一行依次由远及近专注地吸着，以至于闪光灯对着它闪亮，它也毫无反应。它用一条右前腿抓住瓶口表面的浅袋状的袋底，其余几条腿顶在瓶体外面使身体保持平衡。（从"陷阱式的猪笼草"一节文字中关于猪笼草瓶口结构的扫描电镜照片中，我们知道蝴蝶的这条腿抓的方向是牢靠的，如果反过来抓，那么它的爪也会打滑而抓不牢。）因此蝴蝶不会掉进瓶内，却可以不费劲地吸食蜜汁。猪笼草虽然可以捕捉多种小虫，但是这只蝴蝶似乎已经精通了瓶子的结构，明白了蜜汁的流向，它深知猪笼草对它无可奈何，只能乖乖地任它免费吸食蜜露又不会被伤着。我们又注意到，图3中也有一些鳞翅目的昆虫，它们的口器和蝴蝶是一样的，可是它们却被"猪笼"捕获了。这只能说明，这只蝴蝶的采食方式是最合适的，虽然没有巨大的蜜滴，只要保持耐心慢慢地收取顺流而下的蜜汁，同样可以吃饱。啊，聪明的小蝴蝶，在生死攸关的当口，它选择了正确的进食位置，不单救了自己的命，还可以填饱肚子。

图 3　从"猪笼"里倒出来的各种虫子，有蟑螂、蜘蛛、鼠妇、螳螂、蟋蟀、胡蜂及各种蛾子等。它们都有一个致命的喜爱——贪甜食，所以今天得以给它们的尸体拍了集体照。说来也是呀，糖是生物体的能源，吃了甜食它们才能飞得高、跳得远，谁不爱吃甜食?! 连蜗牛这种软体动物也爱上了甜食。（华跃进摄）

图 4　蝴蝶正在吸食笼口上的蜜汁。注意它的一条前腿正抓住口部浅袋的底部，另外几条腿撑在笼外，保持身体平衡，长长的吻正在吸食蜜汁。

图 5（右页图）　两个生长阶段的"猪笼"：圆形、红色的底部是已长大的笼子上的盖子；盖子上放着一株小的猪笼草，它的小笼子照样可以捕捉土壤里的小虫。

　　我们在"猪笼"里意外地见到消化池里有蚊虫幼虫——孑孓在一扭一扭地游动。那时正值午饭之时，我们盖上培养皿便去吃饭了。饭后来看，却意外地发现一只花斑蚊站在水面上。原来它已经羽化成为吸血的蚊子，当我们打开培养皿，蚊子便飞走了。这一事实告诉我们：孑孓不被瓶内的消化液消化，反而以之为营养物生长着。为什么？这是一个有趣的问题，留待读者们今后探索，我们没做实验。

　　猪笼草只吃个体合适的昆虫，图5中有两个生长阶段的猪笼草，下面是一片成熟的猪笼草的瓶盖，由此可以判断这个"猪笼"有多大。在盖子上放有一棵幼小的猪笼草，它同样有小笼子。显然，这种小笼子只能捕捉土壤中更小的昆虫。

　　这里你可以看到，一棵小小的猪笼草，和周围的其他生物之间存在着多么复杂、密切的关系啊！我们只是发现了这些生物，至于它们之间更深层次的问题，有待你们去进一步研究。

寄生植物 —— 靠夺取其他植物的养料为生

凡是绿色植物皆能进行光合作用，都能在阳光下将无机物转化成为有机物，因而植物界成为地球上一切有机物的来源，能量的来源，成为地球上最重要的生产者。然而你是否知道，还有一种专靠夺取其他植物的养料作为自身生长所需的寄生植物，被抽取营养的植物（称为寄主）自然就生长不良。问题是，它们是靠什么来抽取寄主养料的呢？寄生植物所共同具有的一个利器就是“吸器”，它能穿透寄主植物的表皮、皮层从而与寄主植物的维管束相通，使营养物质向自己体内单向流动，就好像在对方血管上直接扎一根针和自己的血管连通，以收取血液。

寄生植物共有4200多种，约占被子植物的1%，分布在18个科274属。其中最集中的玄参科共有700多种。寄生植物分为两类：一类称为全寄生植物，它们的营养完全来自寄主，占寄生植物的20%，它们有蛇菰科、大花草科、列当科等。另一类称为半寄生植物，它们有叶绿素，能进行光合作用，但水平很低，不能满足自身生长、发育之需，在无寄主的情况下它可生活一段时间，但不能开花

结实完成生活史，只有寄生在寄主上抽取必需的养分才能完成其生活史。半寄生植物约占寄生植物的80%，它们有桑寄生科、檀香科、菟丝子科等，樟科植物无根藤也是半寄生植物。

大多数寄生植物具有广寄生性，如菟丝子属能够寄生在数百种植物上；有少数专性寄生植物，只能寄生在一种寄主上。

下面就谈谈具体的寄生植物。

菟丝子科的植物（图1—图7）是缠绕草本，叶片已经退化，但茎有叶绿素，所以它是半寄生的植物，花小，分布几遍全国。它的种子在土中萌发，幼苗为丝状，遇寄主植物即缠绕而上，茎上生出吸器，穿刺寄主的茎，以夺取寄主的养分和水分。当它的吸器与寄主联合之后，原来在土壤里的根就不起作用，植株和地面脱离，成为一丛架空的、无根的植物。

许多寄生植物种子很小，也就是说，种子内储藏的养分不多，一旦萌发就需要寄主给予营养，即在萌发前需要寄主给出一个萌发信号。此信号可以激活休眠种子内部酶的活性，从而打破

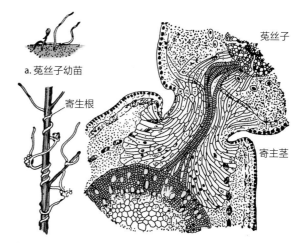

图1（左上图）　南方菟丝子（*Cuscuta australis*）出苗。

图2（右上图）　南方菟丝子幼苗缠住了寄主的叶柄，开始寄生。

图3（左下图）　这株大豆一旦被菟丝子危害，将颗粒无收。

图4（右下图）　菟丝子（*Cuscuta chinensis*）的吸器深入寄主茎内，与寄主的维管束相通以汲取其营养。

a. 菟丝子幼苗

寄生根

菟丝子

寄主茎

b. 菟丝子寄生在柳枝上　　c. 菟丝子根深入寄主茎内的纵切面

图5（右上图） 菟丝子（*Cuscuta* sp.）为害稻田周围的柳树（*Salix* sp.）。

图6（左下图） 南方菟丝子（*Cuscuta australis*）正在开花，寄生在鸡眼草（*Kummerowia striata*）上。

图7（右下图） 金灯藤又名日本菟丝子（*Cuscuta japonica*），它的茎上有褐色斑点，寄生在葡萄上。在葡萄的茎切面上可见它的吸器（中上），葡萄被夺走养料，不能再结实。

休眠，促进萌发。这种信号多是寄主产生的化感抑制物质，大多是由倍半萜类物质和氢醌类物质构成。寄生植物的这一特性使得它在土壤中保持休眠，等待寄主萌发信号的出现，而不像我们平时理解的那样：种子在一定的温度和湿度下便会萌发。要是这样，种子死亡率必然很高。种子通过这一等待，提高了自己的生存概率。从这里我们可以看出寄生植物的智慧有多高。寄生植物都以种子繁殖，大多数的传播方式是依靠风力或鸟类传播；有少数寄生植物果实吸水膨胀，将种子弹射出去；桑寄生科的果实靠鸟类吞食，然后随着其排泄物传播开来；列当科的种子极小，成熟时蒴果开裂，种子随风飞散传播；菟丝子等常随寄主种子的收获与调运而传播。

　　桑寄生科的红花寄生（图8），嫩枝和幼叶密被锈色绒毛，花红色，常寄生于南方各省区的果树上，造成果树减产。钝果寄生、高山松寄生（图9）等寄生在寄主的枝丫上，在空间、光照、养分和水分

图9　高山松寄生（*Arceuthobium pini*）叶鳞片状，对生，危害松树生长，有些松针叶已经枯黄。

图8　左：红花寄生（*Scurrula parasitica*）它的叶对生、无柄（左）。寄主柚子（*Citrus maxima*）单叶互生，叶柄处扩展成单身复叶（右）。图中间可见红花寄生贴着寄主的枝条并排生长，并生出多枚吸器。

方面与寄主进行较量，往往给寄主造成危害。它们的果实为肉质浆果，成熟时色泽鲜艳，引诱鸟类啄食。由于种子表面有槲寄生碱保护，在鸟类消化道中不受损害，随粪便排出时黏附在树枝上，或者在鸟类飞行至另一棵树在刮擦那些粘在喙上的果实、种子时，便把种子传播到了高处树枝上，为桑寄生科的后代创造了在高处树枝上萌发的条件。

檀香科的檀香（图10）也属于附生性半寄生木本，但其习性与桑寄生科植物完全不同。它的幼苗必须在长春花、栀子等植株上过半寄生生活，稍长大以后便能自立，成为独立生活的乔木。檀香的木材有香气，可供熏香、防蛀等用。

列当科的肉苁蓉、草苁蓉、列当、中国野菰等属于广寄生性植物，可以在多种寄主的根上生长，它们能结出大量的种子。肉苁蓉（图11）生长在新疆、内蒙古的荒漠中，不含叶绿素，茎单一，粗壮；花多数，生于茎顶，淡紫色；种子外面包着一层蜡质，使得它能忍受沙漠中的高温、干旱和昼夜温差大的变化而活上好几年。当种子遇到梭梭的根部，便会在梭梭根细胞分泌物的刺激下，萌发并钻进梭梭根部的皮层，寄生与被寄生的关系从此确立。肉苁蓉利用梭梭的光合作用产物逐渐把自己长

成肉乎乎的茎，开花时节向地表长出花序，开出美丽的紫色花。

草苁蓉（图12）生长在东北地区，寄生在岳桦、桤木和赤杨的根部，第一年形成一串串的疙瘩，第二年长成黄豆大小的原始体，第三年从根状茎上抽出花序，因此生长过程很慢。草苁蓉的全株含有甘露醇、生物碱、草苁蓉醛和草苁蓉内脂等，民间称它为"不老草"。

列当多寄生在菊科蒿属植物的根部，我国南北各地多有生长，为多年生草本。全株密被白色长绵毛，叶鳞片状，花淡紫色，蒴果。种子极多，一株列当就有2万至3万颗种子，便于风力传播及深入土层中；种子的寿命很长，种子必须在寄主植物根的分泌物的刺激下才能萌发，出土一个月左右便结实。全草及根药用，有补骨强筋的功效（图13、图14）。

列当科的中国野菰（图15）为一年生草本，寄生于禾草类植物的根部，全株无毛；花大，单生于茎顶，红紫色。分布于华东及日本。

蛇菰科的杯茎蛇菰（图16）以吸器附着于寄主树木的根上，开花时花序伸出地面，花小单性，雌雄同株，密集成头状花序。分布于南方各省。

图 10 檀香（*Santalum album*）花果枝。此时的檀香已摆脱了半寄生状态，成为独立生活的乔木。

图 11 肉苁蓉的花序（潘晓玲摄）

图 12 草苁蓉将开花的植株

图13（上图） 列当（*Orobanche coerulescens*）从沙中伸出美丽的花序。

图14（右图） 列当寄生在蒿属植物（*Artemisia spp.*）的根上，图片中可以看到列当的下部有根状茎与蒿属植物的根相连，列当依此夺取营养。

图15（下图） 中国野菰（*Aeginetia sinensis*）

图16 杯茎蛇菰（*Balanophora subcupularis*）。蛇菰科，花小，密集成头状花序。（田旗摄）

　　寄生植物是一个特殊的生态类群，在保护生物多样性的工作中、在研究种间关系中，有它的特殊地位，必须加以保护。寄生植物大多具有药用价值，多有补肝肾、祛风湿、凉血止血等功效。檀香的木材极贵重，有悦人的檀香味，还可提取高级香料。寄生植物的为害性主要表现在可引起寄主植物萎蔫、生活力衰退，严重时造成大片死亡，对农作物的产量影响极大。对于有开发利用价值的寄生植物资源，可以进行驯化培育。对有害的寄生植物可采取轮作、清除吸根、深翻深埋等措施加以控制。

　　以上谈的都是两种生物的关系：一方得利，另一方受害。不过，植物的智慧能改变这种关系，在寄生关系中有一对非常奇特，那就是天麻与蜜环菌的关系。蜜环菌是一种腐生菌，它分解周围的一切枯枝落叶，作为自身的营养，但是当蜜环菌碰到天麻时，它的菌丝深入到天麻细胞内欲分解天麻，但最后它却被天麻消化了，入侵者反倒成了天麻的营养。由此可见植物生长过程中存在多么激烈的竞争与斗争，天麻也就此获得了"食菌植物"的美名（图17、图18）。当天麻开花结实以后，它的生命周期已经走到了尽头，此时的一株天麻再也无力抗击土壤里无处不在的蜜环菌的袭击，又被蜜环菌当作食物分解掉了。天麻与蜜环菌的关系说明了植物在自然界的角色不是一成不变的。大自然中无时无刻不在进行着剧烈的你死我活的斗争（生存竞争），在斗争中必有胜利者活了下来（适者生存）。每一代的遗传都有那么一点点的变异，积累这些有利变异便成了新的物种的起点，导致生物由一个物种变异至今而成了如此丰富的大家庭。

图17　生长在山野里的天麻（*Gastrodia elata*），茎端的花序正在发育。

图18　食菌植物天麻的鲜根状茎

协同进化的杰出例证

你有没有听说过，一种植物离不开它的寄生虫，失去了虫的寄生，植物就将无法传粉和结实，永远消失在地球上？你又有没有听说过，全由植物哺育的这种寄生昆虫，似乎非常懂得"知恩图报"，大部分的雌虫专为植物传粉效力，而它自己却怀着满腹的虫卵死去；另一部分的昆虫则得到寄主（树木）的营养与庇护，得以繁荣？本文将向你介绍这样一对动、植物"合则皆旺，分则皆亡"的共生关系，以及这一发现的历程。本文是对一项持续了17年、获得国家自然科学基金两次资助的项目的通俗性介绍。

一、几十年的困惑

1991年9月我国一级学术刊物《生态学报》发表了我的一篇题为"薜荔榕小蜂与薜荔的共生关系"的文章，揭开了我国这一领域研究的序幕。这篇文章提出了三个新的发现：首次发现了一种我国大陆新分布的昆虫——薜荔榕小蜂并弄清了它的生活史；首次发现了植物的同一个花序中雄花在雌花开过半年以后才开放的这种最长间隔期的先

例；首次发现了我国动植物之间相互关系的最高形式。

说起来这已是困惑了几十年的老问题了，早在20世纪60年代笔者为国外报道的"无花果是由一种小蜂传粉的"所吸引。因为历来我国的学者都只能说明无花果看似无花其实花都在隐头花序里面，至于那些花是风媒传粉还是虫媒传粉谁都不知道。笔者曾为此进行了长期寻找无花果小蜂的工作。不论出差到何处，不论什么季节，只要看到树上有无花果便想法得来剖开，仔细寻找。但是几十年的努力全落空了——根本找不到传粉的无花果小蜂。

二、意外的惊喜

1983年，笔者带领学生到西天目山野外实习。一位同学好奇地从薜荔树上采下一个果实，当地叫作"鬼馒头"（图1、图2）。掰开一看，里面全是枯黄色的颗粒，还有许多小虫在爬行。这位同学吓了一跳，怕虫子爬到身上，马上把它甩到路边。见此情景，笔者不禁想起多年寻找而未遇的困惑：无花果和薜荔是同科同属（桑科、榕属），都有隐头

图2 薜荔结果（第Ⅲ期）挂满树上。

图1 西天目山这棵叶色较浅的巨大的枫香树（*Liq-uidambar formosana*）的茎秆上爬满了叶色较深的藤本植物薜荔（*Ficus pumila*），薜荔树上生长着一种寄生小峰 —— 薜荔榕小蜂，就是它和薜荔年复一年地合作，演绎着世间顶尖的共生关系。

花序，今天这位同学是否歪打正着，解开了笔者心头多年的谜团呢？于是赶紧把这个果实捡起来，回去观察。后来的事实证明，这一下拣到的不只是一个果实，还是一个15万元的科研项目，怎叫人不万分欣喜呢？！

三、黄虫、黑虫是两种虫吗？

回到驻地，重新打开这个果实，又使在场的人吃了一惊：当初枯黄色的颗粒上面又铺了一层黑色的小虫，每个颗粒上都有一个小洞，黑虫就是从洞里爬出来的；还有一种黄色的小虫混杂其间。笔者取下几个颗粒，放在解剖镜（体视显微镜）下，准备拍照。有些颗粒上蹲着黄色的小虫，估计还未完全爬出来，于是请一位同学监视虫的动态，一旦黄虫爬出来，就可以拍下它们的全貌。大约20分钟以后，这位同学突然高兴地叫起来："马老师出来了！"我揶揄了他一句："马老师一直在这儿呢！"紧接着他又叫起来："里面还有一只黑的！"现在回过头去看，这个发现实在是值得兴奋、值得大叫的。因为黄色颗粒里绝对装不下两只虫，那么黄虫为何趴在上面不下来，尾部却留在洞内呢？这分明是一对正在交尾的同种昆虫：黑色有翅的是雌虫，

黄色无翅的是雄虫。同种昆虫体态差异判若两种，要是未见它们交尾，谁敢肯定它们是同种？这种昆虫的"二态现象"被证实了，难道不值得高声大叫，不值得庆幸吗？（图3）

为了弄清这种虫的科学名称，我接连走访了6位昆虫学家，请求协助鉴定，出乎意外地都遭到婉言谢绝。这时才知道，由于昆虫的种类浩繁，每位昆虫学家只能了解其中的一个目甚至一个科或几个属。这6位教授都不是膜翅目榕小蜂的专家，没有一个能够满足我的要求。最后，浙江农业大学徐教授在中山大学的帮助下鉴定出它的科学名称是薜荔榕小蜂，全世界通用的拉丁学名是 *Wiebesia pumilae*。

黑色有翅的雌性榕小蜂交尾以后怀着300～500颗受精卵大腹便便地往外爬，在爬出花序的路途中必然要穿过靠近花序口部的雄花集中区（图4），于是，身上便沾满了花粉飞向当时正在开花的新一代的幼花序，准备前去传粉或产卵。

四、雌花、雄花、瘿花都有花的功能吗？

按照动物的本能，交配后满腹怀卵的雌虫总是急切地寻找它的产卵场所。在新一代的幼花序中，

图3　薜荔榕小蜂和它居住的瘿花。黑色有翅的是雌蜂，黄色无翅的是雄蜂，右下是它们借以寄生的瘿花的子房，左上为正在往外爬的雌蜂，左下为雄蜂蹲在上面交尾。最左侧是一朵硕大的雄花。

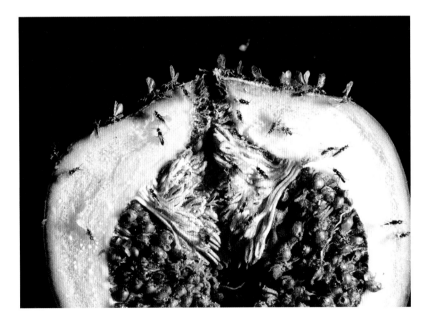

图4　纵剖一个树上挂着第Ⅳ期的隐头花序：在剖面上可见上端有一开口，其四周长着众多苞片，当初是阻挡无关昆虫直接闯入之用。此时已经纷纷上翘，里面可见两种花：靠近口部的是一千多朵雄花，往下全是雌花。此时已有部分雌蜂（Wiebesia pumilae）发育成熟开始出飞，它们经过雄花区时浑身沾上花粉，顺利通过苞片区域，外出寻找合适的、年幼的花序产卵。

图5 两种花序中薜荔的花（第Ⅱ期）。左：长花柱花，它们只长在雌株上；中：两朵雄花，它们的体积比雌花大多了；右：短花柱花，是特化的雌花，子房已无结实的功能，只是提供给榕小蜂寄生的场所，它们和雄花一起长在"雄瘿株"上。

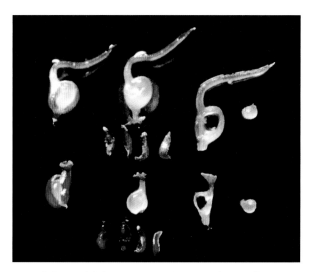

图6 薜荔的两种雌花。上面一行为长花柱花（能结实），下面一行为短花柱花（不能结实、已经特化的雌花，专供小蜂生长），中间为剥下的4片花被，右侧为从里面取出的一颗胚珠。

薜荔的雌花已经有了分化：有一种特化的雌花称为"瘿花"，也叫短花柱花。它的花柱很短，与雌蜂产卵器的长度相当，雌蜂把一颗颗卵通过短花柱中间的通道送到子房内（图5）。这些卵孵化出的幼虫占据了瘿花的子房，植物像哺育自己的胚胎一样源源不断地向它提供营养物质。被这些幼虫寄生的薜荔植株只有这种特化的雌花和雄花，不再结实产生薜荔自己的种子，它整年的光合作用产物几乎全花在培育几千只小蜂上面了。在这里，植物为小蜂作出了巨大的奉献。那么，薜荔自身繁殖所需的种子又从何来呢？有一些薜荔植株是雌性的，它的隐头花序中只有结实的雌花，这些花的花柱很长，也叫长花柱花（图6）。当小蜂钻进这样的花序后，由于产卵器太短，无法通过柱头向子房产卵，它在寻找瘿花的过程中，把身上的花粉全搽到长长的花柱上，实际上进行了充分的传粉作用，使雌花序中5000余朵雌花都得到了花粉。"误入"雌花花序的薜荔榕小蜂出色地完成了传粉任务，也耗尽了体力，满腹怀卵，死在花序内。它们没有按照生物的本能完成其生活史，而是充当了植物的信使。对于这些小蜂来说，它们是以生命为代价对植物的繁荣兴旺做出了巨大的奉献（图7）。

图 7　薛荔去年的老果（第 Ⅳ 期）和当年的幼果（第 Ⅱ 期）。剖开老隐头花序（A），里面的瘿花区（深棕色月牙形的部分）可抚育出 1200 只榕小蜂，近洞口白色的地方是 1000 余朵雄花，雌蜂经过这里到达外界时身上沾满花粉。剖开雌性的幼隐头花序（B），内有 5000 余朵雌花，没有供产卵的短花柱的瘿花，所以雌蜂钻进去后只传粉不产卵。剖开雄性的幼隐头花序（C），内有 7000 余朵瘿花，没有长花柱的雌花，所以雌蜂钻进去后只产卵不传粉。

五、看似无偿却有偿

现在我们再来回顾一下，为什么说这两种生物之间的关系是生物界中的最高形式？平时我们稍不注意饮食卫生，就可能吃下蛔虫卵，闹蛔虫病，人和蛔虫间的寄生和被寄生的关系就此建立。这同牛吃草、狼吃羊的捕食关系有相似之处，都是一方得利，另一方受害。当犀牛与它背上的鸟、根瘤菌与豆科植物、构成地衣的藻类和菌类在一起时，便形成了另一种互利的生存模式 —— 共栖和共生。要是把它们分开，各方仍然能活下去，至少不会丧命。薛荔与榕小蜂之间的关系是更高一层的种间关系。它们不单从对方那里得到好处，还必须为对方做出巨大的奉献，要是把两者分开，那么谁也活不下去，都将绝种。为什

图 8（右页图）32 只小蜂争相钻进花序。

么这样说呢?

一株雄性薜荔的营养物质除了少量用于培育雄花产生花粉外，大量的却用在培育几千只榕小蜂上了。也就是说，薜荔向原来属于雌性的瘿花输送的营养，不是用在自身的繁育上，却被寄生的榕小蜂抢夺去了。这看似是植物的无谓的牺牲、植物对小蜂家族的无偿奉献，其实不然。当雄株抚育出来的大量小蜂为它传粉的时候，薜荔这个物种就得到了充分的回报。要是没有传粉，薜荔将绝种，因为没有其他昆虫可以替代这一工作。每年春季大量的雌小蜂争先恐后地去"自杀"——钻入雌花序，只传粉不产卵。对小蜂家族来说，这似乎也是一种无谓的牺牲、无偿的奉献，其实也不然。由于它的传粉，雌花序中结出了大量的种子，当这些种子若干

年后长成了大树，榕小蜂的后代何愁找不到更多的栖息与繁育场所！我们曾见到雌花序的口部有 32 只小蜂争先恐后地向里钻，结果造成交通阻塞的情况（图 8）。如此积极地去自杀，不是为了自身或当代群体的利益，而是几十年以后的后代能够从它们当前的行为中获利。榕小蜂好像是有远大抱负的一类昆虫，为了后代，它们不顾一切竞相送死的场面真有些"赴汤蹈火，在所不辞"的感觉。昆虫这样行动绝没有意识到它是在为明年的后代努力，它们的群体自杀是雌花序以气味引导的结果。但是，年复一年的这种行为的效果却是和有意识、有理想的我们人类相一致的，也是对当前一些人不顾子孙后代的生存，乱砍滥伐、过度捕捞、偷偷排污等缺乏社会公德和责任感的一种无声的谴责。

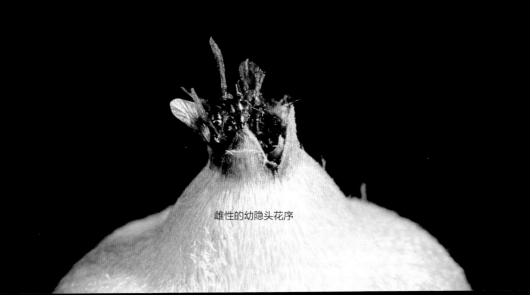

雌性的幼隐头花序

对于这样的一种现象，我们可以毫不夸张地说：榕—蜂双方以生命（小蜂的生命）和鲜血（榕树供应给小蜂的营养物相当于它自身的血液）为代价支持对方的发展，对方兴旺了反过来又为本种族的持续发展提供了保证。榕—蜂双方原来都是侵害对方的高手，在大自然中经过多年的磨炼，成了一对合作共赢的伙伴，可以长期地存活下去。自然界富有哲理的辩证逻辑关系在这里得到了充分的展示。

六、动、植物协同进化的绝好典型

榕小蜂的化石发现于侏罗纪，榕属植物的隐头花序则发现于白垩纪早期被子植物最早的化石中，隐头花序的花序轴把众多的幼嫩花朵包起来加以保护，使其不致被当时已经很发达的甲虫咬噬，因而是这条进化路线中的一个飞跃。但它同时带来一个问题就是，必须有昆虫传粉，榕树才能繁衍下去。由此可见，榕—蜂之间的联系在1.3亿年前即已建立，这段漫长的历史与人类300万年的历史相比，相当于一个三十多岁的人和一个刚满周岁的婴儿之比。在这一进化的历程中，它们不断地相互协调，由自然选择不断淘汰不利于种族繁衍的变异，发生了一系列重大的变化。例如，由对抗性的寄生—反寄生关系，转变为互利共生关系；由雌雄同株进化为雌雄异株；由雄花分散在四周到集中在花序口部；雌花由既能结实又能抚育幼虫的低级分化到分化出专供小蜂栖息的瘿花；小蜂方面，雄峰由于一辈子都在密闭的、黑暗的花序内生活，它的翅、眼和步行足退化了；体色褪淡了；雌蜂则产生了扁扁的头部，加上触角的基节放在前面，它的头部变成了前端削扁的铲状结构，可以稍费力气就能推开花序口互相紧叠的苞片往里钻，同时阻止了其他昆虫的进入；它们之间由非专一性的共生，进化为一对一的专一性共生，今天世界上有700种榕树，就有相同数量的榕小蜂。榕—蜂共生体系是研究协同进化的极其丰富的宝库。协同进化是生命科学中十大优先发展的领域之一，在我国对它们的研究只能说刚刚开始。还有大量的工作等待着人们去做，例如：上述一系列重大变化的进化历程与进化压力是什么还不清楚；我国有一百多种榕树，它们一对一的共生小蜂只有极少数已配上对了，大量的还没人做过；榕属植物分布中心在热带，我国的很多榕树处在分布区的北缘，气候偏冷给了它们更大的进化压力，共生模式更丰富。这些方面都说明了，在我国进行相关研究有着重大的意义和巨大的发展空间。这里还得指出一个误区：别去研究栽培的无花果，因为它已经是一个不需要传粉小蜂，靠无融合生殖就能结实的、人工选择的品种。只有在它的原产地——地中海地区才可能找到它的共生小蜂。

七、拣拾来的项目引出的思考

这个研究项目最早是从拣拾一个有虫的薜荔果开始的，有人戏称这是从地上拣来的 15 万元。（当年国家级的自然科学基金一次才 3 万元，第二期才增加到 12 万元。）能不能让更多的人学会"捡"的本领呢？这里就有一些看似偶然实则必然的规律性的东西：同样一个薜荔果，为何有人看到里面都是虫一丢了之，有人如获至宝地捡起来，而且确实成了宝贵的国家级课题呢？这就说明，平时知识的积累与铺垫要广、要厚，要善于发现问题，在工作过程中对不理解的现象不能凭想当然，要尊重客观，不武断；生命科学是实践的科学，而实践、实验、调查常常需要付出超乎想象的毅力，需要为科学而奉献的精神，脑力劳动也要有坚强的体魄去支撑；另一个十分重要的问题是，所有成员都要处理好个人和集体的关系，处理好艰苦地工作、成果、荣誉

等问题，共同培育一个团结协作的集体，如此才能不断地出成果、出人才。

编后语

关于榕—蜂共生的议题不好理解，因为我跟动物学的研究生们讲了两个小时，他们还有许多问题要问，现在就几个问题做如下的解答。

薜荔和一般植物的不同之处在于，它有三种花，而且不在同一时间开放，间隔长的可以达到半年以上，这在植物界是绝无仅有的。雌花和瘿花在起源上同属于雌花，但是现在瘿花已经特化，它不能结实，只供榕小蜂在里面产卵，它的花柱很短，与榕小蜂的产卵器的长度一致，因而榕小蜂可以在每个瘿花的子房里产下一个卵，然后孵化出新一代的榕小蜂。雌花就是有结实能力的花朵，它和瘿花不在同一个花序里面（也就是不在同一棵树上），这种植株也就是真正的雌株，在这棵树上，只长有雌花的花序，雄花和瘿花不长在这里（而是长在雄瘿株上）。所有这些花，都是被一层叫作花序托的东西包裹着而成为隐头花序，一般的人用肉眼是无法看清、无法区别的，只有剖开花序才能看到里面。而由于花序的发育阶段不同，看到的东西又可

能极不相同。因而国际上把瘾头花序的发育分作五个时期。

Ⅰ.花前期：隐头花序还很小（只有花生米般大小），里面的花正在生长。

Ⅱ.雌花期：雌花和另一花序里的瘿花发育成熟，雌花正等待着传粉，瘿花则等待着小蜂来产卵。传粉和产卵都在这个阶段完成，这时的花序已由花生米般大小（约1厘米）长至直径3厘米。

Ⅲ.间花期：这时雄瘿花序里面正等待雄花的发育成熟，可能需要好几个月。此时的花序已经长大到直径7~8厘米。

Ⅳ.雄花期：这是很重要的时期。隐头花序的口部打开，已经发育成熟并已完成交配任务的雌性榕小蜂从里面飞出来，并把已经成熟的雄花的花粉沾到身上。飞出以后就向着正处于第Ⅱ期的花序飞去，或产卵，或传粉。

Ⅴ.花后期：传粉结束，雌花序中雌花的子房不断膨大，最后在树上结出许多硬邦邦的薜荔果，人们常用以制造凉粉。雄瘿花序中由于瘿花中的小蜂已经出飞，雄花的花粉也已被带走，它的历史使命已经完成，因此雄瘿株上的雄瘿花序便变得松软无物并随之纷纷落下，最终消失在大自然中。

这一过程中，第2期雌花期和第4期雄花期是同时存在的，它是由两个处于不同时期的花序之间进行传粉。这就带来一个问题：第2期雌花期中的雌花必须等到上一批的花进入第4期雄花期才能进行传粉，其间隔长达半年以上，这在植物界是绝无仅有的。我们通常称第2期为幼隐头花序，因为这时花序的大小直径只有3厘米大，而把第4期的花序称为老隐头花序，因为这时的花序已经长到成熟的桃子般大小了。两种花序的后期，里面已经都不是"花"了，或是果实，或是虫瘿，但是从外观上看，还是一个隐头花序，这对于一般的人是难以理解的。由此，我们也可以看到大自然是多么的复杂，相互之间的配合又是多么的密切、多么的巧妙，她在时间、空间以及生活史的各个环节组成了一个立体的生活史网络。

入侵植物

你听说过"生物入侵"吗？大家对于侵略战争是深恶痛绝的，外敌入侵烧杀奸淫、一片废墟。可是你知道吗，生物入侵对当地的生物也会有同样的结果。生物入侵是指某个物种从它的原产地迁移到了新的生态环境，由于失去了天敌的制约，又获得了充分的生存空间，生长迅速，占据了湖泊、陆地，对"入侵领地"的生物多样性构成威胁，造成生物多样性的削弱或丧失，破坏当地的生态平衡，给人类社会造成难以估量的损失。我们知道，每一个物种在长期的演化进程中都是和它的相关物种协同进化的，比如一种植物的进化就离不开它的传粉昆虫以及以它为食的动物（天敌）或寄生的微生物，而当一个物种被人们带到新的生态环境中，由于相伴的生物没有同时带去，它就不受天敌的制约和伤害，就会无节制地繁衍，最后造成生态灾难。

一、生物（植物）入侵的危害

例一：微甘菊使大片森林死亡。微甘菊是一种攀缘性的草本，属于菊科，它生长极为迅速，繁殖力极强，花、果、茎、根均可长出新芽，它的种子只有一粒大豆的四千分之一重，它和一枚五角的硬币放在一起，是如此的微不足道（图1）。可就是这些种子，凭借着一圈毛，像降落伞一样，可以随风飘到几十千米之外。从南方侵入我国以后，它迅速长大，沿着树干爬到顶部，蔓延开来连成一片，结果使得下面的树木因得不到阳光而死亡（图2、图3）。在广东省的内伶仃岛国家级自然保护区内，80%的森林遭到了破坏，岛上600只猕猴赖以生存的野杜果、野荔枝等也大量死亡，岛上的生物多样

图1　微甘菊（*Mikania micrantha*）的果实重量与大豆重量之比为1:4000，而它长大以后的植株竟可以是大豆植株的成百上千倍。

图2 微甘菊。广东的内伶仃岛原来生物多样性十分丰富，经微甘菊入侵后，微甘菊成为林冠的唯一植物。

图3 植物杀手——微甘菊的花枝。它的繁殖能力特强，每个头状花序能开4朵花，每个植株能开无数个头状花序，结无数个果，然后乘风飘向远方。

性急剧减少，生态系统遭到严重的破坏。它也能侵入农田使作物减产，使红树林死亡，使自然景观失色，故被称为"植物杀手"。现在微甘菊还在扩展，人们对它束手无策，无论用除草剂还是人工拔除或者生物防治，都没法把它消灭，这成了广东及以南地区的一大害草。

例二：大米草和互花米草。大米草生长在潮起潮落的海滩上（图4）。20世纪70年代，政府为了鼓励农民种植，每种一棵奖励0.5元，于是不过几年时间大米草便郁郁葱葱地长起来了，盖满了整个海滩。到了这个时候人们才发现，当初海滩上盛产

的经济价值极高的蛏、蛤等贝类都没有了，以此为生的农民遭到了灭顶之灾。于是，当地政府发出了"铲除大米草，开发金银滩"的号召（图5）。可是，要铲除它又谈何容易？它的根系深达土下80厘米，每天有2次涨潮，人们只能趁潮落的间隙下去除草。再说了，清除一块地以后，它四周的草种很快会漂进来（图6）。东海滩涂曾是鹤类、小天鹅、野鸭等水鸟的觅食场所，海三棱藨草的种子和球茎是这些鸟类的食物。现在，互花米草抢了海三棱藨草的地盘，威胁到上海东滩对迁徙鸟类的承载能力，影响鸟类的多样性，这成为我国东部沿海地区非常头

图4 涨潮时的大米草

图6 大米草重又飞入刚铲除的水田中。

铲除大米草 开发金银滩

长春镇力促滩涂养殖再升温

本报讯 近日，记者来到长春镇采访，发现这里的浅海滩涂养殖重又升温，沿着东吾洋畔一路走过，只见许多以往被大米草侵蚀抛荒的滩涂，已重新开挖除掉大米草，筑堤围网，养殖二都蚶等高优品种。往日冷寂的滩涂而今又显露生机。

长春的大多数村庄紧临东吾洋畔，前几年水产养殖特别是对虾曾红红火火，后因对虾大面积病害尤其是近年许多滩涂被大米草侵蚀，水产养殖业一度陷于低谷。今年新一届镇党委认真审时度势，认为长春的优势和经济发展的突破口还是在浅海滩涂。全镇拥有15.6万亩浅滩，现已开发利用的不到3万亩，还有大量的滩涂就闲置在环东吾洋12个村的门口。如何破题作好养殖文章，是长春走出困境的根本途径。

镇党委、政府把消灭大米草开发养殖业提上了议事日程。今年4月，镇党委书记带队前往宁德瓦窑参观学习除草养蚶，回来后即出台了关于加快水产养殖业发展的优惠政策，规定荒滩荒涂"谁开发、谁使用"；镇政府将发给使用许可证，保护投资开发者的正当利益，并从减免税费等方面鼓励发展新、优、特养殖项目和水产加工业。又在文岐村召开有各村主干、重点养殖户参加的水产养殖现场会，进行"点火加温"。随后，镇党委书记、镇长又到中炉坑村与村干、群众座谈，再次"推波助澜"。之后，中炉村门口的荒滩上就冒出了一口新塘，放养蛏、蟹。不久，有两批浙江客商闻讯而来，带着资金、技术落户，消灭大米草开发养蚶，很快产生了示范辐射效应，带动了不少群众也加入开发养殖的行列，目前新开发荒滩养殖已有一千多亩。镇党委、政府正准备进行现场发证，再促升温，同时搞好规划，引导养殖蚶等高优项目，优化产业结构，进一步做大养殖"蛋糕"。（本报记者）

图5 福建东海边的霞浦县委在报上号召铲除大米草。

痛的两种恶性杂草。十几年的除草收效甚微。

例三：凤眼莲使水产减少、航道堵塞、景观破坏。凤眼莲的叶柄基部膨大呈葫芦状，故又称为水葫芦（图7、图8），开花季节长出一串蓝紫色的花，甚是好看，茎叶还可以做猪饲料，为此引进我国。可是它生长极旺盛，迅速盖满了河流湖泊的表面，使得水下的各类生物——鱼、虾、水草、水蚤、贝类等因没有光照和氧气而死亡，破坏了整个水体的生态系统；到了冬天，枯死的水葫芦漂浮在水面，又成为影响景观的一大公害。我国每年因水葫芦造成的经济损失将近100亿元。

例四：紫茎泽兰。原产中美洲，1935年由东南亚侵入我国。人们首先在云南南部发现，它排挤本地植物，影响天然林的恢复，侵入经济林和农田，占领草场，堵塞水源（图9）。目前它在四川凉山州除了2个高山县尚未侵占外，已覆盖了全州其余的15个县。它含有震颤醇素、四室泽兰醇，牛羊误食会出现肌肉紧张、阵发性痉挛以至死亡。它每年以30公里的速度向北挺进，凉山州在"西部大开发"规划中确定的绿色肉羊基地的目标遭遇了严重的挑战。

例五：豚草。原产北美洲，1935年在杭州附

图7　凤眼莲（*Eichhornia crassipes*）群体堵塞航道，破坏整个水生生态系统。

图8　凤眼莲叶柄基部膨大成葫芦状，又称水葫芦，花甚美，似出水芙蓉。不过，从环保的角度来说，它是水中的女妖。

图9　紫茎泽兰（*Ageratina adenophora*）排挤本地植物，致牛羊得病死亡，使凉山州的"绿色肉羊基地"面临挑战。

近发现（图10）。它的耗水量和吸肥量是禾谷类的1.5～2倍，消耗大量肥水，导致农田大面积荒芜以致绝收。它还能释放化感物质，抑制农作物种子的萌发，对植物的生长、发育有抑制排斥作用，使粮食严重减产，还会引起过敏性的花粉病，使病者咳嗽、打喷嚏不止或者产生皮炎。在日本大阪，每年到豚草开花季节，有20万大阪市民要外出"旅游"，以躲避它的花粉。我国南京哮喘人群中60%以上是由豚草引起的。

例六：空心莲子草。1892年在上海附近岛屿出现（图11），20世纪50年代作为猪饲料推广栽培。它生存能力极强，不怕旱、不怕涝，根系扎得很深，成为很难清除的田间杂草。它与农作物争夺光照和肥料使农业减产，它覆盖水面影响鱼类生存，堵塞航道影响水上交通。

例七：假高粱。20世纪初从日本引入台湾，常混入进口的种子中。

例八：飞机草。20世纪20年代作为香料引自泰国，1934年在云南南部发现，叶含有毒的香豆素，会引起皮肤红肿、起泡，误食则引起头晕、呕吐、家畜与鱼类中毒，它还会影响其他草本植物的生长（图12）。

图10 豚草（*Ambrosia artemisiifolia*）使粮食严重减产，人得花粉病不能正常生活。

图11 空心莲子草（*Alternanthera philox-eroides*）是水旱不怕的植物，它阻塞航道，影响鱼类生长，使农田减产。

图12 飞机草（*Chromolaena odorata*）引起过敏、家畜和鱼类中毒。

例九：毒麦。原产欧洲，1954年从保加利亚进口的小麦中发现。毒麦本身无毒，因一种真菌寄生在花穗上而产生毒麦碱，人误食以后少则头晕目眩，多则可致死亡。

二、生物入侵的途径

1. 请进来。大部分入侵生物都是人们怀着良好的愿望请进来的。我国共有外来杂草107种，其中有62种是人们有意识地作为牧草、饲料、蔬菜、绿化观赏等目的引进的，但是由于防范意识不强，便成了杂草，有的甚至成为难以清除的恶性杂草。大米草、互花米草、凤眼莲和飞机草就是这样入侵的。

2. 混进来。混杂在其他作物的种子中，侵入了我国。豚草、毒麦和假高粱就是这样入侵的。所以引种的最大风险就在于由目标种携带而来的"不速之客"。

3. 飘（漂）过来。由于种子又小又轻，还带有蒲公英一样的毛，很容易从空中飘过来或从水里漂过来，紫茎泽兰和微甘菊就是这样入侵的。

上面讲的都是外国的生物入侵我国，那么有没有我国的生物侵入外国造成生态灾难的呢？当然有。生物是没有国界的，哪里适合就在哪里长，例如：我国的葛又称野葛，在我国山林里年复一年默默无闻地生长着，至今它也没有成为危害严重的恶性杂草。相反，它的根部粗壮含有淀粉，可以提取野葛粉，供食用，花供药用，茎皮纤维供织布和造纸原料，是一种很好的资源植物（图13）。1930年美国将葛引入其南方和沙荒地带，很快葛藤就覆盖了裸露的荒地，水土得到了保持，牛羊

图13　葛（*Pueraria montana*），又称野葛，在我国是著名的经济植物，但是到了美国由于没有了天敌，生长过旺，将当地的植物挤死殆尽，迫使各州立法禁止种植。

以它的茎叶为食，饲料也有了保证。可是50年代以后，葛像脱缰的野马到处疯长，将当地的植物挤死殆尽；70年代，葛占领了佐治亚州、密西西比州、亚拉巴马州的283万公顷的土地，最终演变成了一场公害。美国的一些州政府已立法禁止种植葛。

又如小叶海金沙（*Lygodium scandens*）。广泛分布于我国南方及西南各省，在我国是一种重要的药用植物，具有清热解毒、止血通淋、舒筋活血的功效，是泌尿系统感染、肝炎、肾炎、外伤出血的良药。可是到了美国，由于天敌缺乏，成为南佛罗里达最具入侵性的8种植物之一。它能攀缘到乔木上，形成一米多厚的植物蓐，遮蔽下面的植被，使之不能很好地生长。更严重的是，由于它的枝叶很细，当山火燃烧时，它的着火枝叶会乘着热空气飞到树木高处和很远的地方，成为新的火种，引发燎原的森林大火。

这样的例子可以举出许多。例如：韩国20世纪70年代引进了大个子的牛蛙，期望能增加本国的蛙类资源，结果当地的各种小蛙、小虾、河蟹、泥鳅等等全被吃光，牛蛙侵占了大量水体，破坏了原来的生态平衡，90年代，韩国环境部决定在全国范围内向牛蛙宣战，清除牛蛙。

大理洱海曾引进13种鱼，结果使得5种经济价值重要的本地特产鱼类濒临灭绝。

近年南京爆发松材线虫病，人们只能砍伐掉大量的成年松树，以防病害蔓延。追究下来，原来这种病原产在美国，后来传到日本；改革开放以后，我国从日本进口仪器，日本用有病的木材做包装箱，就这样把可恶的线虫病带入我国，使我国蒙受了极大的损失。据报道，仅11种生物的入侵就使我国每年损失达574亿元。生物入侵除了破坏生态环境，还是造成生物多样性消失的一大原因。

外来物种入侵一般有一个过程，先是分散生长，若干年后形成优势种群，不断排挤本地物种，最终导致本地物种绝灭，破坏生物多样性，使物种单一化，更甚者导致生态系统的物种组成和结构发生改变，最终彻底破坏整个生态系统。

人们对生物入侵的认识也有个过程。20世纪50年代人们意识到化学污染对环境的巨大影响及其对人类健康的巨大威胁，而从90年代后，人们才关注人类所面临的另一个巨大的威胁——生物入侵。随着全球经济一体化进程的加速及交通运输业的飞速发展，货物及人员的大量流动给外来生物提供了迁徙的广阔空间，如今人类正面临生物入侵的全球性挑战。据研究，我国是遭受外来生物入侵最严重的国家之一，目前入侵中国的外来物种多达400多种，在国际自然保护联盟（IUCN）公布的全球100种最具威胁的外来生物中，中国有50余种。由此看来，我们对生物入侵严重性的认识还有待提高。只有认识提高了，才有可能采取更有力的措施来做好这件事。

三、如何防止生物入侵

那么如何防止生物入侵呢？关起国门来行不行？关起国门固然可以减少入侵之敌，但这不符合改革开放的大政方针。再说了，历史上我们曾经成功地引种了许多国外的植物，如：花生、蚕豆、玉米、番茄、葡萄、烟草、胡萝卜、胡椒、胡桃、胡麻（芝麻）、红薯（番薯）、紫花苜蓿、红花、石榴、咖啡、无花果、葱、蒜、芫荽、西瓜、黄瓜、棉花等等。也有许多中国的植物在国外安家落户，如：大豆、水稻、茶叶、荔枝、龙眼、橘，以及众多的花卉——杜鹃、山茶、菊、月季、桂花、水仙等等。由此可见，物种的交换历来对各国人民产生了非常大的作用。我们不能因噎废食，应该及时制定专项法规，我国现在只有相关的检疫法，对外来有害生物的入侵尚缺乏健全而有力的规定；建立风险评价制度，对外来物种入侵加以认定，也需要成立一个专家委员会；还要建立跟踪检测和信息交流系统。只有这样，才能在国际交往中，把生物入侵的可能性减少到最低限度。

前几年为了追求"立竿见影"的效果，普遍采取从国外引入天敌和替代物种的方式。实际上，这种办法处理得不好将是弊大于利的。引入天敌固然比杀虫剂更安全、更有利于环境，但必须经过长期的、严格的研究才能实施。因为引入的天敌对当地的其他物种有没有影响先要弄清楚，搞不好天敌又成为一个真正的入侵者。同时，由于一对一的天敌太少，如微甘菊有近百种天敌，没有一种一对一的、固定的天敌，引入一种或几种并不能产生效果——要知道，生态系统是经过长期进化而形成的，系统中的物种经过千万年的竞争、排斥、适应和互利互动才形成了相互依赖又相互制约的密切关系，物种间的这种复杂关系一般是不能单靠某种天敌来解决的。

另外，我们不能简单地称呼入侵植物为有害植物，它们可能在这里破坏了生态平衡，但在它的原产地可能就是平衡的生态系统中的一员。这里也别忘了正确的"益害观"，避免偏激地看待生命世界。

马兜铃为小蝇巧设"禁闭室"

马兜铃的花，模样长得非常奇特，就像军乐队里的大喇叭，喇叭口向前，弯曲的喇叭管内壁长满了肉质的刺毛，下部膨大成球状（图1）。它是一种多年生的缠绕草本，在我国黄河以南直至广西的大部分地区都有生长。叶片基部心形，果实球形，吊在一条细细的果柄下，像一个系在马脖子下的铃铛（图2），马兜铃的名称即由此而来。果实成熟时与果柄一起裂成6瓣，底部依然相连，这时像码头上机械装卸用的网兜。那么，它的花、果为何这么怪呢？大家知道，生物体的任何结构都是自然选择的结果，一定和它的生存环境密切相关。原来这只"大喇叭"和马兜铃的传粉昆虫的行为是密不可分的，下面我们就来具体地分析一下。

夏秋季节，我们可以在野外灌木上找到正在开花的马兜铃。你若仔细观察，常常可以见到喇叭口有小蝇在飞舞，此蝇体长仅有2～3毫米。不一会儿，它们就钻进喇叭管里去了。喇叭管的内壁虽然坚挺地长着许多肉质的刺毛，它却依然义无反顾地使劲往里钻，因为它们已闻到了里面透出的浓浓的"气味"。当它们在刺毛的簇拥下，艰难地爬到下面膨大的部分时，空间突然开阔了，再也没有刺毛限制它们舒展翅、腿了，于是它们就在里面欢快地寻找食物（图3左边一只小蝇正在往里钻，另一只已经站到柱头上方）。与此同时，它把身上黏着的从另一朵花上带来的花粉抖落在花心部位突起的乳黄色的柱头上（实际上完成了给马兜铃传粉的作用）。当它吃饱了，想出去的时候才发现刚才进来的口部被肉质的刺毛堵住了（图3中间）。刚才爬进来时，是顺着毛的方向进来了，现在要逆向地爬出去，是根本不可能的。被关在这个"笼子"里受禁闭，出不去的小蝇不停地到处转悠以寻找出路。柱头接受了小蝇带来的花粉，花心部分产生了两个变化。1，柱头不久就萎缩了（图3右侧）。因为花粉已经萌发出花粉管，向子房内的胚珠伸去，柱头已失去再度接受花粉的作用，因而颜色也变深了。2，此时贴在柱头下方的花药成熟并开裂了。当小蝇碰到这些开裂的花药时，蝇体上就沾上了不少花粉。说来也怪，当花药开裂花粉被小蝇带走的同

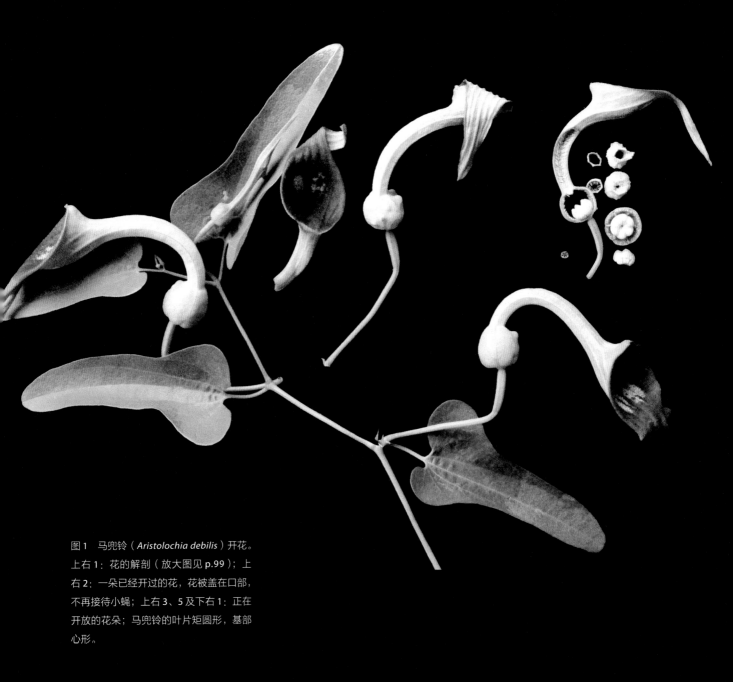

图1 马兜铃（*Aristolochia debilis*）开花。
上右1：花的解剖（放大图见 p.99）；上
右2：一朵已经开过的花，花被盖在口部，
不再接待小蝇；上右3、5及下右1：正在
开放的花朵；马兜铃的叶片矩圆形，基部
心形。

图2　马兜铃的果实像马脖子下挂着的铃铛，故名。种子四周薄片状，一阵风吹过，就把兜里的种子带走一些。

图3　马兜铃花解剖。左下：马兜铃未熟果实。左上：一只小蝇刚钻进喇叭口；另一只已经到达膨大的部分，在里面竖起双翅站在柱头顶上。右侧两列为花部的横切，由上而下示：花被管内面；膨大部分顶面观；雌雄蕊的顶、侧面观。可以见到雄蕊在最底部，左边一列的雄蕊尚未开裂；柱头乳白色，挺立在中央，有六个向上的突起。右边一列：柱头已萎缩，花药已开裂，花被管内的毛也已萎缩，给小蝇的出飞让出了通道。

图4　马兜铃花部离析图。花的最底部为6枚雄蕊，黄色的花粉囊正等待着小蝇的光临。

时，喇叭管内壁上的肉质毛就慢慢地萎缩了，正好给小蝇让开了一条出去的通道（图3中上部两个花被管的横切，可见一个四周长满了刺毛，另一个刺毛已萎缩。为了让大家看得更清楚，特提供图4）。于是，小蝇便带着这朵花的花粉，顺利地爬出喇叭管，结束了禁闭生活，回到大自然中。

可是，谁又知道刚刚获得自由的小蝇，飞不多久便又看中了当天刚刚开放的另一朵马兜铃花。它在喇叭口上转了几圈之后便又自投罗网，主动地接受禁闭生活。其实，所谓“禁闭”是植物在长期的演化中形成的一种机制：性器官未熟时不允许内外相通，只有当雌蕊成熟后，它才开放单向通道 —— 允许外界的小蝇进入，一直要等到最底下的花药成熟，小蝇把花粉搽走才敞开大路 —— 所有的毛都萎缩，让小蝇顺畅地走出去。由此我们也看到，在大自然的调教下，动物和植物相互配合得有多密切、有多巧妙。

给大家的思考题

1. 马兜铃的花是子房上位，还是子房下位？

2. 小蝇为什么要钻进喇叭口，是什么东西在吸引它？

3. 小蝇爬进去吃饱以后为什么不能立即爬出来？

4. 马兜铃的花心有雌蕊和雄蕊，它们不是同时成熟，这种"两蕊异熟"现象在植物界是很普遍的。马兜铃是雄蕊先熟还是雌蕊先熟？

5. 马兜铃的"两蕊异熟"对它有什么好处？如果成熟的次序倒过来，结果将怎样？

6. 小蝇被关禁闭几个小时甚至一个晚上，这段时间里马兜铃的花心里发生了什么变化？如果不把小蝇禁闭起来，那么小蝇很快就出逃了，这朵花的花粉还能不能带给下一朵？

7. 小蝇在马兜铃的生活中起了什么作用？如果世界上没有小蝇，马兜铃还能繁衍下去吗？

8. 马兜铃的种子四周有翅，它对种子的散布有什么作用？

|提示|

马兜铃和小蝇是地球历史上协同进化而来的一对伙伴。小蝇在马兜铃的一生中扮演了不可或缺的、极其重要的传粉者的角色，没有其他昆虫可以代替它为马兜铃传粉。也就是说，要是没有了小蝇的拜访，马兜铃就将"断子绝孙"；反过来说，要是小蝇没有了马兜铃，它照样可以去吃其他的腐败有机物，并在那里交配、繁衍，给马兜铃传粉只是顺路捎带的行为。说明两者的结合程度并未达到最高级别。

由于传粉作用对马兜铃是如此性命攸关，因而在它的形态结构上有了一系列的适应性特征，这些特征归纳起来就是有利于异花传粉的成功，它们体现在六个方面。

1. 花被管（喇叭管）内长满肉质的刺毛，使得这个通道在花药尚未开裂、花粉涂到小蝇身上之前，只能进不能出。

2. 花被管的基部膨大，为小蝇提供了可以转悠的空间，有利于把身上的花粉抖落在柱头上。

3. 子房下位使得传粉的空间和结实的空间隔开，这样就能更好地保护幼嫩的胚珠不被咬伤。

4. 雌蕊先熟，这样就保证了小蝇从另一朵花带来的花粉先传给这朵花的雌蕊，雌蕊接受花粉后萎缩，这时花药开裂，雄蕊才成熟，保证了异花传粉，避免了自花传粉。

5.肉质毛在花药开裂以后才萎缩，这样就迫使小蝇必须带上这朵花的花粉才能离开，这些花粉也必然会带给下一朵花的柱头。这是又一次的异花传粉的开始。

6.马兜铃花开过以后，花被、柱头、雄蕊都脱落，原来不显眼的、像花柄一样的子房部分却急剧膨大，形成一个球形的果实。到了12月份，果实便在攀附的枝条高处开裂成兜状，里面装满薄片状的种子，种子四周还镶着薄薄的翅，在风力推动下逐步飘向四处，完成种子的散布作用。

由此看来，马兜铃确实是大自然精巧的造化。这里我们再来看看大自然是如何选中了马兜铃的随机变异：它的花朵向空气中散放小蝇喜欢的腐臭味以吸引其前来，小蝇一旦进入口部即不能调转身子回头了，花被筒下部扩大成球形的地方提供了小蝇四处走动并把花粉抖落在柱头上的可能；雄蕊成熟在后，此时柱头早已萎缩，避免了自花传粉，当花药开裂、小蝇背负花粉之时，马兜铃又提供了小蝇出逃的通路——花被管内的毛及时地枯萎了。正是这些无意识的变异被自然选择选中，成就了马兜铃与小蝇的时空配合，除此之外，还有适于风力传播的挂在高处的兜状果实和具翅的种子。这些不能不使人感叹：大自然千万年来的选择，是人类无法复制、无法创造的！

当前，基因工程、克隆技术、神经生物学的种种进展正在不断揭开生命的奥秘，使大家不断地受到鼓舞。与此同时，我们还应清醒地看到，现在我们对生命本质的了解只是皮毛。例如：当前的高新技术还无法模拟所有的植物皆具备的基本功能——光合作用。任何植物只要有光照，便能在常温、常压下把无机物变成各种各样的有机物，这一地球上普遍存在的最基本的第一生产力，人们到现在还无法模仿、复制，因为它是一个极其复杂、极其伟大的物理、化学作用，既有化学元素的重组，也有化合物（酶）何时、何处（地点）参与的严格而巧妙的配合。对于马兜铃精巧的形态、结构，开花过程中时间、空间的调节的基因调控，不是任何一名科学家现在能解答的问题。它有人们从未涉足的高深学问在里头。有志于生命科学研究的年轻人，可以从这个例子中知道："21世纪是生命科学的世纪"，生命科学在21世纪将受到数、理、化等学科的推动与渗透，数、理、化等学科也将反过来参与地球上物质运动的最高形式——生命现象的研究，从而开创出一个全新的生命科学的世纪。

|变例|

马兜铃属的植物全世界约有200种，我国约30余种，广布于南北各省，尤以西南和南部较多。它们在结构上有相似性，各个物种之间又有相异性，如国外的两种马兜铃（图5、图6）都是观察的好材料。

马兜铃的地下部分称为"青木香"，为著名中药。但是近年来的研究得知，马兜铃碱是非常强的致癌物质，凡是有其成分的中西药都已经停止销售和使用，谁都不要以自己的身体来验证科学实验的结果。

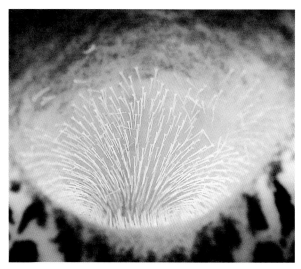

图6 一种马兜铃入口处的倒向毛

图5 国外的一种巨花马兜铃（*Aristolochia* sp.）

黑花为何少见？

每年春暖花开的季节，当人们走进万紫千红的花丛中，会很自然地发现：怎么没有黑色的花朵？传统的解释认为，由于黑色的花能吸收阳光中全部的光能，在阳光下升温很快，花朵受到灼伤，因而黑花就很少了。这种解释从 20 世纪中叶至今，乃至在最近的报章杂志上依然可见，这种灼伤论是沿袭了科普作品中的一个错误的解释：用物理学中物体对不同光波的反射与吸收的知识，来解答生物进化的问题。

为什么这种解释是错误的？我们先来看看灼伤论有多么不合实际：现今已经有了不少黑花，而且它们都是栽培在阳光下的，如黑郁金香（图 1）、黑蜀葵（图 2）、黑牡丹（图 3）、墨菊（黑色的菊花）（图 4）、黑月季（图 5）等，它们中间有哪一个曾被灼伤了呢？没有。另外，如果灼热的阳光会灼伤花朵，那么我们可以到阳光较弱，不至于灼伤花朵的地方，如东北气温较低的地区、山的北坡、树林下，就应该能找到未被灼伤的野生黑花。事实上，在我们几十年的野外考察中，从来没有见过这样的黑花。既然如此，那么又如何理解黑花为什么这么

少呢？这还得从花的进化历史和蜜蜂的色觉两方面来说起。

在地球 45 亿年的历史中，绝大部分时间是没有花的，只是到了 1.3 亿年前被子植物产生，才开始有了原始的花。今天地球上鸟语花香、万紫千红的生物世界是进化而来的。有花植物的进化很重要的一点是有赖于昆虫的传粉。据报道，蜜蜂的进化也正是在 1.3 亿年前的早白垩纪。这时候被子植物刚刚兴起，蜜蜂和被子植物是一对协同进化的伙伴，昆虫在传粉的过程中得到了高能量的食物（蜜汁），因而虫和花一起加快了进化的步伐。换句话说，虫媒花的进化离不开传粉昆虫对它的选择。所以谈论花色，就要看传粉昆虫是如何对花进行选择的（因为现存的黑花都是虫媒花，所以我们先不谈风媒花）。

1973 年获诺贝尔生理学奖的德国生物学家冯·弗里希（K.Von Frixch）研究了蜜蜂的色觉：在一系列从白到黑的灰度不同的纸板中放一张彩色的纸，这张彩纸所反射的光波与其中的某一灰度相当，在这片彩色纸板上放一个含有糖浆的玻璃盘。

图 1　黑郁金香（ *Tulipa* ‘Gesneriana’）。荷兰刚培育出来时，曾经卖到三枝花抵一幢洋房的价钱。

图 2　黑蜀葵（ *Althaea* ‘Rosea’）

图 3　黑牡丹（ *Paeonia* ‘Suffruticosa’）

图 4　墨菊（ *Chrysanthemum* ‘Morifolium’）

图 5　黑月季是近年培育出的新品种。

也就是说，把彩色的世界变成黑白世界，就像我们看黑白电影一样，所有的物体只有灰度的不同而没有色彩的变化，唯独这张彩色的纸板是个例外。看看蜜蜂能否按照颜色的不同，识别蜜在何处，前去采蜜。如果蜜蜂是全色盲的（没有色觉），那么它必然把这张彩纸和某一种灰纸看成是一样的，因而在飞向彩纸的同时也飞向灰度相当的灰色纸板去采蜜；如果它有色觉，那么它就很容易地区别出所有的灰纸片和这张彩色纸片是不一样的。结果发现，先期到达的蜜蜂会在几分钟后引来大群蜜蜂蜂拥而至，飞向彩色纸板去吸蜜而不去光顾同灰度的纸片。这一实验证明了蜜蜂确实能识别颜色。这一发现打破了人们曾经认为蜜蜂是没有色觉的色盲动物的传统观念。用不同色彩的纸片逐一进行试验，可以发现蜜蜂究竟能区别哪几种颜色，并用科学的方法测定这些颜色的波长。人们因而得知蜜蜂能区分 4 种色调，其光波长度为 650～300 纳米（注意：没有 700 纳米的红色和更长光波的红外线，但是却有 300～400 纳米的紫外线），它们所代表的颜色分别为橙、黄、绿、蓝、紫及紫外线（图 6）。可见蜜蜂的可视区域比人眼更移向短波段，它们比较能感受紫外线，却看不到红色。这就好比我们到了洗黑白照片的暗房，在红灯的光照下，红色变成非常明亮的白色，这时蜜蜂是看不见的；而放在紫外线灯的光照下，蜜蜂感觉非常明亮，而我们人类就看不见了，这

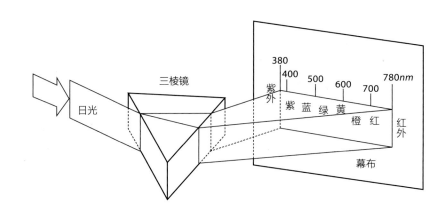

图 6　日光经过三棱镜以后的散射光谱

就是人的色觉和蜜蜂的差异。我们如果不以蜜蜂的色觉来理解蜜蜂的行为，就会想不通。对蜜蜂来说，红色不是一种颜色而只是深灰或黑色而已，红色就好像几个叶片交叉之后在中间形成的一个深色的窟窿。因此，在大白天采蜜的蜜蜂自然就不会飞向黑窟窿（黑花）。

在大自然中，植物的变异是没有目的、全方位的，只有经过自然选择，适者才能保留下来。我们假设黑花曾经在一次突变中产生，但蜜蜂对这种颜色的花朵不易察觉，因而拜访的机会很少。这就意味着，这朵花的授粉概率很小，它的后代在同种植物的比率中必然一代比一代少，乃至最后消失。所以今天我们见不到黑花了。

只有当某个力量钟爱于黑色的花朵并加以保留时，才有可能出现这样的黑花，这就是我们所说的人工选择。因此今天的黑花不是自然形成的，而是人类关爱的结果，人类把偶然出现的近似黑色的花（多数是棕褐色的花）保留下来，不断选育、加强才形成了今天的黑花。当年荷兰的育种学家培育出了黑郁金香，最初的价格高得惊人，3 支黑郁金香可以换一栋洋房，被传为美谈。你看今天的黑花，它们花的结构都是虫媒花，哪种能在大自然的

野生环境中找到？没有。随着人们观赏要求的提高，过去没有的黑花今天也出现了。如黑蜀葵、黑月季是近年才上市的新品种。这些黑色的花朵是满足人们求新、求奇的观赏需求而出现的。黑花的出现也证明了植物体内确实存在着此类基因，只是人工选择才把它激活了。今天选育出来了，如不继续加以人工的关照，任其自然生长，那么自然界还是不会选择它们，在这里自然界就是指蜜蜂，要不了几年它们还会消失的。所以珍贵的黑花还得由人类不断加以培育，才能世代相传，供人观赏。我们在谈论"为何无黑花"的问题时，不能割断生物的进化，如果仅从现存的花朵与强烈的阳光的关系来论述，显然是不切实际的、牵强的。再说了，花的进化除了花色以外，还有花的香气、甜润的蜜汁、花的各种精巧而特殊的构造、雌雄蕊成熟的时间差等合在一起与昆虫口器的进化互相适应，所以它们之间是全方位地协同进化的。

有人问：那么风媒花为什么也没有黑花呢？那是由"风"来选择的结果。风选择了花朵小、花被简化、花粉多而轻等一系列减少花粉在传播途中被阻挡而形成的特征，它没有驱动力来选择花色。因此，原来的植物是绿色的，花朵还是保留绿色，如

野燕麦（图7）、水稻、小麦、菌草、黑三棱、灯心草、葎草、大麻、胡桃、杜仲等；原来的植物是黄绿色的，花依然是黄绿色的，如麻栎（图8）、板栗、核桃、鹅耳枥、乌桕等。也就是说，当没有一股力量来选择它的花色时，植物体仍然维持其原来的颜色。

有人说：野生的天南星科某些花的佛焰苞接近于黑色，这怎么解释呢？确实，日本臭菘（图9、图10）、犁头尖（图11、图12）等天南星科植物的佛焰苞完全够得上黑花的标准，这确实是自然界存在的黑花，这些黑花的进化与蜜蜂无关，而与某些蝇类相关。蝇类的色觉有人研究过吗？在这里我没有发言权。或许黑色更接近于腐败的物质的颜色，也或许黑色与其他颜色形成鲜明的对比易于被发现，总之蝇类主要是被特殊的臭味和腐败物的颜色吸引过来的。这恰恰证明了一点：蝇类作为自然选择的一员，选择了黑色的花朵；人类作为人工选择的一员，选择了黑花。这两种选择都能保证其后代的生存，因而黑花得以存在。绝不是阳光的全色谱的热能左右了黑色花朵的存在。

图7　风媒花野燕麦（*Avena fatua*）。由于没有对花色选择的驱动力，花和植物体依然都是绿色的。

图8　麻栎（*Quercus acutissima*）的花没有鲜艳的色彩，黄色部分是它的花药。

图9　日本臭菘（*Symplocarpus* sp.）佛焰苞和花序均为黑色。这是真正的黑花，但它是蝇类选择的结果。

图10　产于长白山的日本臭菘，佛焰苞和花序均黑色。

图11 犁头尖植株（*Typhonium blumei*）

图12 犁头尖佛焰苞近黑色，同样是蝇类选择的结果。

晚上去看植物的夜态

大多数的植物白天和晚上看不出有什么变化，但是有些植物晚上也是要睡觉的，另一些植物在晚上是它生命中的重要时刻。现在我们不妨先去看看它们睡觉的姿态。

睡莲白天盛开的花朵浮在水面，到了傍晚就纷纷闭合，甚至低下头去，见不到花了（图1、图2）。合欢白天张开它的叶片，接受阳光照射，进行光合作用，到了晚上，则双双闭合——睡觉了（图3、图4）。美国马齿苋的花上午九十点钟开放而到了夜晚它的花朵萎谢了，叶片也贴向茎（图5—图7）。含羞草叶柄或叶片基部的叶枕有10～20层皮层薄壁细胞，称为运动细胞（图8—图10），这些细胞能发生可逆的膨胀、收缩变化（称为膨压）。运动细胞吸水后膨胀，叶片张开；排水后收缩，叶片闭合。很多植物能感受到夜晚的来临，进行叶片的开合运动，我们称之为感夜性。如皂荚、大豆、花生、四季豆、合欢、郁金香等植物的叶片白天呈水平展开，夜间合拢或下垂。

睡莲、郁金香和金盏菊的昼开夜合是一种生长性的运动，在白天温度升高时，适于花瓣内侧生长，而外侧生长很少，花朵开放；夜晚温度降低时，花瓣外侧生长而使花朵闭合，这样随着每天内外侧的昼夜生长，花朵增大。光对其影响很小，主要是花瓣的内、外侧对温度的反应不同而引起的差异生长。这种生长是属于感温性的生长，与上面谈的可逆的感夜性是两个范畴。

图1　睡莲（*Nymphaea* sp.）花朵在白天开放。

图2　太阳落山时睡莲花朵关闭 —— 睡觉了，第二天再开放。

图3　合欢（*Albizia julibrissin*）枝条白天展开叶片接受阳光。

图4　同一部位的合欢枝条，到了晚上叶片闭合。

图 5　美国马齿苋（*Portulaca* sp.）的昼态，每朵花白天开放，傍晚即萎。

图 6　美国马齿苋的夜态

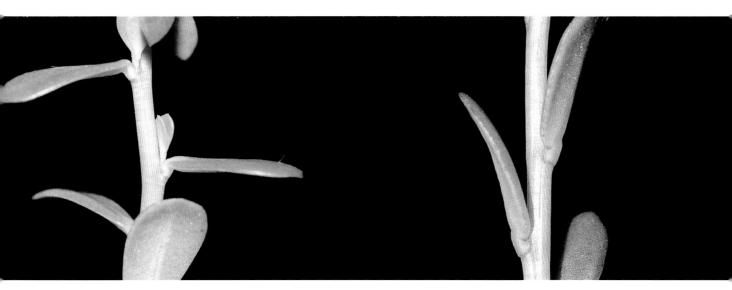

图 7　左为美国马齿苋的昼态：叶片垂直于茎。右为美国马齿苋的夜态：叶片贴附于茎。

图 8   左图为含羞草昼态，叶枕部的运动细胞吸水膨胀，叶片张开。中图为含羞草傍晚正在睡去。右图为含羞草的运动细胞排出水分而收缩，叶片闭合 —— 睡着了。

图 9   含羞草小叶基部乳白色的叶枕失水引起叶片闭合。

图 10   郁金香生长性的开花机制。白天温度和光照使内侧细胞长大，花朵开放。夜晚温度降低，外侧细胞增大，花朵闭合。

第二篇 植物根茎叶的智慧

植物营养器官（根、茎、叶）的智慧也有很多。在历史的长河中，有规律的季节变化使得植物得知寒冬将临，便早早设计了越冬的办法，除了以种子过冬外还会用更节省能量的办法——"胎生现象"来度过寒冬；有的披上了厚厚的"棉大衣"；傍晚来临，有些植物便先行进入睡眠状态，以节约把叶片托起的能量；有的叶柄不够强劲，便互相抱团"加固"成"假茎"以便叶柄能站立起来；有的植物茎很弱站立不起来，于是用各种办法借助比它高的物体或生物体向上或攀附、或缠绕、或生钩、或有刺，以致成了森林中唯我独尊的环境杀手，所有的树木都被它压在下面，得不到阳光而死去（如微甘菊，见《入侵植物》）。

凡此种种都是一千多万年的时间长河中植物在激烈的竞争中，在环境的压力下，被自然界选中而产生的结果，也是它逐步练就的本领。

下面请看个例。

粉叶羊蹄甲用弯钩攀缘向上

豆科云实亚科的植物粉叶羊蹄甲（图1）是藤本植物，叶通常从顶端深裂至中部，状似羊脚踩在地上的印痕，故名羊蹄甲。分布于浙江、广东，上海有栽培。

粉叶羊蹄甲的生活能力极强。它的嫩枝坚挺，可以伸向四周，从叶腋里各长出一条卷须，幼嫩的卷须钢丝般坚韧，一旦靠到上方较硬的枝条便勾住它。风力的抖动，愈加给了它信号，于是卷须不断增粗，更牢地把攀附物"抓住"而不至于滑跌下来（图2）。粉叶羊蹄甲就是以这样的方式从一棵树的高处攀附至另一棵树的高处，而不必从每棵树的基部往上攀爬至顶部争夺这棵树的阳光。最后，它架起一张绿色的大棚（图3、图4），下面的树木就因为光照不足而生长不良甚至死亡。植物之间为争夺阳光而产生的你死我活的竞争，和动物之间为了食物而发生的竞争本质上是一样的，这是由植物的本性决定的，不存在谁好谁坏，谁凶恶谁善良。

图1 粉叶羊蹄甲（*Bauhinia glauca*）叶腋里长出坚韧的钢丝状的成对卷须。

图2 粉叶羊蹄甲若接触到较硬的枝条，如竹枝或树枝，它的卷须便会牢牢卷住该枝条，而且会随着该枝条的摇晃、抖动而不断增粗。左侧一对卷须在生长过程中接触到一根竹的分枝（该分枝虽然不很粗，但很坚挺），粉叶羊蹄甲便勾住它并不断加粗；右侧的一对卷须未遇到他物，生长便停止了，就不再加粗。

图3 粉叶羊蹄甲的嫩枝挺拔有劲，先端带着许多钢丝状坚挺的卷须，正准备从高处攀爬到另一棵树的树冠顶部。

图4 图的右侧是一棵雪松，粉叶羊蹄甲已经团团围住了它，在其树冠高处又向左方伸出了长长的嫩枝，企图继续扩展地盘。园林工人不得不砍伐这株粉叶羊蹄甲，以保护雪松的正常生长。

植物的卷须加粗，被称为"向触性生长反应"。它的可能的机理是，卷须的表皮细胞壁较薄，细胞原生质膜受到机械刺激后产生动作电位，并迅速传递，影响离子和水的不均匀分布而使接触一侧和背侧细胞的膨压发生不同变化，进而引起不均匀生长。也有人认为，这是由于生长素的不均匀分布所致。这似乎说明了卷须加粗的机理，

但是，为何有此种加粗，以致对植物的生活起了那么大的作用？这仍是个未解之谜。

茜草科的钩藤（图5、图6）也有类似的情况，它的条形的不育花序的总花梗弯曲成钩，也能够加粗，便于牢牢抓住高处的树枝，以便攀爬，不致滑落。

图5 钩藤（*Uncaria rhynchophylla*）不育花序的总花梗在叶腋上方弯转成钩状刺，具攀附功能。

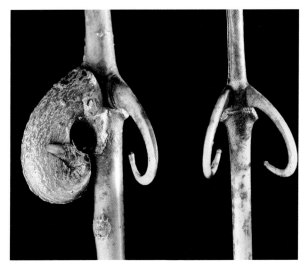

图6 钩藤的一个钩增粗（中间的缠住物已抽去）。

芭蕉的"假茎"是真的吗？

芭蕉属于单子叶植物纲芭蕉科，植物体的外表跟苏铁和棕榈科的样子相像，都是下部有一段粗壮的茎，叶片在上部开展。但是，它们有着本质的不同，因为芭蕉的下部不是茎，而是由许多叶鞘互相叠包而成（图1）。大家知道，叶鞘的实质是叶柄，它的叶柄扩大，成为鞘状。如若不信，我们可以把这段"茎"作一个横切面，来看看"茎"内有没有通常茎的结构。从图2的下方可以看到，整个茎都是由叶鞘重重叠叠地包围而成，老的叶鞘在外面，它们最新的叶片就是在中心向上抽出来的，一般茎所具有的表皮、皮层，形成的层、髓等结构它都没有，所以我们把这段"茎"称作假茎。

那么芭蕉的叶难道不是从茎上发出的吗？其实，芭蕉也是有茎的植物，不过它的茎生长很慢，而且节间很短，在一株生长多年的老芭蕉的基部，就可以看到真正的茎（图2）。每年从茎的中心生出新叶，然后慢慢地从假茎中心抽出并展开它的新叶。随着时间的推移，不断有新叶长出，老叶不断被挤向外面。到了冬天，叶片经霜打而枯萎，此时园林工人可以把它从基部截断，但是不能伤了它的生长锥。懂得了假茎的原理，就不会对截断了它的茎却又不伤着它感到奇怪了。

芭蕉属于热带、亚热带的植物，原产日本琉球群岛，我国秦岭至淮河以南见有露地栽培，为庭院观赏植物，民间供药用。果实三棱状长圆形，近无柄，内具多数种子，同样可以食用。

说到这里还得提醒一下：整个芭蕉科（Mussaceae）的植物都是有假茎的。

图1 种植了三年的一棵芭蕉（*Musa basjoo*），已经长成一丛，假茎外面是去年的枯叶。

图2 芭蕉假茎横切，可以把它一层层、一片片地分开，叶柄内部是方格状的空腔。其真正的茎在基部呈尖锥状，外侧长有不定根，茎的切面略带棕色。

植物的自然克隆

多利羊的产生，使"克隆"名声大噪。究其原因，首先是 1997 年多利羊的诞生，证明了像哺乳动物这样高等的动物，它们已分化了的细胞（乳腺上皮细胞）依然具有全能性，可以成功地发育成一只完整的羊。这在科学史上是一次重大的突破，对珍稀濒危动物种质的保存、杂交动物和转基因动物的扩群也有重要的科学意义。

克隆（clone）的原意是指：一个物种不通过性细胞的结合，产生多个后代，并形成一个无性繁殖系，它们的遗传性和亲本没有大的差异。

植物和动物不同，在植物界早就存在着许多自然的克隆现象。下面就让我们一起来寻找植物界的自然克隆现象。

家里常种的吊兰，它从盆里伸出来挂在四周的小植株，就是不用开花结子（即不通过性细胞的结合）情况下繁殖成的十几棵在遗传性上相同的小吊兰（图 1）。又如：大叶落地生根能在叶片边缘长出多个小植株。翡翠景天，花工叫它松鼠尾。它的叶片稍被碰擦就掉下来了，然后每一个叶片都可能长成一个新的植株（图 2）。这些都是植物的自然克隆现象。

唇形科植物蜗耳菜，也称螺丝菜或草石蚕，它在地下有膨大的根状茎（图 3），用以进行无性繁殖，并可腌制酱菜。在马铃薯地里轻轻刨开土壤，发现有乳白色的细丝，这就是它的根状茎，末端膨大即成块状的马铃薯，可以长成一个新的植株（图 4）。在池塘下长着扁球形的荸荠，荸荠底下一个疤是当年和地下茎的相连处，上面长着好几个芽，第二年上面便长出许多圆柱状的秆，发育成为新株。类似的现象还很多，像华夏慈姑、莎草、芋都有这种现象（图 5）。百合也有自然克隆，我们费了好大的劲才把田里的百合挖起来，洗净以后仔细看，每个百合由 2～4 个鳞茎组成，中间还有一根当年枯死的茎。当初在茎顶上开着百合花，还有许多肉质的叶片。正是这些叶片的光合作用产物使得地下 2～4 个鳞茎长大起来，到了秋天，上面的茎叶枯死了，原来的 1 个百合变成了 3～4 个。要是第二年把这 4 个百合分开种，那么每一个百合就又是一棵新植株，秋天来临时又会变成 4×（3～4）个百合（图 6）。蒜（大蒜）的每一个"蒜瓣"就是一

图1（左上图） 吊兰（Chlorophy-tum comosum）的自然克隆：从盆里伸出来挂在四周的小植株，就是不用开花结子（即不通过性细胞的结合），繁殖成的十几棵在遗传性上相同的小植株。

图2（右上图） 翡翠景天（Sedum morganianum）扳下一个叶片（右下），就能长出根和芽体（左中），然后长成一个新的植株（上）。

图3（下图） 蜗耳菜（Stachys ar-recta）的根状茎先端膨大，其上有不定芽用以繁殖。螺丝菜就是用这段根状茎腌制而成。

图4（右页图） 阳芋（马铃薯）（Solanum tuberosum）的根状茎先端膨大成块茎，右下是一个大块茎。

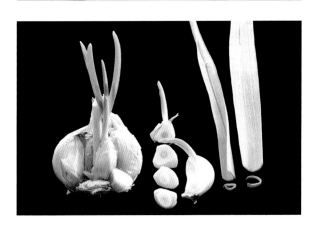

个小的无性繁殖体 —— 鳞茎，如果分开种植，便是多个新植物（图7）。大蒜的花序本该全部生长花朵的，但是通常也会混杂有许多鳞茎，一旦条件允许，每个鳞茎就都是母株上克隆出来的新的大蒜（图8）。

薯蓣科植物会在叶腋里长出一个个小的块茎，条件合适时，就各自发育成新的植物体（图9）。卷丹的叶腋里常有小的鳞茎，称为零余子，也是它的自然克隆（图10）。

植物体长成以后，除了生长点以外，所有的细胞都已分化成各种组织。植物的自然克隆证明了一条真理：细胞具有全能性，即使已经分化成某一种专门功能的成熟的细胞或器官，其细胞内还是含有这个物种的全部信息，只要条件合适，

图5（上图） 芋又称芋头（*Colocasia esculenta*），地下有许多球茎，等待来年发展成新植株。

图6（中图） 百合（*Lilium brownii* var. *viridulum*）当年的主茎已经枯萎呈黑色，3～4个鳞茎是它不经过有性生殖产生的后代，它们的基因型都一致。

图7（下图） 蒜（*Allium sativum*）的小鳞茎，是一个蒜头来年成为多株大蒜的基础。

图 8　蒜的花序里夹杂着许多小鳞茎，每个的基因都和老的一致。

图9 薯蓣（*Dioscorea polystachya*）叶腋里长出许多小块茎，落在土壤里，便成为新植株。

图10 卷丹（*Lilium tigrinum*）叶腋里的珠芽是一个个小的植物体（小鳞茎）。

就可能进一步分裂复制出一个个基因型完全相同的个体。早在几十年前，人们就将一些珍稀植物的叶片、花药、茎段、茎尖等进行组织培养，从而培育出千千万万株遗传性相同的后代。农民在生产实践中将马铃薯、番薯切成小块播种，将名贵的花卉、水果进行扦插或嫁接，都是人工进行的克隆。它们的优点就是保留了作物的优良性状，扩大了个体数量，尤其是在有些地方植物不能开花或不能充分结实的情况下，依然可以进行扩大种植。

需要强调一点的是，多利羊的诞生已赋予克隆技术（也称为无性繁殖技术）以全新的含义，现今克隆技术已是专指基因工作的一部分，即DNA分子在体外与载体（如质粒）拼接或重组分子后，引入受体细胞中，然后随同重组分子在细胞内复制而获得大量的该种脱氧核糖核酸。如此一来，这一经典的无性繁殖技术便有了质的提高，已经从自然克隆状态提升为分子生物学的研究领域。

植物为何要吐水？

在闷热的天气或在清晨，如果走到草丛中，你的鞋、裤腿一定很快就打湿了。低头一看，许多草的叶片先端都有一滴晶亮的水珠，你一定会认为这是露水，其实这是植物从体内排出的水分，植物学上称它为"吐水"。吐水现象是植物普遍具有的（图1—图3）。

光合作用是植物生长的根本，光合作用需要的无机盐是靠泥土里不断地往上输送的水溶液来提供的，所以植物体内始终存在一股向上的水流，晚上也不停息，其向上的动力来自两股力量：一是根压，另一个是蒸腾。这两股力量把水分从土壤里提上来，经过茎直接送到叶片进行光合作用。白天蒸腾作用很强，把植物利用过的水，以气体的形式用蒸腾的方式从气孔排出体外，所以人们看不出有吐水现象。只有在夜间，没有了阳光的照射，蒸腾作用减弱，叶面的气孔不足以排出水分时，水分就靠水孔来吐出了。在植物生长旺盛的时期，或者天气闷热水分不易排出时，吐水现象就更明显。尤其在沉水植物中，也照样有吐水现象，只是由于看不到而常被忽略了，在水中蒸腾不能进行，吐水便成为沉水植物叶片取得无机营养的重要手段。

吐水是植物通过叶片上的分泌结构——排水器（图4）将体内已被利用过的水分排出体外的现象。排水器通常存在于叶尖或叶缘的锯齿先端。排水器由三个部分组成：水孔、通水组织和管胞。水孔是一种变态的气孔，它也有两个保卫细胞，但是已经丧失了气孔关闭的功能，所以孔口始终是张开的；通水组织是一群薄壁细胞，缺乏叶绿素，细胞排列疏松，因此呈球形，有较多的细胞间隙；小叶脉的末端以管胞的形式通向通水组织的细胞间隙。吐水的过程就是水分从管胞出来经过通水组织向水孔排放的过程。许多植物，如禾本科的多数植物、旱金莲、圆白菜、番茄、草莓等都有吐水现象。

你是否注意到，一个植株上吐出的水珠大小都是一致的，这是为什么呢？这一现象说明了两个问题：1. 植物吐出的水都是在同样的环境下从水孔里往外排出的，因此它们之间都是等量的，不可能有大有小。2. 我们曾经给将要吐水的植物喷上水，看它能否如吐水一样留下大小相同的水珠，实践证明这是不可能的。这事反证了一件事：大小相同的水珠只可能是植物吐出的水，而不是外加的。

图 1（左页图）　地榆（*Sanguisorba offi-
cinalis*）每个锯齿先端都会吐出一滴水珠。

图 2（上图）　三叶委陵菜（*Potentilla
freyniana*）的吐水现象

图 3（下图）　闷热的早晨，中华景天
（*Hylotelephium spectabile*）的每个叶片
先端都有一滴水吐出。

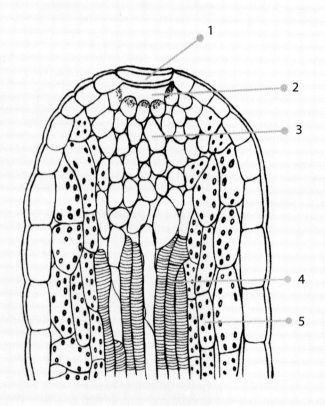

图 4　藏报春（*Primula sinensis*）的排水器：1. 保卫细胞；2. 水孔下的气腔；3. 通水组织；4. 管胞；5. 含有叶绿体的同化组织。

世界最大的活生物体 —— 北美红杉

　　20 世纪 50 年代，当我还是学生的时候就听说世界上最大的树是北美红杉，又称红杉或海岸红松。由于众所周知的原因，我当时没有机会去亲自体会一下它的巨大。80 年代我国实行改革开放，我终于有了梦寐以求的机会，到了美国加利福尼亚州，北美红杉的故乡。下面就与大家一起去领略它的风采。

　　朋友的汽车在高速公路上疾驶了十几个小时，终于来到红杉国家公园的大门（图 1），这所谓的"门"其实只是一个标记，没有门卫，没有售票处，和我国每个风景点都要收取高额门票形成了鲜明的对比。上面写着"SEQUOIA NATIONAL PARK"（席阔亚国家公园），

图 1　席阔亚国家公园大门，以印第安部族首领命名的公园大门。

图2　这棵红杉树（*Sequoia sempervirens*）是生物界目前生存着的最大的、活的生物个体。

SEQUOIA（席阔亚）是印第安部族一位首领的名字，红杉的学名就是以他的名字为属名。汽车径直开了进去，来到公园的核心处，只见一棵大树高耸入云，长得郁郁葱葱。原来这就是目前世界上活着的最大的生物体，比大象、鲸都大（图2）。我顾不得看边上牌子上写的字，三脚两步便跑了过去，站在树旁，让同行者照了一张相——只有把自己作为比例尺才显得出这棵树的巨大（图3）。待我拍完照回到牌子跟前才发现，牌子上写着不要进入的告示。美国人都遵守这一规定，而我却违反了，顿觉脸红到了耳根。公园里还放着一片巨大的树木的断面，上面按照年轮，写着它的年龄，每50年为一次记载，已经2000多年了（图4）。我想，学校食堂里经常用一段树干当作砧板，如果这段木材当砧板的话，周围可以有十几个厨师同时工作呢。一个树洞可见树有多么大（图5），一棵倒木可见它的直径有多粗（图6），倒木中的一个洞，人可以在里面通行（图7）。

下面再谈谈北美红杉的一些知识。在森林里一般每100～200年就有一次自燃的森林大火，北美红杉为什么能生活几千年而不被烧死呢？原因就在它的树皮有阻燃的特性，不被周围的山火点

图 3 红杉树的基部。按边上一个人为比例尺计算，其截面可以和我们的教室大小相当。

图 4 一棵树干横切面，年轮显示已有 2000 多年。

图 5　一个树洞，让一个班的
士兵进去是没问题的。

图 6　一棵倒木从照片的左方一直通到最右方，中间有些折断。

图 7　在倒木的树洞里行走。

燃，而且它的树皮特厚（可达 30 厘米），周围火焰的热量也进不去，不会把它烤死，所以它历经多次大火的烧烤而不死。对它来说，火还可帮助种子散播，因为它的球果在树上可以保持 16 年不开裂，而如果发生一场大火，热气向上把球果烤干，种子就纷纷落下掉在肥沃的灰堆中，有利于萌发。如此看来，这 16 年或许就是北美红杉的球果在等待山火到来的一种神机妙算。你看，大树也有巧妙的生存对策！

不要以为，树这么巨大，其球果和种子就一定很大。其实，球果也只有鸭蛋般大，种子就更小了（图 8、图 9）。红杉生在海雾常年吹袭的山谷地带，20 世纪 30 年代上海黄家花园曾经引种，不过生长不良。1972 年 2 月美国总统尼克松访华时，赠送 3 株盆栽大苗，定植于杭州植物园。多年来，国人利用根基萌蘖、小枝扦插、组织培养等技术培育了大批苗木分植于各大城市的植物园。红杉树在沿海岛屿颇有引种前途，如舟山引种的已开花结实。照此算来，几千年后我国也同样可以见到巨大的红杉树了。

图 8　红杉树的枝叶和历年的球果。别看它树木高大，它的叶片还是和水杉相仿：有的球果已经老朽，有的种子尚存。

图 9 红杉树的球果只有鸭蛋那么
大，种子只有葵花籽的一半大。

植物体表毛被中的生存智慧

你有没有注意过植物的体表有许多变化，有刺、毛、腺体等，它们各有自己的作用，是长期适应环境的产物，例如：有的是为了排除体内的盐分，使体内的电解质保持平衡；有的可能是为了让食叶昆虫觉得其叶片不可口而转向别的植物，这样这株植物就能从食草动物口中逃脱（图1）；有的植物经常遭到动物的咬噬，于是产生苦味的个体被咬噬得较少，动物浅尝辄止，又去挑选别的植物了，这种带苦味的个体就存活下来了；有的植物叶片被咬噬破碎时会以自身特有的腺毛释放出特殊的气味，而专吃这些昆虫的天敌（如瓢虫）闻到这种气味，就会飞过来吃掉这些昆虫（如蚜虫）；有的长有黏性的毛可以黏住小虫，但它不是抓来吃的，而是把它黏死，不让它爬上花枝，如花叶滇苦菜（苦苣菜）、鹤草（蝇子草）花柄上的腺毛（图2）就有这种作用；食虫植物专门有一种黏性的毛用来抓虫，以获取自身必需的氮素营养；有的分泌糖液是为了捉住贪嘴的小虫，如茅膏菜（图3、图4）；有的长满白毛能够防寒，并且吸收阳光以保暖或反射阳光；有的密毛可以保持水分，避免水分的过度蒸发，如毛蕊花（图5、图6）；有的植物身上长有蜇毛，动物若去吃它，便会被刺得眼皮、耳朵疼痛难忍，于是就转身他顾，如白蛇麻、焮麻（图7）；有的长成钩、刺，可以用来攀缘，如茜草、葎草（图8）；有的叶缘长有角质的锯齿，可以很锋利地割破动物的口、舌，以减少动物的咬噬。人们在爬山时不小心抓住了它，手上便被割出条条很深的伤口，据说鲁班就是从此得到启发创造了木工锯（图9）。

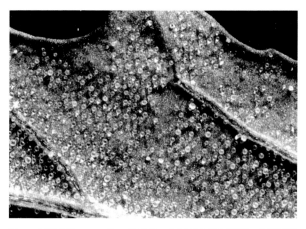

图1　小藜（*Chenopodium ficifolium*）叶片上的泡状毛，使得柔嫩的叶片味道不好吃，从而保护了幼叶。

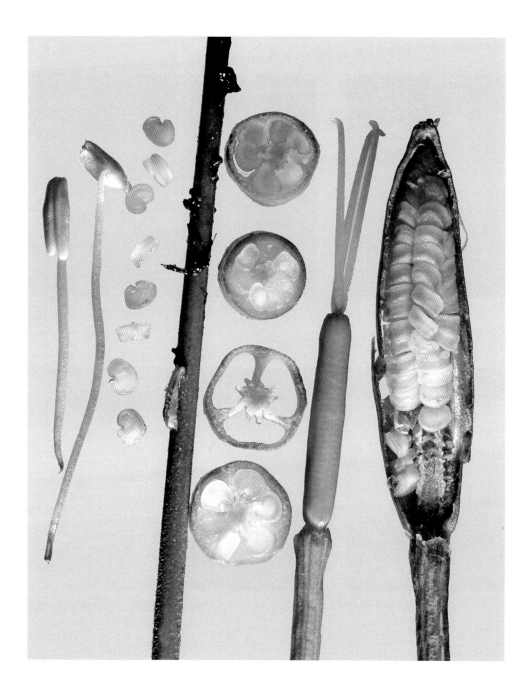

图 2　鹤草（*Silene fortunei*）的花柄上分泌有大量黏液，已经粘上了好几只小虫。它这一动作只是为了阻止小虫爬进花内盗食蜜汁。

图3 茅膏菜(*Drosera peltata*)的一张叶片毛伸向四方,准备捕捉经过此地的飞虫。

图4 茅膏菜捉住了一只飞虫。

图5 毛蕊花(*Verbascum thapsus*)十分耐旱,这是长在桥墩上的植株。

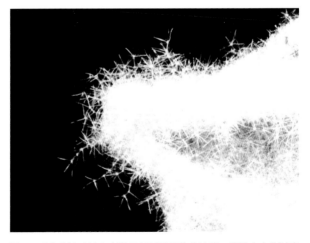

图6 毛蕊花的叶片上布满了层层叠叠的分枝毛,以防止水分过度蒸发。

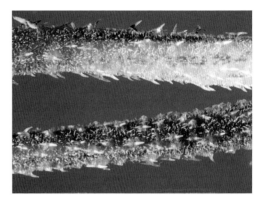

图8 葎草（*Humulus scandens*）用茎表皮上的皮刺钩住它物以攀缘向上。

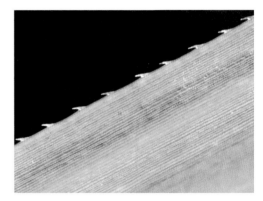

图7 蝎麻（*Urtica cannabina*）。当你行进在山林里，专注于寻找某种植物时，它会冷不防地蜇你一下，并且把刺中的有机酸渗入皮肤，让你皮肤红肿、疼痛难忍。这是它避免食草动物采食的妙招。

图9 芒（*Miscanthus sinensis*）的叶缘有透明的角质锯齿，可避免食草动物的咬噬。

舞草是怎样跳舞的

一天在南京中山植物园的温室里，我听到入口处歌声飞扬，此起彼伏，唱了一曲又一曲。使人纳闷的是，歌者为什么到温室里举行歌咏比赛呢？我回到入口处看个究竟，发现二十多位初中生，围着一盆植物，在老师的指挥下放喉歌唱。这盆植物就是大名鼎鼎的"会跳舞的植物——舞草"，据说它见到美丽的姑娘、听到动人的歌声就会翩翩起舞。他们唱罢一首没见到跳舞，便调整阵营，让穿得最漂亮、唱得最好的同学站到前排，再来一首更响亮、更动人的歌。这时我才明白他们为什么唱个不停，原来是他们确信舞草会跳起来，却始终没见到它跳。其实他们是被误导了。那么舞草究竟是怎样的植物？它又是怎样"跳舞"的？这话还得从头说起。

舞草的舞姿　舞草属于被子植物纲，豆科。产在我国广东、广西、云南、贵州等省区，印度、缅甸、越南、菲律宾等国也有分布。高约2米，叶片由3枚小叶组成，两侧的小叶很小，长1.5~2厘米，中间的小叶大，长达10厘米，豆荚细长，分节，豆粒芝麻般大，棕色（图1）。所谓的舞草跳舞，绝不是说它可以从泥土里蹦出来，并从这里跳到那里，而是指它的一对侧小叶能明显地转动，如同伴随着音乐的节奏：时而两片小叶向上合拢，然后又逐

图1　舞草（*Codariocalyx motorius*），小灌木，小叶1~3个，顶小叶长5.5~10厘米，侧生小叶很小，长1.5~2厘米，生长阶段会不停地旋转。

渐展开，似在拍着双手欢迎贵客的光临，时而一片向上，一片向下，好像在跳芭蕾，而且同一植株上的各小叶的转动有快有慢，似在做艺术体操，令人赏心悦目，感叹大自然的无穷魅力。（图2－图4是同一个画面，相隔几秒钟后拍得，可以看到大的叶片未动而小叶却在舞动。）

以上的照片是怎么拍摄的呢？当时正值暑假，天气特别热，这正是舞草最适合跳舞的时候。我选择一个晴天中午太阳正猛的时候，当时的气温达37.5℃（几乎达到上海市夏天的极限高温），把花盆放在室内，门、窗用多层窗帘遮挡成暗室，然后把舞草的茎加以固定，用微距镜头进行拍摄，开启快门的B门，每隔5秒亮一次闪光灯。如果用一个聚光灯照在小叶上，持续20秒，就会看到它连续的动作（图5－图7）。也就是说，如果你站稳在舞草前面，把眼睛盯住某一两片小叶，然后闭眼几秒钟，当你再睁开眼睛就能发现小叶的位置已经变化了。这就是舞草的跳舞。

舞草舞动的条件　刚才那些中学生为什么没见到舞草跳舞呢？原因有两个：首先是他们分散了自己的注意力，他们不应该只注意自己唱得多响亮和动人，而应该加倍注目小叶的动向。至于舞草能否听懂音乐，能否被美丽的服饰打动，至今没有实验的依据。提出这一假设的人为何拿不出有力的证据呢？这种假设恐怕是一种招揽观众的商业

图2　舞草中间的两张小叶竖起，另两张向右拐。

图3　右上部一对小叶成一直线分开。

图4　中间两张小叶转动明显。

图5 舞草。相机每隔五秒闪光一次拍下的图像。

图6 小叶作大回环的动作。

图7 对舞草作连续照光20秒。

广告行为。有了它，舞草才身价百倍；有了它，门票才更好卖。所以，主办者宁可以讹传讹，也不希望这个美丽的肥皂泡破灭。第二个原因是气温不够高，阳光不够强。舞草舞动速度是它生命活动强弱的反映，当它离开了南方的原产地，即使进入了温室，生命活动还是减弱了。因此，原本明显的现象，稍不注意就不容易见到了。

当天色暗下来时，舞草便逐渐进入"睡眠状态"，它的叶柄向上竖起来贴近枝条，叶片下垂，也贴向枝条。这时如果将它的顶小叶往上拉开，便会发现顶小叶不听使唤，并不像人在睡眠时肢体处于松软的状态。这种现象是舞草在长期演化过程中形成的，是一种节约能量的适应方式。令人惊讶的是，即使在睡眠的状态下，小叶仍在徐徐转动，只是速度比白天慢（图8、图9）。

舞草是不是中国的一大发现　20世纪80年代国内有二三十家报纸竞相报道了一条轰动的消息："广西发现会跳舞的植物。"其实早在两百多年前，生物分类之父——瑞典的林奈就已经给了它一个全世界统一的拉丁文学名——*Hedysarum gyrens* L.，译成中文就是"具有旋转特性的植物"。可见当年欧洲人就已知道它旋转的特性。谁知两百多年后又被我国媒体炒作得火热，以致哪家植物园或哪个花展有舞草展出，门票就更容易卖出。

植物界有没有类似的运动呢　回答是：有，而且多得

很。瓜类植物靠着卷须的旋转，才能攀缘至棚架的顶部；牵
牛花类的植物靠着茎的旋转，才能缠绕在其他物体上爬到高
处。我们先看一下图10，这是一张豌豆的照片。豌豆的叶片
由5～9枚小叶组成，前端的3～5枚小叶常常变成卷须。这
些卷须就能够日夜不停地旋转以寻找缠绕物，一旦碰上某个
枝条，便把它缠住，于是豌豆便能继续往上攀爬了。卷须的
旋转是千万年进化得来的由基因控制的习性。我们是否可以
这样设想，旋转的基因和另外某个基因连锁了，舞草的小叶
获得了旋转的基因，但没有获得小叶形态改变成须状的基因。
因此它的形态没变，却像卷须一样转个不停了。当然，这只
是一种假设，真正的谜底还要等待分子生物学的进一步研究。
当人们提取到"旋转基因"以后的某一天，我们就可能进入
一个到处在舞动着叶片的植物园，那时该多么有趣啊！

舞草不仅能"跳舞"，而且还是一种药用植物，有舒筋、
活络、祛痰等功效。

| 变例 |

凡是具有缠绕特性的植物，它们的枝条顶端都会不停
地转动，例如：牵牛花、茑萝花、山药、五味子、葎草、
何首乌等。各种瓜类都是以会转动的卷须攀住其他物体爬
上去的。你是否能设计一个表格对几种植物的旋转速度作
一个比较？看看它们转一圈要花多少时间，哪一种植物转
得最快，它们是顺时针方向上升还是逆时针方向上升的。

图8 舞草正在进入睡眠中。

图9 舞草已经深度睡眠了。

图 10　豌豆（*Pisum sativum*）顶小叶卷须状。

竹子浅谈

竹的外观姿态（图 1），虽不如牡丹之富贵，也不如青松之雄伟，更无桃李之娇艳，可是竹刚强正直，宁折不屈，未曾出土即已成"节"。饥食腐殖土，渴饮山泉水，虚怀若谷，令人敬佩。竹的这种特征，自古常被喻作人们的高雅风格和坚贞品质而加以歌颂。松、竹、梅并称为"岁寒三友"。竹历来成为中国风景园林中必不可少的重要成员，梅、兰、竹、菊常配组成景，相映生辉，称为"梅兰竹菊四君子"。

人们选择竹子的不同性状，做不同的用途。例如：吹奏笛子用的竹子要求节间长，没有沟；劈篾用的竹子要求结构坚韧，而且节间也要长；晾衣的竹竿要求竹壁厚，而观赏用的竹子则另有要求。

竹子的分类应该靠花来鉴定。可是它们很少开花，而且开过以后竹子就死亡了，所以通常用它的营养体来鉴定，主要是看它们的地下茎的类型、箨叶、箨鞘、箨舌和地上茎每节分枝的多少。

竹子是禾本科、竹亚科植物的统称（图 2）。秆一般为木质，节间常中空。主秆的叶称为秆箨（音 tuò）即笋壳，与普通叶明显不同；秆箨的鞘（称箨鞘）扩大而硬，起保护作用；叶片（称箨片）通常缩小，无明显的中脉；普通叶披针形，具短柄，且与叶鞘相连处成一关节，易自叶鞘处脱落。

从形态上来看，竹秆上有节，节与节之间称为节间。节上常有两个环，上面一个叫秆环，是竹子的居间分生组织停止生长后留下的痕迹；下面一个叫箨环，是箨叶掉落以后留下的痕迹。秆环的内部有一横隔板，把上下两节隔开。节的地方有芽，芽向上常有一条凹陷的纵沟，竹壁从外到里可以分为竹青、竹肉、竹黄、竹衣和髓腔（图 3）。

毛竹是我国分布最广、用途最大的一种竹子，在地下最初萌生时称为笋，出土前在冬季采收的叫作冬笋（图 4、图 5），刚出土而在清明前后采收的叫春笋又称毛笋（图 6）。笋在它形成之初即已决定了它有多少节，从图 3、图 4 的照片上来看，竹笋共有 70 节左右。这么一个生长锥，若是暴露在外，肯定被动物消灭了。而这一段的笋壳非常厚，受到母竹最好的保护，一般的动物是无法采食到的。等到它出土之后，笋壳上面又长出

许多粗毛,更使得动物远离它,所以这也就是竹子得以平安生长的关键。笋的长高是由每一节基部的分生组织细胞迅速加长与分裂所致,尤其到了春天下过一场透雨,春笋吸足了水分迅速长高。据统计,毛竹一昼夜可以长高 1 米以上,故有"雨后春笋"一说。民间有一传说:有人春天在竹园里劳动,午间在里面打盹,把帽子放在竹笋顶上,待他醒来,却拿不到帽子了。春笋在此时主要是依靠细胞的吸水加长来长高,这和一般的植物靠细胞分裂长粗、长高是不同的。竹笋是我国民间的家常菜,其营养价值也很高。

下面介绍几种肉眼容易区别的竹子(图 7 — 图 24)。依据《国际栽培植物命名法规》,栽培植物的栽培品种名称的书写规则为:1.用正体书写品种名;2.首字母必须大写;3.用单引号把它括起来;4.不必加品种名的分类等级符号,有 forma.(变型)、var.(变种)、cv.(栽培变种)等。

图1(上图) 山间竹林里的新竹蓬勃向上。

图2(下图) 竹子的根状茎在土下称竹鞭。往前长出竹鞭的分枝;往上长出竹笋,竹笋出土后长高即成竹秆。

图 3（左上图）　竹杆（*Phyllostachys* sp.）各部的名称

图 4（右上图）　毛竹（*Phyllostachys edulis*）的越冬芽称冬笋。

图 5（右下图）　冬笋纵切，去掉外面的笋壳，可见全是分节的。节的多少就决定了日后竹子有多少节。

图6（左上图）　开春以后，冬笋长大成了毛笋。

图7（右上图）　簕竹（*Bambusa blumeana*）分枝的芽不发育而变成刺，海南黎族用作绿篱保护农田，也有把它捆绑在槟榔树干上以防槟榔被窃。

图8（左下图）　斑竹（*Phyllostachys reticulata* 'Lacrima-deae'）秆有紫褐色斑块。

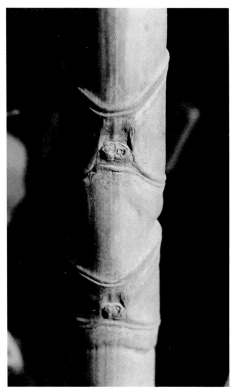

图 9　人面竹（罗汉竹）（*Phyllostachys aurea*）中部以下节间常不规则、不对称地缩短或肿胀。

图 10　无毛翠竹（*Pleioblastus distichus*）秆低矮，在 1 米以下；叶簇生枝顶，绿色。

图11（左上图） 黄金间碧竹（*Bambusa vulgaris*'Vittata'）竹秆黄色中间夹有绿条。

图12（左下图） 紫竹（*Phyllostachys nigra*）老秆紫黑色，供观赏，也宜作钓鱼竿、手杖、笛、胡琴杆等用。笋可食。

图13（右图） 麻竹（*Dendrocalamus latiflorus*）乃优良笋用竹，篾可编竹器，秆用来养殖海带、紫菜等。（陈勇摄）

图14（左上图） 龟甲竹（*Phyllostachys edulis* 'Heterocycla'）节间在一侧不发育，交替上升，颇具观赏价值。

图15（左下图） 菲白竹（*Pleioblastus fortunei*）秆低矮仅1米以下，叶片有白色条纹。

图16（右图） 孝顺竹（*Bambusa multiplex*）成丛生长，耐寒。

图17 孝顺竹箨鞘留存在茎秆上，直到侧芽发生。

图18 方竹（*Chimonobambusa quadrangularis*）秆下部近方形，箨鞘厚纸质，背面有多数紫色小斑点，箨叶极小或退化。

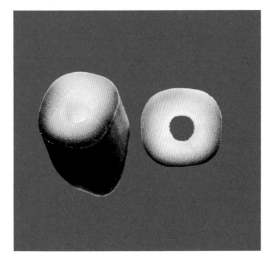

图19 四川方竹（*Chimonobambusa szechuanensis*）秆近四方形，箨鞘具紫色条纹，箨叶小而直立。

图20 冷箭竹（*Arundinaria faberi*）秆密被一层白色蜡粉，为大熊猫的主要食物。

图 21 凤尾竹（*Bambusa multiplex* 'Fernleaf'）植株低矮，高仅 1～2 米。

图 22 凤尾竹的小枝，叶片小，长仅 2～7 厘米，宽不超过 8 毫米。

图 23 佛肚竹（*Bambusa ventricosa*）其下部的节间变得短缩而膨胀，似佛肚。

图 24 阔叶箬竹（*Indocalamus latifolius*）叶片巨大，可作斗笠，亦可包粽子，秆可做笔杆。

箭毒木

　　你听说过最毒的植物会叫人在几秒钟之内死亡吗？现在给你介绍这种植物，它的名字叫见血封喉，也叫箭毒木（图1）。顾名思义，一旦中了涂有它的乳汁的箭，就会立即呼吸困难倒地而死。

　　它是属于桑科见血封喉属的植物，生长在我国云南、广西、广东、海南的低海拔山地中，东南亚和印度也有分布；是国家三级保护植物。箭毒木为什么有那么大的毒性呢？原来箭毒的毒性是由多种生物碱组成。正常的情况下，神经末梢释放乙酰胆碱使肌肉接受刺激，发生动作。箭毒进入血液后取代了乙酰胆碱的地位又不传递刺激，阻断了中枢神

图1　见血封喉（箭毒木，*Antiaris toxicaria*），常绿大乔木。

经系统对心脏肌和运动肌的正常调控，立即使心脏停搏。我们是靠肋骨之间的肌肉放松与收缩，使胸廓扩张与压缩来实现呼吸的，如果骨骼肌松弛，那么呼吸也就停止了，最终由于窒息而走向死亡。西双版纳的少数民族形容这种树的毒性为"七上八下九不活"。意思是，凡被射中的野兽上坡的跑七步，下坡的跑八步，第九步必死无疑。可见它的毒性来得非常快，非常凶险。 在两个世纪前，爪哇有个酋长用涂有此种树的乳汁的针，刺扎"犯人"的胸部作实验，不一会儿，"犯人"窒息而死，从此这种树闻名全世界。它的毒性远远超过有剧毒的巴豆和苦杏仁等，因此被公认为是世界上最毒的树木。

箭毒木常被当地居民用作狩猎、抵抗外敌入侵的有力武器。当然，使用不当误将树汁吞入口中或溅入眼中，都有可能导致中毒，丧失生命或失明。但任何毒药只要控制用量，便是难得的好药，微量的箭毒可作强心剂，具有加速心率、增加血液输出量的功能。箭毒木的树皮很厚，富含细长柔韧的纤维，云南省西双版纳的少数民族常巧妙地利用它制作褥垫、衣服或筒裙：取长度适宜的一段树干，用小木棒翻来覆去地均匀敲打，当树皮与木质层分离时，就像蛇蜕皮一样取下整段树皮，或用刀将其剖开，以整块剥取，然后放入水中浸泡一个月左右，再放到清水中边敲打边冲洗。经这样除去毒液、脱去胶质、再晒干，就会得到一块洁白、厚实、柔软的纤维层。用它制作的床上褥垫，既舒适又耐用，睡上几十年也还具有很好的弹性；用它制作的衣服或筒裙，既轻柔又保暖，深受当地居民喜爱。所以箭毒木也有很可爱的一面，对箭毒木的研究还只是刚刚开始。我们当然不提倡把国家的三级保护植物用来做裙子或垫床铺，而是应该开发它特有的价值。

尽管箭毒木的毒性很强，但是人们还是可以解它的毒性。如果不慎中了箭毒木的毒，而毒性并未马上致命，在皮下注射 $1 \sim 2$ 毫克甲基硫酸新斯的明就可立即解毒。在民间，老百姓也有许多解毒药方，如一种是将红背竹芋连根捣烂，加淘米水搅匀，过滤后服用即可解毒。还有一种方法是先嚼大叶半边莲，并吞下原汁，再嚼金耳环（一种细辛属的植物），并吞下原汁，最后吃生的或煮熟的番薯，也可化解箭毒木的毒性。

图2　用小刀在箭毒木树皮上刺一下，便见剧毒的乳汁流出来。

　　箭毒木就是以自身的毒汁阻止了动物的咬噬，使得它从幼苗开始就被其母亲保护着，一直长到大树。这是它适应环境的又一大策略。一次我们见到了箭毒木，为了给大家看一下这剧毒的乳汁，我在树皮上用小刀刺了一下，便见乳汁流出来了，然后又非常小心地关上小刀，生怕刀刃划破了皮肤，产生"封喉"的效果。照片拍好了（图2），请大家欣赏箭毒木的小枝、叶片和它的毒液。

第三篇　植物开花的智慧

花朵是最集中体现植物智慧的器官。任何生物都"懂得"近亲繁殖会使种性退化，所以植物虽然不能位移，也一定要寻找另外的花粉源受精。人们通过现代遗传学的研究已经知道，其原因就在于近亲繁殖的每一个后代个体，从双亲得到同一隐性有害等位基因，成为纯合体的概率大增，隐性变成为显性，于是本来在杂合状态下不表现出来的缺陷都表现出来了。植物早在千万年前从实践中就逐步"懂得"了这个规律，因为不按此规律行事，其后代就衰弱或死亡。植物只有按此规律拒绝纯合、欢迎杂合，才能获得发展的机会。植物尽力用各种方法去寻找另一位异性，这就出现了多种多样的传粉机制、传粉策略和传粉路线。有时让雄蕊一枚枚把花粉分别递给先后来到的昆虫，以延长授粉期；有时见阳光就开花，没了阳光就关闭，以保证后代有一个温暖、干燥的发育环境；有时点着花内的"灯笼"，给昆虫指示

蜜汁的所在；更有植物设计出一条条复杂的传粉通道，把蜜汁藏在最后，让传粉昆虫在不知不觉中走完这条路线，完成它的传粉任务之后才可能吸到蜜汁；有的植物花很小不易被昆虫发现，花朵就合在一起使其成团、变大，以吸引昆虫的到来；有些花朵为节省传粉的能量，采取了集团运输——花粉块或花粉成线的方式传送出去；有的为防止无关昆虫盗取蜜汁，便把花萼设计成很硬的"壳"，让盗蜜者望而兴叹；更有的花粉管走进了自己的身体里面，在细胞间隙中穿越到雌花着生处，从子房基部穿入受精，以确保任何环境下都能完成受精任务……闭锁花是两性花，又是自花传粉花，它即使在天气变化无常、没有昆虫出现的情况下都能结实，这是植物的一种既节省能量、又保证结实的对策（见 p.250《不开花也能传粉的启示》），可见自花传粉在某些情况下对物种的保存和延续起着异花传粉所达不到的关键作用，

这是植物再一次进化的表现。

　　上面谈的都是植物开花的智慧。这些不可思议的智慧从何而来？正如前言里面提到的，植物有无限多的适应环境的能力，每个个体都有产生不同变异的独特天赋，即居群中每个有机体产生变异是所有有机体类群的一个属性，植物作为一个主体本没有自主地朝哪个方向变异的能力，有的就是大自然的随机的无目的选择。

　　我们知道，生物是由上一代遗传至下一代的，是由多数基因组成的，在自然界基因的遗传变异是异常大的，为自然选择的需要发生变化的进化反应提供了基础。植物体就是在这样的背景下产生着各式各样的变异，这些变异都是随机的，无目的的；大自然对这些变异何者淘汰何者保留也是随其适应与否而由大自然决定选留的，当植物的某种变异正好适合于新的自然条件时，这种变异便得到发展，一代一代地得到加强，逐步成为当地最合适的植物体，甚至演变为新的物种。这就是植物由一个物种发展成为几十万种的缘由，随机的变异遇到了自然界的随机的选择，两者一旦结合就是适者生存，在这个自然规律面前没有超自然的力量主导着植物的演绎和进化，植物没有自主的愿望去适应某种生存条件。因而植物没有主动的智慧可言，人们平时惊叹植物的智慧是指植物长期演化的结果，植物的多种适应被大自然所选中而得到保留的特点，所以不能说是植物主动地、有意识地改变自身以适应环境。人们说："什么样的环境就会有什么样的植物，足见植物的智慧是无所不能。"这种讲法是群众的科普语言未尝不可。但它毕竟没有追溯到环境对智慧的决定作用，因此是不够严谨的。

"花外花"——非花冠花

花朵最鲜艳的部分便是它的花冠，要是把月季花的花瓣取走，你看它还像一朵花吗？牡丹、兰花、山茶花、荷花、水仙花等众多的名花都有鲜艳的花瓣，而水稻、小麦、高粱等就没有好看的花，所以它们不能作为观赏花卉。那么，有没有不是花瓣却同样很鲜艳、起着花瓣作用的"花"呢？要回答这个问题之前，我们先要对"花"有一个基本的认识。

一朵完整的花是由花柄、花托、花被（包括花萼和花冠）、雄蕊和雌蕊五部分组成。一般它们在开花过程中起着不同的作用：花柄把花送到高处便于传粉，花托顶端膨大，是花的另外三部分着生的地方；花萼通常是绿色的，上面常有毛、刺等附属物，它对花芽起着保护作用；花冠是一朵花中最鲜艳的部分，通常也是最大的部分，花冠中的每一片称为花瓣，花瓣和雄蕊的基部常有蜜腺，能分泌蜜汁和香气，对吸引昆虫前来采蜜、传粉起着关键的作用；雄蕊和雌蕊是花朵的性器官，是花中受保护最多的部分，没有它们，植物就没有了后代。人们赏花主要就是看花冠五彩缤

纷的色彩、闻它醉人的香气。在长期的进化过程中，有些花的苞片、萼片、雄蕊、柱头变成了花瓣状，同样起着花瓣的作用，甚至比花瓣更好看。我们将这类不由花冠形成的鲜艳的花称为"非花冠花"，或者叫作"花外花"。它们大致可以分为五类。

一、苞片变成花瓣状

这是植物界最普遍的一种"花外花"。如天山上的菊科植物雪莲的花朵其实是由无数的小小的花集合而成，外面的淡黄色的"花瓣"其实是它的总苞片，淡黄色的总苞片恰似温室的棚顶，使得花朵在总苞片的保护下能在冰雪天中不断地发育长大。要是去掉了总苞片，花朵就会冻死，而它真正的花冠吸引昆虫要等到苞片张开以后才起作用（图1）。蓼科植物塔黄的苞片和雪莲有同样的功效；总苞片替代了花冠的另一个例子是菊科植物麦秆菊（蜡菊），它变化多端的色彩都是由总苞片产生的，不过蜡菊的总苞片起到的作用不是充当温室的顶棚而是展现花朵鲜艳的色

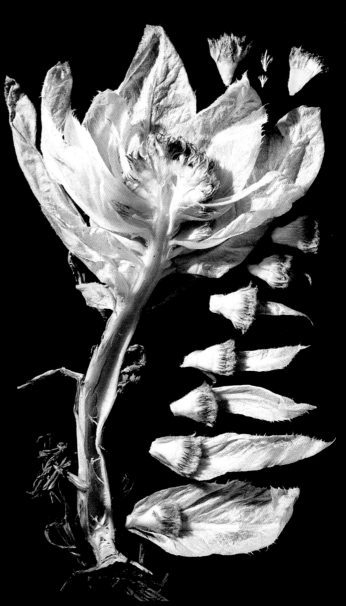

图 1　雪莲（*Saussurea involucrata*）白色的
"花瓣"其实是它的总苞片，其基部各长有
一个小小的花序。

彩。这样的例子还很多，如：大戟科的一品红是没有真花瓣的，它鲜艳的部分也是苞片（图2）；铁海棠（大戟科）的两片红色的苞片包围在花序外围，起着花瓣的作用（图3）；蒟蒻薯科箭根薯（蒟蒻薯）的苞片变成了长长的须状，借以吸引昆虫（图4）；珙桐科的珙桐那两片白鸽状的苞片和紫茉莉科的叶子花（又称九重葛，图5）的苞片都变得色彩靓丽、鲜艳了，而它们本身的花瓣或退化或不显眼。

图2　一品红（*Euphorbia pulcherrima*）的花称为无被花，所有的花均无花被，只剩雄蕊和雌蕊，大红色的部分也是它的苞片。

图 3 铁海棠（*Euphorbia milii*）两片红色的苞片包着花序。

图 4 箭根薯（蒟蒻薯，*Tacca chantrieri*）的花有众多的须状物，像花朵一样向四方辐射，这些是它的内苞片。

图5　叶子花（*Bougainvillea spectabilis*）供观赏的是它的苞片。真正的花朵只在中间小小的1～3朵，花朵只有当昆虫到达时才起指明采蜜方向的作用。蜜蜂飞来此处是受苞片色彩的吸引，而不是受花被的吸引。

图6 红纸扇（*Mussaenda* sp.）花黄白色；苞片更鲜艳，为红色。

二、萼片变成花瓣状

茜草科的红纸扇（图6）、玉叶金花、香果树（图7）；虎耳草科的福建绣球（图8），都是由萼片扩大、色彩多样化变为花瓣状。这样一来，昆虫在远距离就可以看到这个植株，前来采蜜。而它们真正的花冠却是很小的一点点，只有当昆虫来到时，近距离才能看清，并插入它们的口器吸取蜜汁。毛茛科乌头特别吸引人的蓝紫色的花朵便是它的萼片，2枚花瓣已经特化成分泌蜜汁的器官，其余3枚花瓣已经退化不见了（图9）。

图 7　香果树（*Emmenopterys henryi*）五枚萼裂片中，一片扩大，起花瓣的作用。

图 8　福建绣球（*Hydrangea chungii*）又称绣球，花序四周的花萼片扩大了成为装饰花。花心部位仍可见到真正的、没有扩大的花瓣。

图 9　乌头（*Aconitum carmichaelii*）花瓣变态为 2 个不显眼的弯钩状蜜腺，整朵花最显著的是它的 5 枚萼片。

三、雄蕊变为花瓣状

雄蕊也可以变为花瓣状吗？这可以从我们平时见到的美人蕉科的美人蕉为例（图10），美人蕉的花朵在夏日十分诱人，你是否想过，红色的"花瓣"竟是5枚退化的雄蕊构成的，而且排列很有次序：3片直立在后方，起招引蝴蝶的作用；第4片弯曲向前，称为唇瓣，供昆虫歇脚；第5片上有彩色的斑点位于花朵中央，它的一半花瓣状，另一半保留着半个花药，这就是5枚雄蕊中仅剩的半个花药。它的萼片、花瓣都有3片，而且发育正常，只是大小、色彩不引"虫"注目，失去了吸引蝶类前来为它传粉的作用。美人蕉只要保证有蝶类飞来，半个雄蕊就可以保证它的传粉啦。雄蕊变成花瓣状的例子还可以在姜科植物中找到，如姜花（又称白草果、蝴蝶花）只有一枚发育的雄蕊，其他的都变成花瓣状了（图11）。

图10　美人蕉（*Canna indica*）。右1：萼片3、花瓣3，都不鲜艳；右2：花朵纵剖；左1：雄蕊5枚，其中4个半变为花瓣状，成为花中最显眼的部分；左2：保留着半个花药的花瓣状雄蕊柱头及子房纵横切。

图11　姜花（*Hedychium coronarium*）花朵最显眼的部分是它的退化雄蕊（图中的3枚）。

四、你有没有听说过柱头变为花瓣状的呢？

在植物的大千世界中我们不难找到它们，在菊科植物藿香蓟（图12、图13）的花坛中，你可以看到一整片的紫色的花朵，仔细观察之后才发现它的紫色主要是由柱头产生的。

又如柳叶菜科的倒挂金钟（又称吊钟海棠），它的花萼、花瓣、雄蕊、柱头包括下位的子房都变成吸引蜂鸟的颜色。你看图14中这两朵花已经不是某一部分变化，而是整朵花都起着变化，变化的方向就是为了有利于鸟媒传粉的实现。又如苋科的鲜红色的鸡冠花（图15）在一个扁的穗轴上着生上万朵花，它的色彩是由每一朵花的1枚苞片、2枚小苞片、5枚萼片、1枚雌蕊共同显示出来

的，特别在花序顶部，全是彩化的苞片，所以鸡冠花的色彩也是由花的各部分参与形成的。多么奇妙的植物世界啊！

植物的这种特征是在进化过程中经过自然选择保留下来的。最初具有这样变异的植株，获得了较多的传粉机会，它的后代就多，在后代的分化中，凡是强化了这种变异的植株，就更具有生存竞争的能力，于是得到进一步的繁荣。

我们要借用达尔文的思想来指导我们的观察。如果你不明白某朵花的构造为什么如此奇特，不妨到大自然中去实地看看它的传粉过程、它与昆虫的关系，你就会豁然开朗，恍然大悟。

图12（左下图） 花圃中的藿香蓟（*Ageratum conyzoides*）

图13（右上图） 藿香蓟的花序纵切片及顶面观，可见它的紫色部分主要是柱头。

图 14   倒挂金钟（*Fuchsia hybrida*）花的各部分都变成吸引蜂鸟的色彩了。蜂鸟飞来悬停在花下，向上吸蜜与传粉。

图 15   鸡冠花（*Celosia cristata*）整个花序的各部分都参与了花色的形成。

植物如何避免近亲繁殖？

大家知道，人类社会三代以内的近亲是不能结婚的。为什么？这是由于近亲的个体之间有缺损的等位基因反复叠加，使得原来隐性的缺点变成显性，这样生出的后代会有许多遗传疾病或缺陷。只有生活在不同环境下以及隔得较远的亲本，它们的遗传性有差异，后代的体内差异性增加，生活力、抗病力就分外强壮，物种就得以兴旺。这在生物界已是一条普遍的真理。动物可以跑过去寻找新的配偶，而植物是固定在一处不能移动的，它们平时靠各种媒介动物把远处的花粉带来传粉，这可以避免一部分的自花授粉。但是，很多植物都是两性花，本身有雌性又有雄性生殖细胞，自身的精卵结合极可能发生，那么植物又如何体现出它同样受这一普遍规律指导的呢？事实上植物也有充分的机会选择对象，下面就让我们来看看植物拒绝近亲繁殖、欢迎远亲对象的几种方式。

一、雌、雄蕊异熟

一朵两性花中雌、雄蕊成熟的时间差，保证了同一朵花的花粉不会授给自己的雌蕊，从而避免了近亲繁殖。这是植物界普遍存在的现象。

你有没有仔细观察过蜡梅开花时花心部位微妙的变化？蜡梅是两蕊异熟、雌蕊先熟型的两性花。但是它在开花的过程中却表现出单性花的特点。请看图1：花朵初开时雌蕊挺立在花朵中央，接受蜜蜂从别朵花上带来的花粉。尽管自身的雄蕊很饱满，但是花药没有开裂，它只是静静地等候在四周。此时的蜡梅雌蕊成熟了，相当于一朵单性的雌花（只有接受花粉权利，没有传出花粉的义务）。等到一两天之后，雄蕊产生一个非常惊人的变化：花丝从向外弯曲的状态中直直地挺立起来，互相紧靠组成一道屏障，挡在柱头的外面，阻断了柱头和外面的交流，使雌蕊再也无法接触花粉。也正在此时此刻，雄蕊成熟了，花药向外开裂，这时候这朵花又相当于一朵单性的雄花（只有传出花粉的权利，没有接受花粉的义务）（图2）。你看蜡梅虽然是两性花，但是本身的两性生殖细胞不会碰头，靠的是雌、雄蕊不同时成熟（雌蕊先熟）。为了保证雌、雄不碰头，它的雄蕊还起了阻隔的作用——雄蕊位置的变化，实

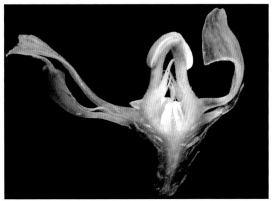

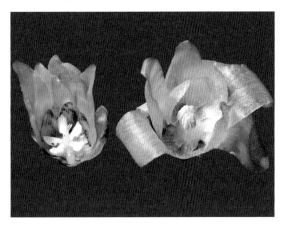

现了异花传粉，这有多么巧妙！在这过程中，只有花的自主行动才能够实现异花传粉，人类是无法帮它完成的。这种自主行动是它在千万年的实践中习得的，因为不这样的话，有缺损的等位基因反复叠加必然造成后代发育不良甚至死亡，而只有异花传粉的后代才能正常生长。从蜡梅树上可以同时拍到两个时期的花（图 3），你能从图片上看出哪朵先开哪朵后开吗？从花瓣上能区别吗？凭什么？如果仅凭花朵开放的程度、花瓣反屈的程度，能否判断？

锦葵（图 4 — 图 6）则相反，是靠雄蕊先熟来保证异花传粉的实现。

图 1（上图） 蜡梅（*Chimonanthus praecox*）开花初期 —— 雌性期。此时期雌蕊已经成熟，柱头挺立在中央，接受蜜蜂带来的外源花粉；自身的雄蕊虽近在咫尺，却与受粉无关。

图 2（中图） 蜡梅开花后期 —— 雄性期。此时期雄蕊有一个惊人的变化：花丝直直地挺立起来，互相靠拢，组成一道墙，阻断了柱头和外面的联系。也正在此时雄蕊成熟了，花药向外开裂，花粉由蜜蜂带给正在开放的雌性期的花。而这朵花的雌蕊却早已在下面膨大了。

图 3（下图）你能一下子就判断哪朵是雄性期，哪朵是雌性期吗？（其实从花被反折的程度就能分辨出来。）蜡梅的每朵花必然是异花授粉的，其雌、雄性细胞必来自另外的品种、另外的植株或另外的生境。总之，有缺损的等位基因重叠的可能性已降至极低，从而使它的后代充满活力。

就是在千万年的历练中，植物原地不动却避免了近亲繁殖的恶果，这可以说是植物的智慧，更应该说是大自然无目的的选择所造就的适者生存的光辉范例。

图 4（左图）　锦葵植株（*Malva cathayensis*），各地均有栽培。

图 5（右图）　蜜蜂在锦葵花中转悠，弄得浑身是花粉，实际上
是准备把图 6 中部那朵花的花粉带给图 6 左侧那朵花的雌蕊。

图 6 锦葵的花心部分，示雌、雄蕊的成熟次序。右：花蕾期的花心，花朵未开放，花药也尚未开裂；中：开花初期，花药刚开裂，可以对其他花朵授粉（为雄性期），柱头尚未长高，仍在花丝筒中，无法给自己授粉；左：到了盛花期，自己的花粉已凋落殆尽，柱头伸出并展开，此时只能接受其他花朵上传来的花粉（为雌性期）。锦葵以"雄蕊先熟"实现了异花传粉。

二、雌、雄蕊异长

植物能依靠雌雄蕊长度的不同，用空间位置的差异来实现异花传粉。

报春花（图 7、图 8）是一种早春开花的植物，当你仔细观察它的花心时，可以发现有两种植株：一种是长花柱花，它的花柱高于雄蕊（图 8 左）；另一种植株是短花柱花，它的花柱很短，雄蕊在上方，雄蕊的高度正好与长花柱花的柱头相当，而它柱头的高度也正好与长花柱花的雄蕊的高度相当（图 8 右）。一个植株的花全部是长花柱花，或者全是短花柱花。我们可以设想：当蜜蜂在不同植株间采蜜时，口器的不同高度沾上了一种花粉，而这恰好是另一种花柱头的高度，于是花粉就被另一植株的花接受，实现了不同植株之间的异花传粉。

图7 报春花（*Primula malacoides*）伞形花序成轮状排列。花萼钟形，裂片三角形，开展。

图8 报春花的两种花。左：长花柱花，柱头的位置高于花药；右：短花柱花，花柱在花药下面，正好是刚才那朵花花药的高度，它的花药则与长花柱花的柱头高度相当，这样有利于昆虫在两种植株间交叉传粉。

三、雌、雄蕊异位

夹竹桃科的萝芙木（图9）在狭窄的花冠筒中排列着雌、雄蕊，雄蕊在上，雌蕊在下。我们可注意昆虫的吻在插入和抽出的两次动作有什么差异：插入时吻是干的，就很容易地达到花冠筒的底部，采食到蜜汁（图10）；与此同时，它的吻在花冠筒中转动采蜜时就使乳白色的黏液涂在了吻的中部，刚涂上黏液的吻抽出去时便轻易地把花粉黏在了吻上，这样的吻去采第二朵花时，吻上的花粉被狭窄的通道掳下，留在了柱头的平台上。这一黏一掳的两个动作恰是完成异花传粉的关键（图11）。这种传粉过程广泛存在于长春花、鸡蛋花、黄蝉、海杧果（图12）的花内。海杧果的花粉还结成块，提高了传粉的效率。

图9 萝芙木（*Rauvolfia verticillata*）聚伞花序腋生、稠密、白色。

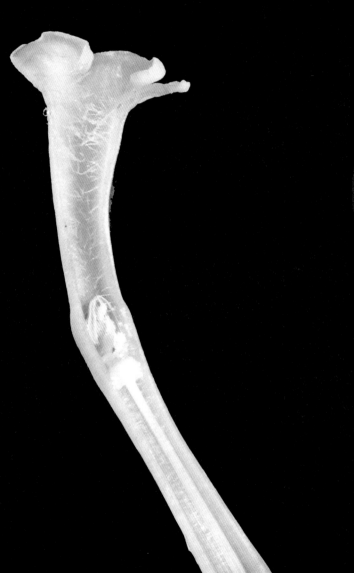

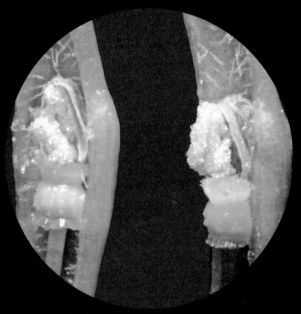

图 10（左图） 花纵切。雌雄蕊位于花冠筒的中部，雄蕊在上雌蕊在下。

图 11（右图） 右：尚未开放的花蕾（把花柱拉出一点，为的是看清柱头顶端是一个平台）。左：已经开放的花朵柱头中部能分泌白色的黏液，昆虫只有把吻从花朵中抽出时才能使黏性的吻黏住花粉带到下一朵花，实行异花传粉。

四、花柱或花药转向

由于转向，花柱和花药不在原来的同一个位置上，于是就失去了自花传粉的可能。如：唇形科水苏花药转向（图12、图13）和玄参的花柱转向（图14－图16）。水苏开花时上唇为花蕊挡雨，下唇供来访的昆虫站脚之用以便其钻进花内吸蜜，雄蕊成熟时花药向下开裂，花粉便被昆虫的背部毛搽去带走。当雌蕊成熟时，雄蕊转动180度向上，柱头伸长并且叉开，下倾，这样就便于接受昆虫背部带来的另一朵花的花粉。这就是以花药转向来避免自花传粉，实现异花传粉。玄参科的玄参则是以柱头的转向并配以雌蕊先熟来实现异花传粉的。

图12 水苏（*Stachys japonica*）具聚伞花序。

图13 水苏。照片上有水苏开花的两个阶段：1. 左侧两朵花刚开放，花药向下，适于昆虫钻入花心时背部搽到花粉并将其带走，此时柱头很短，不能见；2. 右侧一朵花中4枚花药扭转向上，不再给来访的昆虫携带花粉的机会，此时花柱伸长，柱头分叉（图中白色的那条），适于昆虫背部带来的另一朵花的花粉黏在柱头上，实现异花传粉。水苏就是靠着花药的转向避免了自花传粉。

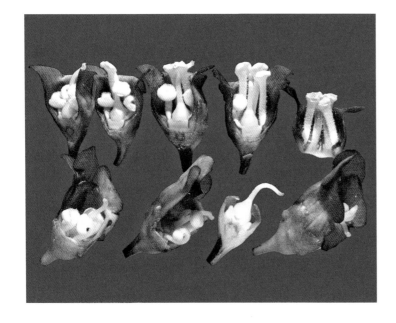

图14（左上图） 玄参（*Scrophularia ningpoensis*）多年生草本。茎直立。叶对生，边缘有细钝锯齿。圆锥花序，花小，紫色。

图15（右上图） 胡蜂为玄参传粉时，腹面搭到上翘的柱头或伸长开裂的花药。

图16（左下图） 玄参花刚开时，花丝卷曲花药未开，此时花柱上翘能接受昆虫腹面带来的花粉（图左下一）。当花丝展开而挺直、花药开裂时，柱头就转向下方以避免自花传粉（图左下二、三）。图右下一是一朵完整的花，柱头已经下弯紧贴在下唇上。可见玄参只有开花初期柱头上翘之时（左下一）能接受外源花粉，完成受精作用，除此以外都是花药逐个开放，花粉被带至他花，为他花服务。

图17 枸骨（*Ilex cornuta*）的果枝、雌花枝和雄花枝

图18 枸骨的单性花解剖。左：雄株上的雄花，示两枚花药饱满的雄蕊和一个不发育的雌蕊，这朵花只有雄蕊有效；右：雌株上的雌花，示花药已经干瘪了，这朵花只有雌蕊有效。这两朵花都由两性花演变而来，保留着两性花的痕迹。

五、雌、雄异株或单性花

也是植物避免近亲繁殖的有效手段，裸子植物、杜仲科、桑科、大麻科、胡桃科、壳斗科、桦木科、杨柳科、泽泻科、水鳖科、莎草科以及酸模、豚草、薜荔等许多植物都是靠单性花实现了异花（株）传粉。在不少单性花中依然可以见到两性花的痕迹，如：桑、板栗和冬青科的单性花中都能见到败育的雄蕊或雌蕊。现以冬青科的枸骨为例，见图17、图18。它的单性花中还留有两性花的痕迹，说明两性花有向单性花发展的趋势，这样有利于避免近亲繁殖。

六、生理上的自花不孕现象

即使雌、雄蕊同时成熟，由于生理上雌蕊的柱头分泌出能够识别近亲花粉的酸性物质，或者柱头外表面的蛋白质膜能识别近亲的花粉，因而这种近亲花粉不会萌发产生花粉管。我们可以做一个实验：向日葵（图19、图20）花心的筒状花是两性花，它既有雄蕊又有雌蕊，把将要开花的向日葵用半透明的纸包起来，分两组实验。第一组让它接受另一植株的花粉：每隔2～3天把包裹它的纸解开，并与未包裹的另一株的头状花序对碰，让它们再次互相传粉，然后再包上。第二组只让它接受同株植物的花粉：每隔2～3天把包裹它的纸解开，并用它自己的花粉，涂抹在已开放的柱头上，让它们接受同一个花序上的花粉，然后再包上。这样经过3～4次以后，这两个花序的花都过了传粉期，开始结实了，这时可以去掉包裹纸。待它们的果实膨大、成熟以后，摘下两个花序。这时你会发现第一组的花序里葵花子是饱满的，第二组的花序很轻，葵花子（果实）虽然外观也长得很大，果实里面却是空的。这个实验告诉我们，向日葵是自花（同株）受粉不孕的，植物学上称之为"自交不亲和性"。只有另一株的花粉才能使它结实，向日葵用这种自花不孕的方法避免了近亲繁殖，靠的是柱头上的蛋白质膜的识别功能。植物界中具有自交不亲和性的植物数量是很多的，据估计约有一半以上的被子植物存在着自交不亲和性。

人们对自交不亲和性进行了形态学、遗传学、细胞学、生理学、生物化学等多方面的研究，对不亲和性的认识在不断地深入。近年来，分子生物技术揭示了烟草、矮牵牛等植物在花柱的上 1/3 部位存在着 S- 核酸酶，不亲和的花粉管生长至此时，其中的 RNA 被花柱中的 S- 核酸酶水解，于是花粉管中断了。

自交不亲和性作为一种阻止自花受精的进化策略，具有重要的生物学意义，可以防止近亲交配，后代便有了较强的生活力。

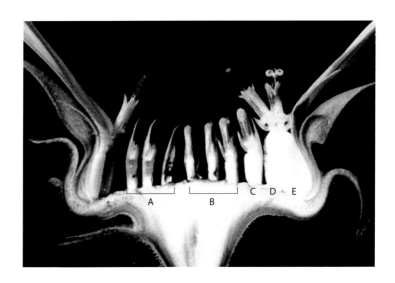

图19 一个向日葵花序的纵切，可见它的花都是由周围向中心逐步开放的。图左：1～3 片为托片，相当于每朵花都有的苞片 A。图右的 1～3 朵花为三个花蕾 B，它们分别表示：聚药雄蕊正要推出花粉 C；筒状花已开放，花丝筒被柱头的生长推至上方 D；花粉散尽，柱头已经卷曲 E。

图20 整个花序的中央颜色最深的都是花蕾；向外是 3～4 层的雄花期的花 B；最边上的是柱头伸出的雌花 A，清楚地表明它是离心式开放的花序。

从这个花序可见它有无数的雌蕊等待受粉，它也有无数的雄蕊等待传粉，但是这么多雄蕊花粉却无法给同一花序的雌蕊受精，即使它是雌、雄蕊异熟的植物，成熟的雌蕊柱头伸得长长的，但是它却明白地宣布：不接受来自本花序的雄蕊的花粉。这就是植物界巧妙的自花不亲和性，它保证了异花（异花序）传粉的后代能健壮成长。这是植物避免近亲繁殖的最高明的一招。

丹参传粉的智慧

丹参是唇形科草本植物，叶对生，羽状复叶，根红色，有活血功能，是传统的名贵药材（图1）。花序为轮伞花序，唇形花冠，开花时蜜蜂飞来停在它的下唇，然后往里面钻，以吸取花心里面的蜜汁。一开始它就遇到了一个活门。当推动活门下部时上方的花药由于杠杆作用就打下来，把花粉涂在自己的身上；当它吸完蜜退出时就把花粉带走了，被涂上许多花粉的蜜蜂用它的后腿稍稍清洁一下自己的身体，把多数花粉集中到花粉篮里面，又继续去拜访另一朵花。那么，杠杆作用是怎么回事呢？丹参只有2枚雄蕊，两个药室中间的部分称为药隔，它的药隔变得很长，使得药室分别在药隔的两端，而它的花丝却很短，挺立在花冠上。这一结构使得雄蕊成为一个"T"字形：一条横的药隔很长，一条竖的花丝很短，药隔的下端结合，组成一个活门。当昆虫推动这扇门时，花丝就起着铰链的作用：上面的花药就打下来，把花粉涂在昆虫的身上，完成了传粉的第一步——花粉由花粉囊转移到昆虫身上。当昆虫飞走之时，药隔就又恢复原来的位置：把花药弹回去，藏在上唇内，使其免遭风吹雨淋（图2、图3）。

那么，昆虫又是如何把花粉带给另一朵花的呢？当蜜蜂用它的后肢清理落在背部的花粉时，后肢上也就留下了些许花粉，完成了花粉的第二次转移（转移到了腿上）。当昆虫飞到另一朵花上方，又开六条腿，慢慢地降落下去时，它的腿（后肢）就很自然地与伸

图1　丹参（*Salvia miltiorrhiza*）多年生草本，根肥厚，红色。羽状复叶。轮伞花序。

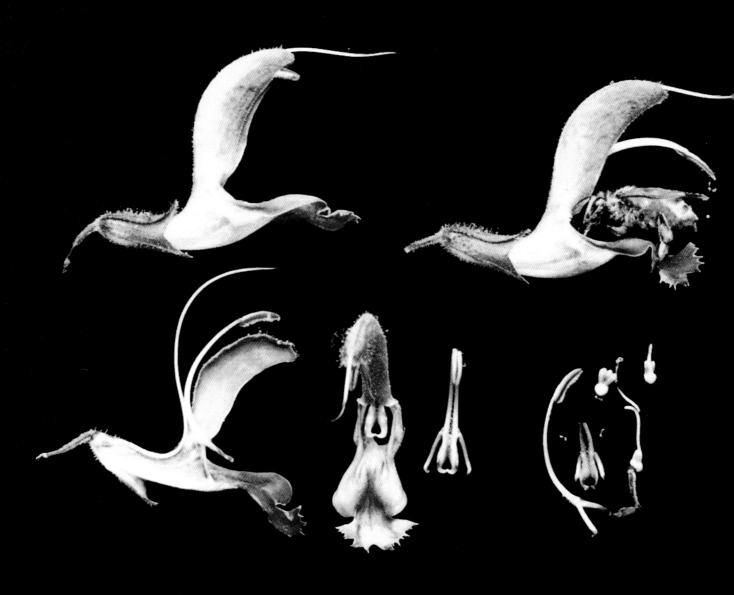

图 2　丹参花解剖。左上：一朵花的侧面观；右上：蜜蜂来采蜜，往里钻时推动了活门，雄蕊打下来，把花粉给了蜜蜂；左下：花纵剖；左中：花正面观，示花冠筒口部的活门；右下：花的各部零件——花丝短，药隔长，子房 4 室，柱头 2 裂。

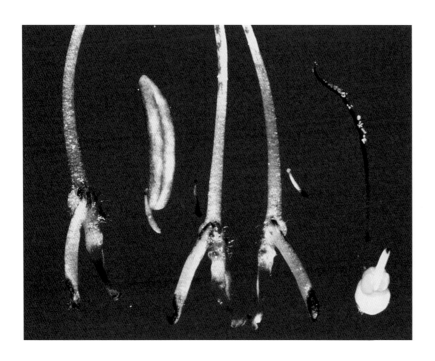

图 3　丹参的雌蕊、雄蕊放大。左 1：短短的花丝与极长的药隔，左 2：花药；左 3：下部的活门（此处两个退化雄蕊仅剩两条痕迹）；右上：柱头上面有花粉；右下：子房内含四枚胚珠。

出的柱头相碰，花粉即粘到有黏性的柱头上，完成了传粉的整个过程。

丹参又是如何避免自花传粉的呢？图 4 显示的是刚开放的花，花药饱满，柱头尽管伸出，尚未分泌黏液（也就是说雌蕊尚未成熟），这朵花只提供给蜜蜂获得花粉的机会。图 5 这朵花的花粉已经散尽（花药显出空瘪），而柱头却分泌黏液，能够截留花粉，所以柱头先端显出已经沾上了白色的花粉，证明异花传粉已经实现。

你可能会说：这么一点花粉，够用吗？我们知道，丹参的子房里只有 4 颗胚珠，从严格的意义上来说，它只要有 4 粒花粉就够了。

图 4　开花早期的花侧面。可见花药饱满，柱头尚未沾染花粉，此为授出花粉期。

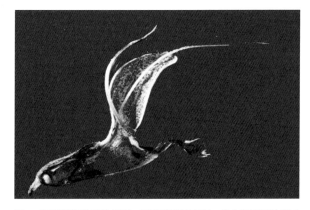

图 5　开花晚期的花纵切面。可见花药已空瘪，柱头前端已沾染了白色的花粉，此为接受花粉期。

丹参的药隔起着杠杆作用，对蜂媒传粉有巧妙的适应。当蜜蜂前来采蜜时，头部向内推动药隔下臂的"活门"，上臂端部的花药因杠杆作用向蜜蜂打下；花药是朝下开裂的，便把花粉抹在蜜蜂背上，带至他花授粉。这是"授粉"阶段。经过了这个阶段，花药内的花粉很快用完了。此时轮到雌蕊成熟了：花柱进一步伸长，2 裂的柱头上方的一个分支已经退化，仅剩下方一个分支。这样正好成为柱头的受粉面是朝上的，此分支伸出花冠之外。来访的蜜蜂在清理身体时，脚上也必然沾上了少许花粉。当它下降到唇瓣时，叉开六条腿，花粉便粘到了柱头上。这是"受粉"阶段。丹参就是靠着两蕊异熟的时间差和柱头进一步伸长，以及花药朝下、柱头的受粉面朝上所形成的空间差，把"授"与"受"两个阶段分开，实现了对物种延续来说是性命攸关的异花传粉。

综上所述，丹参的花产生了一系列的变化，以适应虫媒传粉。

1. 形态上的变化。唇形花冠的上唇起保护花粉的作用，以免其因风吹雨打而受损，下唇提供给昆虫站脚，昆虫由此钻入花内吸密。雄蕊尤其会表现出形态上的变化：药隔变得这么长，一端有花药，而且药室向下便于搽在蜜蜂的背部，左右两个雄蕊的另一端互相靠合成为一个活门；雌蕊的柱头 2 裂，其上裂退化仅剩下面 1 裂，正好使得柱头受粉面向上和蜜蜂的动作配合以利于接受花粉。

2. 生理上的变化。雄蕊先熟，有力地避免了自花传粉，避免了有缺损的等位基因反复叠加而造成种性衰退。当雌蕊成熟时，本花的花粉早已散尽，异花传粉自不待言。

形态上的变化是生理变化的物质基础。我们在这里谈的都是植物方面的变化，但是植物和动物是协同进化的一对伙伴，我们暂且不谈动物在此中的贡献，把动物看作只为求得一些食物而来，没看到在这过程中动物的结构、行为也有一系列的变化。有兴趣的同志若深入钻研，必有不小的收获。

对鼠尾草属（*Salvia*）植物的多种研究更显示出丹参的智慧是人类无法模仿的。鼠尾草属内的变异确有许多过渡类型：有的柱头 2 裂（没有退化）；有的药隔两端均有花药；有的药隔不伸长。

是否说明这是较原始的特征？这些都是有待继续研究的课题。

植物的这些变化是在一亿多年中，反复、多样的变异中经历了不适者淘汰，反复地留下最适者，才逐步达到今天的程度，致使今天我们还可以看到属内演化的许多过渡类型。

正如我们在前面所述：当环境改变得不利于植物生长时，在如此巨大的遗传变异储备下产生变异是全方位的、随机的，至于什么样的变异能被固定下来得到发展，就决定于自然选择。达尔文的理论认为，随机而无目的性的变异受到无目的性的自然选择的作用，在自然界激烈的生存竞争中产生了优胜劣汰、适者生存的结果。这个结果就是大家看到的所谓的植物的智慧。植物作为一个主体没有自主地朝某一个方向变异的意图和能力，有的就是大自然的随机的、无目的选择。正是这种自然选择促使丹参不断保留最有利的变异，那些坚持不变的个体都早早地被淘汰出局了，如此才呈现出今天我们看到的智慧过人的现象。

昆虫为何被拍打了?

昆虫来到花上,被雄蕊"温柔地一拍再拍",你见到过没有?下面将告诉你如何才能见到这一有趣的现象。

虫媒花是花朵开放以后,昆虫前来采蜜,并把花粉带给另一朵花,实现了异花传粉。一般来说,花朵开放以后只能静静地等待传粉昆虫的来访,传粉对植物来说是被动的,不过今天就要让你亲眼看看雄蕊和花瓣也会主动地把花粉交给蜜蜂。

春秋季节许多植物正盛开着鲜花,其中有一种开小黄花、结红果的多刺植物吸引着我们,正是它的花具有扑打来访蜜蜂的非常有趣的现象。来到公园里找到小檗,大家好奇地望着那些奇特的树,见小树上正开着一簇簇黄色的花朵(图1)。我们先找好了一朵盛开的花朵,看清花朵的结构(图2、图3):花心站着的一枚是雌蕊,它的四周整齐地生出六枚雄蕊,每枚雄蕊顶部都有2个花粉囊,当花粉成熟时,囊壁就像一扇由下往上打开的门,把花粉全部暴露在外面;小檗的花瓣下部有2块充满蜜汁的、深黄色的腺体。

请注意:这腺体就是关键的部位。

这时我们可以用左手扶着一朵正盛开的花(拿着花。但不采下来),然后从地上拣起一根小檗的枯枝。这枯枝上留有刺,就用这刺作道具,睁大眼睛往花心里看。说时迟那时快,只要用刺往花瓣基部轻轻一碰,被碰到的花瓣连带躺在它上面的雄蕊顿时一起向这根刺扑打过来(图4)。如果这时有一只蜜蜂正在采蜜,它碰到了花瓣基部的蜜腺,吸到蜜汁的同时它身上就被扑上了花粉。开花时蜜腺能分泌大量的蜜汁,昆虫就是被这香甜的蜜汁吸引过来采食的。它每触动一枚雄蕊就被扑打一次,最后可能"挨揍"6次。到那时,它就会满头满身全是花粉。当这只蜜蜂再飞到另一朵花上专心采蜜时,身上的花粉就被位于花中央的黏性的柱头粘住,完成了传粉。接着花粉在此萌发,长出花粉管,运送精子到达胚囊。就这样,小檗靠着鲜艳的色彩、芬芳的香气和甜润的蜜汁,吸引昆虫来访,然后用雄蕊扑打的方式主动地把花粉交给昆虫,由它带给另一朵花,实现了异花传粉。

图1　日本小檗（小檗）（*Berberis thunbergii*）
花、果枝。左：花枝；中：花枝背面，可见叶
背苍白色；右：果枝。

图 2（左上图） 小檗花解剖。左边是一朵花的纵切片，此时雄蕊正静静地躺在花瓣上。右上为一片花瓣，它的基部有两颗长圆形、能分泌蜜汁的蜜腺；右下为三枚雄蕊，它们开裂的方式为"瓣裂"，两片瓣片向上反卷，把花粉带出。

图 3（右上图） 小檗花未经触动，六枚雄蕊均衡地躺在花瓣上。

图 4（右下图） 与上图相同的位置上拍下的画面：模拟昆虫来访触动了一枚左下方的雄蕊，雄蕊和这一片花瓣立即向柱头方向打来，把花粉撒在昆虫身上。

思考

1. 植物细胞都有形态固定的、木质化的细胞壁，那么被触动的花瓣和雄蕊为什么会向上翘起去扑打昆虫？是不是只有小檗才有这样的运动？

2. 动物对刺激的反应至少要有 5 个部分组成：感应器—传入神经—神经中枢—传出神经—效应器。小檗的花既然能对刺激作出快速反应，那么它是靠什么接受和传递刺激的呢？它的作用机理又是什么呢？

对这些问题可能至今还没人能够回答清楚，这便给读者朋友留下了探究性研究的课题。

虫媒花失去了昆虫就无法进行借以强壮后代的异花传粉，许多昆虫失去了花朵提供的蜜汁也将饥饿而死，无法生存。正因如此，花和昆虫建立了一种互惠互利的相互关系。若想考察这一自然规律，我们可以到大自然中去观察：不同的花朵是由哪些昆虫传粉的，昆虫来访的时间和次数如何。做好记录，写出报告。

|提示|

1. 观察来访昆虫的记录表：

来访时间　＼　昆虫	蝴蝶	甲虫	蜜蜂	苍蝇	蝽象
第一次					
第二次					
⋮					
第 n 次					

2. 小檗科（Berberidaceae）的植物大多具有扑打昆虫的行为，它们在全国分布很广，花期各异，是很好的观察材料。例如：阔叶十大功劳、豪猪刺、小檗等多数植物，在春季开花，而狭叶十大功劳等则在秋季开花。很多种是庭院常栽的观赏植物。因此，不论春季还是秋季都能进行此项活动。（图 5、图 6）

3. 开花时花丝能主动运动的植物还有：大花马齿苋、矢车菊、旱金莲、豆科木蓝属的植物。据报道，大约有 50% 的菊科植物能在昆虫来访时主动地推出花粉。它们各有各的特点，有兴趣的青年朋友不妨把这些会动的植物现象记在心里，待将来有机会时再深入研究。

图 5　狭叶十大功劳（*Mahonia fortunei*），秋季开花，也能扑打昆虫。

图 6　阔叶十大功劳（*Mahonia bealei*）也能扑打昆虫。

三色堇传粉的奥秘

春天到来，花圃里经常可以看到姹紫嫣红的花朵，吸引着蜜蜂飞来采蜜，其中有一种叫作三色堇，又称猫儿脸、蝴蝶花（图1）。它的花色变化多端，外形看起来像猫脸，蜜蜂很喜欢采它的花蜜。你知道吗，蜜蜂每采一次蜜，它的吻（口器）上就换一批花粉：留下带来的花粉，带上这朵花的花粉到下一朵花上去。在这一过程中，异花传粉就实现了。这到底是怎么一回事呢？三色堇站在那里一动不动，为什么就能够吸引蜜蜂来访？为什么每次都能把蜜蜂带来的花粉留下，换上一批本花的花粉让蜜蜂带走？它有什么机关使得这一过程持续不断地进行下去呢？如果你有一只放大镜，就可以把自己比作一只小蜜蜂，来理解这机关的奥秘。

蜜蜂在空中飞舞，远远地就能闻到三色堇发出的香气，这香气对我们人类来说一定是很淡很淡，但是蜜蜂却能够闻到，于是就飞到花丛中。这时它首先围着花朵转圈，发现花朵后面有一个翘起来的尾巴——植物学上称它为"距"（图2左），但是没有开口，不能进去采蜜。只有飞到前面，才发现花朵的色彩是那样的多。但有两个地方的色彩是不变的：一是每朵花都有三块深棕色的斑块（"指示斑"），二是花的中央是乳黄色的，两边有一些毛茸（图2右）。经过多次试探，它才知道：喔，这就是入口处啊！于是，它就把吻插了进去。刚进去就碰到一片软绵绵、湿漉漉的东西——柱头上的"唇瓣"，经过唇瓣时吻上的花粉都被撸了下来。蜜蜂知道香味还在后头，于是继续使劲地向前插吻。这时候的吻好比进入了一个长有许多疣毛的区域，疣毛就是每根毛都长出多个疣状的突起，这些突起的存在使得从上方落下的花粉被一个个地挡在毛丛上，好比被架在空中。于是，刚刚被湿漉漉地涂上了黏液的吻，此时又被沾上了许多新的花粉。等它的吻继续前进，进入到"距"的部位时，蜜蜂才发现这个"距"是真正的蜜汁储藏地，好多既香又甜的蜜汁可以尽情地享用了。它吸尽了蜜汁之后就退了出来。当它从柱头下面拉出吻时，刚才那片软绵绵、湿漉漉的唇瓣反折了过来，就好像人们的嘴唇，内面是湿漉漉的而外面却是干的。进去时嘴巴张开，

柱头腔里的黏液不断涂在吻上。出来时正好相反，因为方向相反，嘴巴闭着再也不会粘住花粉了。蜜蜂采完了蜜就高高兴兴地飞走了，去采下一朵花蜜（图3、图4）。

我们再来看一下蜜蜂采蜜的真实情景。从图4可以看到一只蜜蜂把吻插入花心，它首先接触到的是柱头，吻上的花粉先被唇瓣"没收"了。这好比是路过此地必须先交出"买路钱"。继续深入就进入疣毛区，这个"丛林地带"毛上都架着花粉（图5）。这时吻上的花粉已被没收了，吻又被重新涂上了黏液，正好遇上了悬在疣毛上的许多花粉，于是吻上又换了一批花粉。其实这时花朵是迫使蜜蜂吻部带上这朵花自身的花粉，蜜蜂完成了交换花粉的任务后，才被允许吸食

图1　三色堇（*Viola tricolor*）花色多变，但是有两个地方的色彩是不变的：三块深棕色的指示斑和口部两侧的一些乳黄色毛茸。

图2　三色堇花的正面与背面。在背面（左）可见有一个"距"上翘，这是储藏蜜汁的地方，正面（右）可见三块棕色的指示斑和人字形排列的两簇白毛，此处正是蜜蜂插入吻的开口。

图3　三色堇花纵剖，可见子房里有很多胚珠，花柱细，柱头头状中空，内有黏液，近顶部有一开口，口的下方有一柔软的唇瓣；雄蕊围着子房，当花成熟时花粉掉落在下面的疣毛上，有两枚雄蕊伸出很长的"腿"到"距"里面，蜜汁就是靠这两条"腿"（也称"距"）分泌出来的。

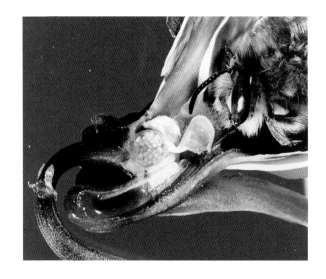

图4　蜜蜂采蜜的情景。它把棕色的吻插入，经过柱头下部的唇瓣时花粉被唇瓣撸下，同时被涂以黏液；此吻再经过疣毛区时新的花粉被沾上，吻才能到达蜜汁的所在地，喝到蜜汁；当它离开时又把柱头上的唇瓣拉向反面，使花粉在柱头腔里萌发。

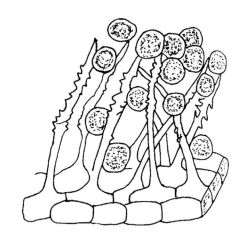

图 5 毛上长有许多突起的疣毛形成疣毛区，花粉被疣毛架在不同的高度。当刚被涂满黏液的吻进入该区时，吻上就沾上无数的花粉。

蜜汁。当蜜蜂要离开时，花朵还不忘让吻帮着顺带完成最后一件事——把刚才留下作为"买路钱"的花粉推到柱头的空腔里去。完成了这一系列的动作后，蜜蜂才得以脱身去采另一朵花的花蜜。

现在我们再来分析一下虫媒传粉过程中蜜蜂和三色堇各自所起的作用：三色堇可以说是煞费苦心，设下重重机关，让蜜蜂步步陷入甜蜜的陷阱；蜜蜂只是靠着它灵敏的嗅觉、灵活的飞翔能力和长长的口器前来采蜜，而传粉作用只是三色堇交给它的额外的、顺便捎带的任务。蜜蜂在大自然中飞舞，首先用它灵敏的嗅觉从远处闻到了花蜜的香气，于是顺着气味最浓的地方飞过来，来到花丛中。这时它的眼睛发挥了作用，它看到了色彩鲜艳的花朵，于是就下降到花上。如果它是第一次采食这种植物的蜜，它需要有一个熟悉的过程，围着花转圈，看看哪里可以下口。经过多次的实践，它认识到花上面的斑块起着指示的作用：似猫脸的下方那片花瓣，是适合于降落的场所，然后花心的两块毛茸的下部是可以下口的通道，除此之外再也没有第二个通向蜜汁的通路。说到这里，我们可以看到三色堇的花瓣共有 5 片，在传粉时尽管都起着招引蜜蜂的作用，但是它们之间功能已有分化：上面 2 片主要起着招引蜜蜂的作用。下面一片比较阔而大，为蜜蜂提供了降落场，而且它向后延伸形成一个延长物——"距"，距内富藏蜜汁，距的中部密生疣毛，成为

传粉的关键地带。侧面两片主要起指示作用，指示蜜蜂必
须从它们的下部插入口器。如果从上面或边上插入就会碰
壁，不但插不进，而且也吸不到蜜汁。蜜蜂经过多次实践以
后，就会按照指示斑的指示，一旦来到花上就很快进入了采
蜜的状态。从这一过程来看，花朵在传粉中确实是起了主要
的作用。

　　我们可以看到，花朵的柱头、雄蕊、疣毛区（丛林区）
和距的空间位置排列得如此有规律。首先是柱头的唇瓣把蜜
蜂带来的花粉撸了下来（图6上），唇瓣被吻推动向后翻转，
使柱头腔内的黏液顺流而下涂在吻上。位于疣毛区上方的雄
蕊成熟后，花粉掉落在疣毛上；疣毛区的毛有很多突起，便
于花粉架在"空中"，它是一个既充满花粉又可以让吻自由
通过的"丛林区"，吻在通过这条狭长的"丛林地带"时，
花粉纷纷被黏在刚被涂上黏液的吻上（图6中）。花朵把蜜
蜂最想要的香甜的蜜汁放在最远的距内，蜜蜂要吸到蜜汁，
一定要先完成上述的两个动作。而当蜜蜂吸完了蜜汁，心满
意足地离开时，植物又发挥了唇瓣的奇特作用：由于唇瓣的
另一个面没有黏性，所以它不会挡住带走的花粉，而吻的拉
出使得唇瓣翻转，又把刚才留下来的花粉推入柱头腔内，促
使花粉管萌发（图6下）。我们试想一下：这几部分的位置
能否对调？如果把蜜腺换到前面，其后果必然是蜜蜂满足了
采蜜，再也不去传粉；如果把柱头与疣毛区的位置对调，必

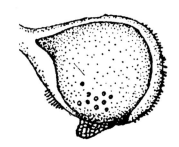

图6　三色堇柱头下方的唇瓣及蜂吻进出时花粉的
动向：中图代表吻插入时花粉被唇瓣截住，下图表
示吻抽出时刚刚撸下的花粉被推入柱头腔内，而吻
上新沾的花粉得以顺利带出。

然会混乱新老花粉的分布，达不到以新换老的目的。

由此可见，三色堇以鲜艳的花色、甜润而芳香的蜜汁配以精巧设计的结构吸引蜜蜂前来采蜜，从而完成了异花传粉，实现不同个体间的基因交流，促使该种植物世代相传，不致退化。

异花传粉在植物界是普遍存在的，但是像三色堇这样微妙的结构却不多见。人们常以为，虫媒传粉之得以实现，完全是昆虫的功劳，植物只是静候昆虫的到来，除此之外就无所作为了。这是一种错觉。虫媒传粉固然是靠昆虫进行的，但是昆虫并没有主动地给某种植物传粉的意识，它只是为了吸食蜜汁才反复地在花丛中忙碌不休，而恰恰是花朵的这套精巧结构迫使昆虫完成这一使命的，正所谓：“花儿设宴巧求媒，蜂蝶乐为传粉飞。”

那么，能不能说蜜蜂就是无所作为的贪食者呢？不能。其实，不论蜂还是花，都是无意识地参与这一进化过程的，每一方都作为一种自然力选择着对方，同时又被对方选择。它们在遗传—变异—自然选择的反复过程中，长期地协同进化而来。例如：暴露的蜜汁可以被各种昆虫吸食，

将蜜汁藏在距内的花朵只允许长吻的昆虫吸食，甲虫、蝇类就只能“望蜜兴叹”了。这就是说，距对于传粉昆虫是一个起着选择作用的自然力。另一方面，吻愈长的蜜蜂更能将距底部其他蜂吸不到的蜜汁吸尽，因而距长的花就得到了更多次的采蜜，这样的三色堇的种族便得到了更好的发展。在这个意义上来说，吻长对于植物的距长也是一个起着选择作用的自然力。

这方面达尔文有一个经典的例子。达尔文从马达加斯加岛上发现了一种兰花，叫作长距武夷兰，它小小的白花后面竟拖着一条长达29厘米的距，距内富含蜜汁。达尔文预言，这岛上有一种长喙的蛾子，吻长达29厘米，这一推论曾引起不少昆虫学家的讥讽与嘲笑，有谁见过这么长喙的蛾子呢？可是，41年后科学家在该种兰花的原产地找到了相应的长喙天蛾（图7），它们的喙盘起来有20圈之多，一推算果然正好29厘米。那些昆虫学家最终败给了深谙进化规律的达尔文。达尔文的进化理论、生物进化的辩证关系再一次得到了强有力的证实。达尔文又告诉我们：任何被自然选择保留下来的细微结构，都是有它的必然性的。让我们以此为武器，抛弃“神创论”“目的

论", 去观察生物界形形色色的现象, 并揭示其必然性吧!

三色堇原产欧洲, 是一种久负盛名、栽培历史悠久的植物, 在现代科技的操作下它的花色已经发生了很大的变化。这是按照人的意志进行的改变, 可以满足布置同一种色彩的花坛的需要(图8)。

三色堇是一种在欧洲已经栽培了四百年的植物, 近年国内花圃里出现的多为同属的另一种花朵较小的相似植物 —— 角堇 (*Viola cornuta*), 见图9、图10。其花部结构和三色堇基本一致, 大家不妨就地取材, 用它作为观察材料。

图7 马岛长喙天蛾 (*Xanthopan morgani*)

图8 现代的三色堇已经变成单色的了, 花朵变得更大, 但是花朵的形态没变。

图 9（左图） 角堇（*Viola cornuta*）花的结构与三色堇相仿。

图 10（右图） 角堇，就地取材也可做花部的观察。

传粉时花朵的主动行为

植物的结实有赖于传粉作用的完成。人们通常认为，植物只是被动地接受传粉，而昆虫才是主动地完成传粉任务的。要是没有昆虫来访，植物受粉结实将受到严重影响，例如南方的荔枝、龙眼在开花期要是连续几天下雨，雨水不仅把花朵分泌的蜜汁稀释得淡而无味，蜜蜂也很少出飞，传粉的机会就很少了，这将使得当年的荔枝、龙眼严重减产。这一结果似乎告诉人们，传粉作用是如此的重要，昆虫是完成传粉作用的主要力量，植物只能耐心地等待昆虫的到来，除此以外，植物就无能为力了。事实果真如此吗？不尽然。植物在进化过程中产生了许多主动的行为，使得传粉得以顺利进行。下面举两个例子。

西番莲的柱头会主动地弯下来让蜜蜂授粉　西番莲（图1）是草质藤本植物，有卷须，萼片和花瓣各5，形态相似，副花冠多数，丝状，基部紫色。原产巴西，我国长江以南可栽培。西番莲开花之初雄蕊的花药向下开裂，而它的花柱高高举起（图2），这时适合于异花传粉，即蜜蜂飞来采食花心的花蜜时，背部搽到雄蕊把花粉带走。注意：

这时柱头高举在上方，因此不可能有自花传粉的动作。此时的花朵只相当于一朵雄花，只有传出花粉而无接受花粉的机会。当雄蕊上的花粉大部分被带走的同时，柱头逐步弯下，下降到与雄蕊同样高度（图3），这时蜜蜂才可能把其他花朵上带来的花粉交给柱头，完成异花传粉的主要任务。万一不成功，则柱头可以进一步下弯，用花药中剩余的花粉进行弥补式的自花传粉。

我们把西番莲的传粉分作三步来看。1. 传出花粉：由于柱头高高在上，蜜蜂只能担负起传出花粉的作用。2. 接受它花的花粉：蜜蜂把其他花朵上搽下来的花粉带给这朵花的雌蕊受粉，这是西番莲实现异花传粉的主要一步。如果第2步失败了，那么，3. 西番莲就以自花传粉来弥补不足，实现异花传粉到自花传粉的转变，保证后代的延续

矢车菊会适时地推出花粉给蜜蜂　矢车菊是一种初夏开花的菊科植物，原产欧洲。叶线形，头状花序，单个花序直径达4～6厘米，花序的外轮花为不育花，喇叭状，中央的花小，管状，花色丰富，色彩艳丽，常为庭院、花坛栽种（图4）。

图 1（上图）　西番莲（*Passiflora caerulea*）的花。花被 2 轮，每轮 5 片，副花冠多数，丝状，基部紫色。雄蕊 5，黄绿色；柱头 3 枚，头状，红色。

图 2（下图）　西番莲花刚开放时，花药开裂向下，利于花粉搭到昆虫的背部，带至另一朵花。此时这朵花只有给出花粉的机会，没有接受花粉的可能，因为花柱高举在上方，柱头乳黄色。

图 3　西番莲开花后期，花柱弯下，可以接受蜜蜂背部带来的花粉，进行异花传粉，或者也可能将花药中剩余的花粉进行弥补式的自花传粉。

图 4　矢车菊（*Cyanus segetum*）头状花序，花色各异。

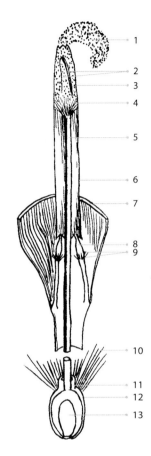

图 5　矢车菊一朵花的结构：1. 已推出的花粉。2. 二裂的柱头。未伸出花药筒时柱头像两只手掌那样合拢，把能接受花粉的掌心遮住。3. 雄蕊的药隔。保护花粉使它不受风吹、雨淋、日晒而损失。4. 柱头上的扫粉毛。把花药筒内的花粉扫出（推出）筒外。5. 花柱。由于它不断长高，花粉被推向上部，花丝被传粉昆虫的吻碰到后受到刺激而收缩，花粉被中央的花柱推出花药筒外。6. 花药筒。由聚药雄蕊结合而成。7. 花冠。已被割断。8. 遇刺激后花丝中会收缩的部分。9. 花丝上的感觉毛。当蜜蜂的吻触动感觉毛时，这部分花丝便会收缩把花药筒向下拉，同时花粉就被坚挺在中央的花柱推出。10. 冠毛。有利于种子的散播。11. 泌蜜的花盘。12. 子房壁。13. 胚珠。（冯志坚绘）

我们先来看一下花粉是怎么被推出来的。矢车菊的一个头状花序，有许多朵花；每朵花的基部都有一个分泌蜜汁的花盘；花心部分有一个花药筒：它的由 5 枚花药结合而成的聚药雄蕊，形成一个细细的花药筒，雄蕊成熟时花药向内开裂，把花粉全部释放出来，于是花药筒就成为一个装满花粉的筒了。当然，这个筒是很小的，肉眼看不清的，要用放大镜才能看清楚。你别看它不起眼，它里面能装 15000 颗花粉呢！花药筒的下方有一根挺立的花柱，花柱的上部有一簇向上的毛，称为扫粉毛。花药筒好比是一个唧筒，扫粉毛就好比是里面的活塞，只要活塞往前推，花粉就被扫粉毛推向前方，也就推出了花药筒（图 5）。我们也可以换一种方式来理解：如果花药筒被花丝往下拉，那么花粉也会被挺立在中间的花柱往上推。

了解了这个基本的结构，我们再来看花的主动行为。当矢车菊开花，蜜蜂飞来采蜜之时，蜜蜂的口器只有伸到花盘的上方才能吸到花蜜。这时口器必然要通过花丝着生的部位，而花丝的上部也有一簇感觉毛。当口器触碰到感觉毛时，花丝便迅速收缩把花药筒向下拉，其结果是花柱把花粉顶出来了。这时蜜蜂的口器还在向下，尚未采到蜜汁呢。花丝收缩引起的花粉推出和蜜蜂继续向下探寻蜜汁这两个方向相对的运动，使得花粉被牢牢地推到蜜蜂头上、身上，随后被带到另一朵花上去（图6）。当蜜蜂飞走时，尚未推出的花粉便继续储藏在花药筒里面，随着花朵生长花药筒再度长高。于是花丝再一次被拉长，等待蜜蜂下一次光临时再收缩。据计算，整个花药筒里面约有花粉粒15000多颗；一次推出的花粉约有3000～5000颗。也就是说，一朵花在开放时，可以推出花粉3～5次。如果蜜蜂来得频繁，那么花丝还没有完全拉长蜜蜂就又来了，这时花丝收缩所顶出的花粉也相应地减少了，顶出的次数就会增加。据Rendle的观察，昆虫来临之时能主动推出花粉的植物约占菊科植物总数的一半，只是花粉太小我们看不到或不注意，不像矢车菊那样可以用肉眼清晰地看到。

主动推出花粉对矢车菊有很大的好处。当蜜蜂来临时它会适时地把花粉推给蜜蜂，未推出的花粉继续受到花药筒的保护，不至于在日晒、雨淋、风吹中受到损失。

图6　蜜蜂来到矢车菊花序上，受刺激的花朵适时地推出花粉。

给大家的思考题

你也可以自己做个实验：5月份当矢车菊开花时，选择两"朵"刚刚开放的花，先吹去散落在花上的花粉，然后把它插在瓶子里，放在室内。等到第二天，用一根细针试着模仿蜜蜂的样子去触动每一朵花的花心，你就可以清晰地看到花粉推出的过程了。你还可以用菊科的其他植物进行观察和统计，看看能否发现新的更明显的植物。

扇脉杓兰精心安排了传粉的通道

　　上面我们已经了解了三色堇和丹参如何设计了一条昆虫在采蜜的过程中必走的通道，现在我们再来看一个实例。扇脉杓兰是兰科杓兰属的植物，这一属的植物生长在我国广大地区（南部炎热地区除外），全国均产。全世界有50种，我国有36种。扇脉杓兰的叶片只有2枚，呈折扇状，中间开出一朵花，它的唇瓣特化成兜状，中间有一下陷的开口。昆虫被这鲜艳的"兜"及其中透出的香气吸引，前来采蜜并跌入兜内。它再要出去的话就不可能走头顶上的"天窗"，而只能顺着斜坡爬到唇瓣的基部，由两侧向外爬去。而这地方正是杓兰安排好的传粉必经之路：花朵两侧的出口处，正是雌雄蕊所在的位置，昆虫的背部必然先触到大大的黏性的柱头，把带来的花粉给了柱头。由于道路狭小，往前即触到雄蕊，刚被柱头沾湿的昆虫背部接触到不成块的花粉，逼使它带着这朵花的花粉才能飞走，飞到下一朵花完成异花传粉的任务。

　　这一过程看似简单，仔细想来确是植物精心安排的结果。试想，如果没有这么显眼的兜，昆虫被吸引过来的概率小多了；如果出口的通道上不是柱头在前，雄蕊在后，那么传粉的过程就被打乱，不是异花传粉了；如果柱头不是黏糊糊地沾湿了昆虫的背部，昆虫也就不易把花粉带走，所以就

图1　扇脉杓兰（*Cypripedium japonicum*）。叶扇形，具辐射状脉。花单生。产于江西、浙江、江苏、安徽等省。此株生长在西天目山海拔一千余米的山林里。

图2（右页图）　扇脉杓兰。左：花外观示：萼片3，1片位于最高处，2片侧萼片合生为一，转至唇瓣的后方（左图不能见，右图可见）；花瓣3，两侧片形状同萼片，基部有斑点，第3片称唇瓣，白色有紫斑，囊状；昆虫从唇瓣中间的洞口下到里面，却无法原路退出，只能沿着唇瓣内面的斜坡爬至两侧的出口处出飞。右：柱头朝下伸出。右下：花朵纵切。右上：雌、雄蕊。

图 3　扇脉杓兰。左：生于花冠基部的合蕊柱，示：
中间一枚表面充满黏液的巨大柱头，柱头两侧是两
枚能育雄蕊；中：花粉不成花粉块，第三枚不育雄
蕊帽状，盖在雌雄蕊的顶部；右：侧膜胎座 3 个，
子房一室。

是在昆虫进入的很短时间内，完成了这一系列的关键性动作——先留下带来的花粉，再带走这朵花的花粉。

从上面介绍的传粉过程中，我们可以看到：植物确实是在利用昆虫完成异花传粉，而植物能预知哪种昆虫前来，这是千万年的历史下逐步形成的。植物与昆虫在这漫长的进化过程中互相协调，不适应的随时淘汰，到今天已是天衣无缝、协同进化的一对了。

类似的例子可以在本书提到的马兜铃、矢车菊、旱金莲、桔梗等的开花过程中找到。花的结构互不相同，而所要完成的任务却是一样的。

图 4　兜兰（拖鞋兰）

植物在这一过程中发挥其基因变异的无限可能，在各种结构中达到了同样的效果，这可以算是植物的智慧吧。从另一种观点来看：植物基因变异的可能是极大的、无目的、随机的，只有那些有助于繁殖更多后代、更适应环境变化的变异，才会为随机的自然选择所选择并保留下来。在这过程中，植物无所谓什么进化的意图。一切都是在长期的进化过程中被自然选择的结果。

2013 年上海国际兰展所展示的四个相似的品种（图 4—图 7）显示了兰科植物之多变。

兰科植物的变异是极其多样的。如果你有兴趣，你会发现，每一种植物的开花传粉结构都不一样，而兰科植物为我们提供了广泛的研究题材。

图 5　硬叶兜兰（*Paphiopedilum micranthum*）或其品种

图 6　硬叶兜兰或其品种

图 7　兜兰品种

旱金莲雄蕊为何七上八下?

　　花朵开放以后，雌、雄蕊总是固定在一定的位置上不再移动。这里给你展示的是一种雄蕊能够上下翘动的情况：一朵花开放以后，它的雄蕊会慢慢地上翘，两三天后再向下弯曲。这就是旱金莲（又称金莲花，图1、图2），它的叶片像一片片小小的荷叶，可是它的花却完全不像荷花，花橙红色或黄色，花萼向后都长着一条腿，这条腿植物学上称为"距"，是植物储藏蜜汁的地方。

　　观察一朵将开而未开的花，会发现雄蕊的花丝都是聚集在一起，指向前方（图3为了观察方便，只保留了这朵花上方的一片萼片和它向后伸长的距，也就是除去了5片花瓣和4片萼片）。一旦花朵开

图1　旱金莲（*Tropaeolum majus*）。蔓生或缠绕草本，叶盾形，花黄或红色，花萼5，一枚向后伸长成距，距内储藏蜜汁，花瓣5，雄蕊8枚，子房3室。

图 2（本页图） 开花前 8 个雄蕊指向前方。

图 3（右页图） 旱金莲花刚开。向花心看去，只见一枚雄蕊，这是蜂鸟采蜜的必然停留之处，其余的 7 枚尚躺在下部。

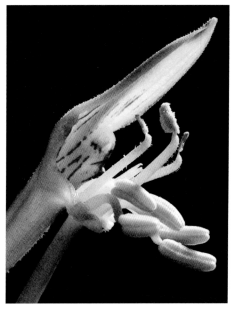

放，所有的花丝都进一步弯向下方，唯有这一枚雄蕊的花丝挺直，它的花药也上翘90度，使花药处在距的开口的前方（图4；图2是它的正面观）。在3～5天之内不断有雄蕊上升（图5、图6）。在它生长的南美洲，它是由蜂鸟传粉的鸟媒花。先期上升雄蕊的花粉被蜂鸟颈部的羽毛擦去，花粉散完以后又慢慢下降。从图6可以看到，已有7个雄蕊散完了花粉，第8个则依然"躺"在下面，准备继续上翘。当8个雄蕊的花粉全部散完之后，我们却看到了另一样东西。就是原来并不显眼的花柱却高高地挺了起来，它的顶部3叉，每一叉的顶端都有1小滴黏液（图7、图8）。这时从正面看去，所有的雄蕊都下降了，并且靠向两侧，为柱头的上升、接受蜂鸟带来的花粉腾出了空间（图8）。到这个时候，花朵才真正完成了它的使命：给出了花粉，也接受了来自其他花朵的花粉，于是花朵萎谢，果实开始长大。整个开花过程需要5～7天。

图4（上图）　一旦花朵开放，一枚雄蕊挺直，花药上翘90度，其余的雄蕊则更加弯向下方。

图5（下图）　已有3枚雄蕊挺起，另5枚依然躺在下方。

图6（左上图）　尚有一枚雄蕊没有挺起，其他雄蕊已经或开始
下降。

图7（右上图）　雄蕊纷纷下降，花柱伸长并挺起，柱头叉开先端
分泌黏液。

图8（右下图）　图7的正面观。可见柱头先端有黏液，雄蕊纷纷
弯下，向两边分开以利于雌蕊升起。

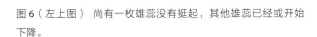

|讨论|

1. 茎的长高是靠茎顶的分生组织，那么叶片的长大和茎有什么不同？

2. 为什么花药在雄蕊上升以后才开裂，为什么花药上翘了90度？这样对花朵有什么好处？

3. 雄蕊上升以后，为什么又下降了？下降对它又有什么好处？

4. 花柱在雄蕊全部下降以后才上升，这是为什么？柱头上的黏液有什么作用？

|提示|

1. 蜂鸟传粉的最佳位置 旱金莲又称金莲花，是原产在南美洲的鸟媒植物。蜂鸟是世界上最小的鸟类，它有长长的喙，舌头比喙更长。采蜜时它悬停在花朵前（注意：悬停是指在空中震动翅膀，而又停在一点的行为。这在鸟类中是很少有的，昆虫中却常能见到），把细长的喙插入距内，并伸出长长的舌头吸食蜜汁，所以距的开口处是蜂鸟采蜜的必经之路。充分成熟的雌、雄蕊上升到这个位置，意味着蜂鸟采蜜时它的颈部必然与雌、雄蕊碰擦，颈部的羽毛成了传粉的载体。因此，这个位置是传粉的最佳位置。

2. 最佳时间与最佳位置的配合 雄蕊刚成熟时的花粉传给柱头是最合适的；另一方面，雌蕊刚成熟时能得到刚开放的雄蕊的花粉也是最合适的。旱金莲把处于传粉最佳时期的雄蕊和雌蕊分别地（不同时间地）一一抬升到最佳的位置；过了这个时间，就不能再占据这个位置，就得下降，把最佳的位置让给处于传粉最佳时期的下一个雄蕊。这种配合是多么的密切和巧妙。

3. 雄蕊先熟的意义 从图3到图7我们可以看到，旱金莲的雄蕊不是同时成熟的，而是逐个地先后成熟，这对它有什么好处呢？它的意义在于延长了蜂鸟从花上可以带走花粉的时间。8个雄蕊连续向蜂鸟提供花粉的时间，比单个雄蕊延长了几倍，这就保证了花粉的来源。也就是说，如果8个雄蕊一起成熟，一起上升，那么这朵花给出花粉的时间将缩短到原来的几分之一。

4. 两蕊异熟的意义 很多植物都存在雌、雄蕊不同时成熟的现象，有的是雌蕊先熟，有的是雄蕊先熟，这种现象称为"两蕊异熟现象"。它所造成的时间差，有效地阻止了自花传粉的发生，保证了异花传粉的实现。促进了个体间的基因交流，它们的后代由此获得了更强的生命力。所以旱金莲的整个开花过程都使得雌蕊不能与自己的雄蕊相遇，雌蕊成熟之时正是雄蕊全部凋谢之后，雌蕊能够得到的花粉必定来自另一朵花。可见植物界对于婚配也有如此"不近情面"的严格规定。唯有如此，旱金莲才能繁荣至今。

5. 雄蕊本该 10 枚，为何减少到了 8 枚　旱金莲是五基数的花，各部分都应该是 5 或 5 的倍数，这个问题我们只要看看花图式（图 9）就清楚了：花朵唯独在中线上 2 枚雄蕊和雌蕊相互重叠，最好的解决办法就是保证雌蕊的上翘路线而 2 枚雄蕊让路。事实就是这样安排的，我们除了感叹植物的精细安排之外，无话可说。

未结束语　如果你有一盆旱金莲，或者花坛里正开放着旱金莲，你就可以根据上面的介绍进行自己的探索。你一定还能发现许多问题，例如：叶柄是用何种方式伸长的？它到底是由短短的叶柄平均伸长呢，还是哪个部位有生长点使它不断地加长呢？雄蕊上升的次序有什么规律？哪个先上，哪个后上？花瓣上面的深色斑块（称为"指示斑"）有什么作用？花朵下方的 3 个花瓣上有一些小裂片，它们对保护蜜汁是否有用？你能否设计一个实验，证明旱金莲能够自花传粉并结出果实，或者证明这是不可能的？总之，大自然从宏观到微观充满着无数有趣的奥秘，只要我们仔细观察、积极思考、勇于探索，就能发现奥秘、破解奥秘。有些问题必定是我们现在无法解决的，例如：旱金莲的结构，以及它与蜂鸟之间的配合等充满智慧的、恰到时机的动作是如何进化来的？这样的问题现在还很难说清楚。如果你有决心，将来你就可能成为解决此类大难题的先驱之一。

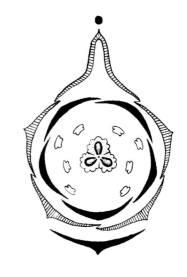

图 9　旱金莲的花图式，表明了花各部分之间着生的关系。我们据此可以将雄蕊编号，看雄蕊上翘的次序。

奇怪的蜡菊开花之谜

蜡菊又称麦秆菊，常作为干花插在没有水的瓶中，照样色彩鲜艳经久不衰。它的总苞片（形似花瓣）可以在手掌上刮出声来，用手摸上去质地像麦秆，眼睛看上去像蜡做的一样，非常光亮。它名称中的"麦秆"和"蜡"就是由此而来（图1—图3）。蜡菊属于菊科植物，原产澳大利亚。它的"一朵菊花"和其他菊科植物一样，是由多数花集合成的一个头状花序。

我们不妨拿两种植物的头状花序来复习一下。

菊科植物的总苞有多种形式（如：向日葵，图4）。花序四周是鲜艳的"舌状花"，每朵舌状花下面都连着子房。最外面由绿色的总苞包着，开花前总苞起保护花蕾的作用；招引昆虫前来传粉的功能则是由舌状花和管状花共同完成的。

牛蒡只有筒状花，没有鲜艳的舌状花，它的总苞变成一根根带钩的刺，以保护中央的花（图5）。

问题的发现 一次，花圃的工人告诉我："这种花晚上会关闭，白天再开放。"我心想：对阳光照射如此敏感的花朵，还是第一次听到。又一次，另外一名工人告诉我说："这种花遇到下雨会关

图1（上图） 蜡菊（*Xerochrysum bracteatum*）的总苞鲜艳有色彩，像舌状花。

图2（下图） 蜡菊的红、白、黄、橙等各色花朵都是它总苞的色彩。

图3（右页图） 一朵红色的蜡菊头状花序纵切片。它全部由管状花组成（上），中央是头状花序纵切。四周的总苞片色彩各异，很像舌状花（下）。

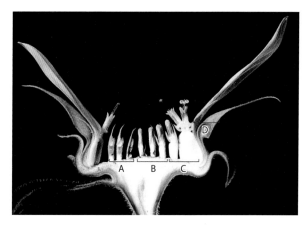

图4 向日葵（*Helianthus annuus*）的头状花序纵切片。A：左1—3，每朵花有一片苞片保护。B：由中央向右1—3，管状花。C：右4，管状花的雄蕊正在推出花粉；右5，管状花的五裂花瓣已经张开，中间伸出黑色的聚药雄蕊。右6，花丝筒里的花粉已经完全推出，花柱已经伸长并翻卷。D：右7，一朵舌状花，外面有几层绿色的总苞片。

图5 牛蒡（*Arctium lappa*）头状花序纵切。它的总苞片已变为钩刺状。

闭，太阳出来就再开放。"这倒把我弄迷糊了：下雨天会关闭、晴天开放，分明是对水分的变化作出的反应，这种花到底对光照敏感还是对水分敏感呢？

用实验来验证 为了弄清开花的动因，我设计了一个实验。

1. 给麦秆菊晚上照光，看花序是否关闭。白天把花放在暗室里不给光照，看它白天没有光照是否也开花。用这个实验来证明麦秆菊是否存在一种对光照敏感的开花节律。

2. 白天给正在开花的麦秆菊喷水，即模拟白天下雨了，或者晚上由露水把花打湿了。用这个实验来证明麦秆菊是否受水分的影响而开、闭。

通过实验发现：晚上放在灯光下的花是不会关闭的，已经关闭的花倒是会重新开放；白天把开放的花放到暗室里，它依然没有关闭。这说明，蜡菊的开花不受白天或黑夜光照的影响；要是对花序喷淋了水，那么不管是白天还是晚上，花序必然会在几秒钟之内关闭。这个实验说明，蜡菊的花开花闭是受水分决定的，和阳光照射没有直接的关系，白天阳光照射时带来了温度，把花序中的水分晒干，于是花序就开放。其真实的原因是，光照对水分的影响引起了花朵的开或闭。

那么这一作用的机理到底是什么呢？原来，花开花闭的关键是在总苞片总长度的下 1/3 处的外侧面，有一些对水分很敏感的细胞。当这些细胞被水湿润时就急剧膨胀，总苞片向内弯曲花就闭合起来了。当太阳出来，晒干了这些细胞中的水分，它们的体积就缩小，使总苞片向外反折，花朵就开放了（图6）。

在自然状态下，花序的这种开放与闭合是很有好处的。晚上或雨天，传粉的蜂、蝶都休息了，花序在露水或雨水的湿润下便闭合起来，保护了花心幼嫩的部分；白天太阳出来以后，花序的总苞片很容易被晒干，于是便纷纷向四周弯曲开展，一朵朵鲜艳夺目的蜡菊又开放了，起着招引众多昆虫前来传粉的作用。可见麦秆菊花的开闭与周围环境的昼夜变化和晴雨变化配合得有多巧妙。它何以有这么高的智慧？

图6 把红（右）、黄（左）两朵蜡菊都对半纵切，被喷水的一半就关闭（B、C），未被喷水的一半依然开放（A、D）。从图的右侧可以看到总苞片的形态变化：在总苞片的下 1/3 处，有一些对水分很敏感的细胞，它们干燥了，总苞片就向外反折，花朵就开放了；它们吸水，总苞片就伸直，花朵就闭起来了。

思考

蜡菊的花开花闭究竟是它的生理现象（蜡菊活着的时候有这种现象，死了就没有了），还是失水引起的物理现象？我把一朵花（一个头状花序）摘下，让它在日光下晒七天，让它彻底晒干（死了），然后给它喷水。结果显示，晒死了的蜡菊重又关闭了。当这朵花再度晒干之后，它竟然又开花了。这个简单的实验透露了蜡菊花开花闭的真实原因是总苞的物理性失水，而不是一种生理现象。

|提示|

麦秆菊现在已在我国广为栽培，学校里若能培育几盆，作为同学课外观察的材料，让大家探索它花开、花闭的条件，培养观察思考的能力，以及自己设计实验，进行求证式探究的能力。

综上所述，我们已经知道了麦秆菊是适应于白天阳光明媚的天气下开放，而且这种开放是一种物理现象。这种物理现象和自然界的昼夜变化及雨、晴之间的瞬间变化的配合是多么巧妙，凡有利于传粉的天气到来，它就开放，否则它就包起来，用总苞护卫着幼嫩的花朵。你不得不惊叹大自然的配合是如此的精妙。

下面我们再提供一种植物，一个和麦秆菊相似而正好相反的例子：生于四川高山上的尼泊尔香青（清明草，图7、图8）。它也属于菊科植物，白色的"舌状花"其实也是总苞片。不过，它"开花"是在晚上。那又是为什么呢？请你思考。

当天色暗下来时，路边本不显眼的清明草却一丛丛地张开它的总苞片——开出白花，在朦胧的夜色中显得特别明亮，对敏感于紫外线的小小的蛾类而言，那更是一盏盏指示何处有蜜的指路明灯。此时蛾类正忙于传粉，等到天将亮时它的总苞就又把花序包起来了。这个过程正好和麦秆菊相反。植物界何以能有如此相反而效用相当的变异呢？清明草似乎对光线的变化更敏感，对水分的变化尚不了解，这一切都留待读者去深入探讨。

图 7（左图） 尼泊尔香青，又名清明草。花白色，傍晚开花。

图 8（右图） 尼泊尔香青的"花瓣"其实也是总苞片，它在天色渐暗时开放，以吸引晚上出来传粉的鳞翅目昆虫。图中左侧是已经开放的花序，右侧是白天关闭的花序，右下总苞片基部也有对水分敏感的细胞。

桔梗花不可思议的动作

　　一次我在山东考察，山坡上盛开着桔梗花。它的花蓝紫色，很是讨人喜欢。仔细看它的花心，发现它的花蕾像一个个充满气的小气球，里面的雄蕊很饱满，但是一旦开花，雄蕊马上就萎蔫了。难道桔梗不需要传粉吗？如果需要，那么雄蕊又为何如此早地萎蔫了呢？雄蕊的这种不可思议的动作如何解释呢？经过仔细观察才发现，这是它传粉的又一绝招。

　　桔梗属于桔梗科，是多年生的草本（图1）。茎直立，根圆柱形，肉质，花蓝紫色，花心有5枚雄蕊，花丝基部膨大而彼此靠在一起，子房下位，蒴果。分布于我国南北各省。是传统的宣肺、散寒、祛痰、排脓的药材，也是植物观察的好材料。

　　我们先来看看桔梗开花的有关部位：桔梗开花前花蕾像个小小的蓝色气球，剖开这个"气球"便可见到中央有一枚花柱，花柱表面长满了密密的毛茸，外面有5枚雄蕊与它紧靠，花药成熟时向内开裂（图3），花丝的基部膨大，肉质，边缘有许多绒毛把它们连成一体，盖在分泌蜜汁的花

图1（左页图）　桔梗（*Platycodon grandiflorus*）植株。多年生草本，根圆柱形，叶近轮生，花顶生，花冠蓝紫色，广布于南北各省，根入药，主治咳嗽。

图2（本页图）　桔梗花心纵剖。示：子房下位，中轴胎座，含多数胚珠，子房顶部有淡黄色的蜜腺盘，分泌的蜜汁被花丝膨大的基部所覆盖，蜜汁得以保存不致晒干。蜜蜂采蜜时从两枚花丝间的绒毛处插入吻部，与此同时，蜜蜂的身体必然碰到柱头，并将花柱上的花粉带到他花，完成异花传粉。

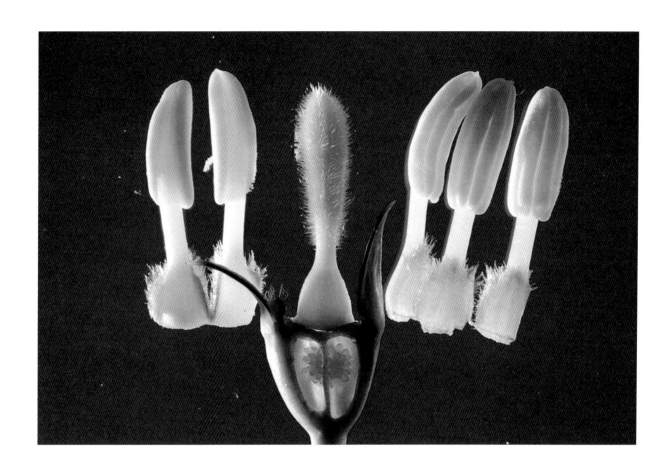

盘上方，花盘下面是下位的子房。

开花初期花药即已开裂，把所有的花粉全都粘在毛茸茸的花柱上（图4左1）。这时花药传出花粉的机能即已完成，空瘪的药室随即倒下。这就是先前看到的情况，那么柱头外面沾满了花粉又能怎么样呢？此时受鲜艳的花朵吸引而飞来的

昆虫，又受到蜜汁的香气引诱，知道蜜汁在下方。于是，昆虫便低下头去，从花丝的毛茸间插下口器吸取蜜汁。做这个动作时它的身体就必然搓到柱头外部堆得满满的花粉，所以完成吸蜜的同时也完成了带走花粉的任务。这一动作全部在子房以上进行，对花朵不构成伤害（这里充分显示出

图3（左页图）　桔梗雄蕊向内开裂，开裂后花粉全粘到毛茸茸的花柱外侧，花丝下部扩大，遮盖住花盘上的蜜腺。昆虫只有靠突破花丝间的毛茸才能采到蜜汁，与此同时，把柱头外的花粉粘到身上，带到另一朵花上。

图4（本页图）　桔梗雌蕊发育的各个时期（花冠已除去）。左一：刚开放的花朵，雄蕊似乎已经萎缩，只留下东倒西歪的、空瘪的药室，其实它已把花粉交给了花柱外面的茸毛，由花柱进行授粉，花丝基部的膨大部分依然饱满地围盖着花盘；接受传粉的5裂柱头尚未伸出，因此它这时不能接受自己花朵的花粉，只能把花粉交出。左二：开放了一段时间的花朵，花柱外面的花粉已被昆虫带走了不少。左三：花粉已基本被昆虫带走，柱头已经伸出并反卷，柱头内侧面能接受来自其他花朵的花粉，进行异花传粉。左四：柱头继续反卷，这时如果异花传粉没有成功，那么反卷的柱头将重新拾起残留在花柱外的花粉，以自花传粉来弥补。

花朵结构的巧妙：传粉、采蜜过程在子房以上进行，不会影响子房内最要紧的东西——胚珠）。经过昆虫几次三番的来访，不断地把花粉带走，花柱也不断地在伸长（图4左2）。最后，花柱顶端的5裂柱头张开，但并未反卷，进入这一阶段的桔梗便可以接受昆虫带来的花粉了（因为柱头的腹面相当于人手的腹面，是可以接受花粉的，而它的背面是拒绝花粉的）。至此，桔梗异花传粉目的已经达到，开始结果（图4右2）。

桔梗开花、结果的关键是要有昆虫来访，如果这时候很少有虫飞来，那么桔梗花柱上的花粉还留着。既然昆虫不来，靠昆虫的异花传粉就无法进行了。此时，桔梗还有另一手：它的柱头继续伸长、反卷，以至于碰到花柱下部，这样它便可以利用花柱上残留的花粉进行自花传粉（图4右1、2），以保证后代的延续。这就是异花传粉不成功时便进行自花传粉以保证该物种延续的妙招。

上面举的是桔梗的例子，实际上丘陵老鹳草也有类似的行为。有一次我在内蒙古考察，草地上盛开着一片淡紫色的花朵——丘陵老鹳草，在微风的吹动下花瓣微微颤动，甚是美丽。低头仔细看这花，发觉它的花丝有的挺直、有的弯曲（图5）。这到底是怎么一回事呢？

丘陵老鹳草是牻牛儿苗科的植物，花5基数，雄蕊10枚，5心皮的蒴果。开花初期雄蕊全部挺直（图6左1），雌蕊不可见。接着第一轮雄蕊散出花粉（图6左2），等到第二轮雄蕊花粉散完后也下弯了，所有的花药都掉落了。这时花柱才长高，能接受花粉的5叉状的柱头也已经展开（图6左3），这也是一种异花传粉的技巧，雌蕊见不到自己花的花粉。这时要是昆虫来访，在花中见到的只有5枚柱头，不见雄蕊，这就保证了自己的花粉不会落到自己的柱头上。问题是，花丝已经完成了任务，后来怎么又挺直了呢？英国植物学家伦德勒（Rendeler）发现，这也是植物的一种自我保护策略（图6左4）：当异花传粉不能实现时，花丝重又抬起，以便把花丝上沾着的少量花粉重又交给柱头，实现自花传粉。老鹳草的一朵花的子房里只有5枚胚珠，严格说来，每个柱头只要1粒花粉就能满足它的需要，所以这种传粉是现实可行的。

以上两例都是说明当花朵的异花传粉得不到满足时，它们还能以自花传粉来弥补，以保证后

图 5　丘陵老鹳草（*Geranium col-linum*）的花，图下部为 4 朵已经除去了花被的花心。

图 6　丘陵老鹳草，已除去每朵花的花被。左 1：刚开的花心，柱头不能见，说明开花早期拒绝自花传粉，花丝挺直；左 2：雄蕊成熟一轮向下弯曲，柱头仍不能见，此为传出花粉的时期；左 3：所有的花丝下弯，花药掉落，花柱已长高，柱头也已分叉，此为接受花粉的时期；左 4：花丝重又上举，把粘在花丝上的少量花粉传递给反卷的柱头（自花传粉），以弥补异花传粉的不足，保证传粉结实的实现。

代的衍续。而这一过程是靠雌蕊或雄蕊适时的弯曲来实现的，不了解这一情况的人就会对它们弯曲的动作感到不可思议。

同样的例子还有不少，如锦葵也是靠柱头扭曲来保证传粉的实现（见《植物如何避免近亲繁殖》）。荷包牡丹花的色彩、花瓣上的指示斑告诉我们，它是依靠昆虫传粉的植物（图7），如果不成功，那么，它就依靠雄蕊与柱头很近的优势（图8）进行自花传粉。

以上诸多例子说明了植物虽具有两性花，但是在进化过程中它们已经趋向于抛弃自花传粉而广泛采用异花传粉优先的策略；只有当异花传粉不成时自花传粉才作为一种弥补的手段，毕竟能够繁殖结子总比没有后代要好。这一规律对认识被子植物的繁殖策略有普遍的意义。

图7　荷包牡丹（*Lamprocapnos spectabilis*）。花上有许多特殊的褶皱和色彩，对传粉者起着引领的作用。

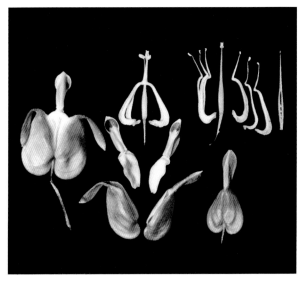

图8　荷包牡丹花离析，可见柱头与雄蕊靠得很近，便于异花传粉不足时进行弥补。

再力花奇特的变异有利于
食虫还是传粉？

　　突然见到报道，误称"一种新的食虫植物"被发现了，它的名字叫再力花（*Thalia dealbata*），也叫水竹芋，它能够捕捉苍蝇、食蚜蝇等。这么大的植株难道还要以小昆虫来补充氮素营养吗？这似乎有点离谱。如果真是这样，倒是在食虫植物家族里添了一位新成员。为了一探究竟，我们对此做了仔细的验证性观察。通过观察发现了植物还有如此奇特的传粉策略，这倒是值得读者好好领悟的。

　　由于该植物的变态多样，我们必须先了解它的基本结构。随着结构的了解，读者就可以知道再力花花柱的急剧弯曲究竟是捕虫行为还是传粉行为，再力花和同科的其他植物一样具有如下的开花特点，这些特点是一般植物不具备的，也是分布在我国的植物通常都没有的：1.次级花粉展示（secondary pollen presentation），2.不可逆转的爆发性花柱运动（explosive style movement），3.花内各部分有非同一般的特化。这三个特点造就了它们独特的传粉特征。

图1　再力花（*Thalia dealbata*），又名水竹芋，原产美国南部，现在国内公园水池边多有栽培。

一、再力花的基本结构

再力花属于单子叶植物纲、竹芋科（Maranta-ceae）水竹芋属（*Thalia*）的水生或沼生草本。叶基生，有长柄，披针形。（以下请对照着花的解剖图逐渐往下看，否则会不知所云。）多数花组成圆锥花序（图2），花成对着生，总苞具白粉，总苞片2列。苞片3片，其中2片大，对生，第3片小，膜质（图3左下）；萼片3，小；花瓣3，椭圆形，膜质透明（图4）；雄蕊花瓣状，2轮，外轮3，仅剩1枚最大的（这枚雄蕊放在图片3的左上最高处），另外2枚退化不见；内轮3（图4左上第2排有3枚），其中1枚具一个单室的花药（右），1枚盔状（中），第3枚有加厚的胼胝体，和一条翘出的"扳机"（左）；子房3室，各含1胚珠，柱头2裂（图5）。果为一不开裂的核果状果。种子1枚。原产北美，我国引种。

图2　再力花花序：花紫红色，2朵镜像对称地并列开放。（所谓"镜像对称"，是说两朵花像照镜子一样对称性地生长：一朵在左，另一朵就在右。）

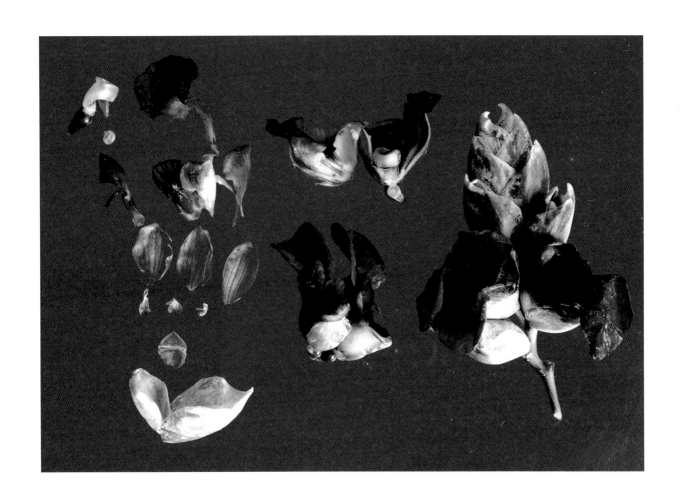

图 3 再力花花序解剖。右：花序；中下：两朵并列的花；中
上：一朵花纵剖，可见柱头已经弯曲成环，左侧可见一枚单
室的花药；左下：苞片 3，其中两片大，结合，第三片小，
膜质透明（下接图 4）。

图4 再力花复杂的花内结构。最基部的3片苞片已在图3中显示,此处不显。萼片3(下)已经变态成奇怪的形状,不起萼片的作用。花瓣3(下第2行)椭圆形,膜质透明,也已失去了花瓣的形态与功能。雄蕊:外轮仅剩一枚,是图中最大的一枚(放在顶部),另两枚退化不见。内轮3枚(由下往上的第3行),在形态、结构和功能上都是变化最大的一轮。其中,右:一半保留着一个单室的花药(这枚变态雄蕊是花内最要紧的雄性部位),另一半瓣化;中:盔状,起保护仅剩的花药的作用;左:形态较怪,有加厚的胼胝体和一条翘出的"扳机",这枚退化雄蕊在花内起着柱头突然猛力卷曲的"扳机"的作用,当蜂鸟的吻往里面插入时触动了扳机,花柱即猛力向前卷曲。子房横切(左上)示:子房3室;外面棕红色上部连着已经弯曲的花柱(左上角)。

图5 雌蕊与一枚变态雄蕊。上图内轮的一枚变态雄蕊"一半保留着一个单室的花药,另一半瓣化",该雄蕊生长分三个阶段。左:幼时可见花药靠在花柱的边上,瓣化部分在其后;中:嘴样的柱头已具雏形(为了看得清楚,已经把它和花柱分开);右:从这幅图可以看到瓣化的和生有花药的两部分,雄蕊已经成熟,已经把花粉转移到了柱头的背部(顶上),花药已经干瘪(这就是"次级花粉展示",指花粉成熟以后不是马上传粉,而是有一个从药室里面出来展示的过程),同时可见柱头像张大了嘴,正准备刮取外源的花粉。

二、再力花的传粉机制

现在我们来看，当蜂鸟采蜜时花柱上发生了什么。当鸟喙触及花心时，花柱产生应激反应，有空洞的一侧弯向鸟喙，把鸟喙上带有的其他花朵上的花粉掳了下来。不仅如此，它进一步的弯曲便是把另一侧柱头上带着的自己的花粉给了鸟喙，在不知不觉中蜂鸟喙上的花粉换了一批。柱头的卷曲是再力花精心安排的一场传粉动作（图6—图8），有多巧妙！

再力花柱头运动慢动作（沈戚懿拍摄、剪辑）

爆发式花柱运动及其花粉的次级展示现象在竹芋科植物中非常普遍，而在其他植物类群中却很少存在（花粉的次级展示现象在我国桔梗科的多种植物也有存在）。它们是如何在长期的进化过程中被选择的，或者说它们具有什么样的适应意义？这种特殊的传粉行为如何能在竹芋科这么大的一个植物类群中演化并固定下来，对植物的繁育系统有什么样的影响？这些问题都还需要进行系统和深入的比较研究。

三、对再力花的一个错误观察

有人看到再力花曾把苍蝇、食蚜蝇的头割下来，误以为这是一种新型的食虫植物。他们也曾进行了研究，虽然看到了昆虫接触到退化雄蕊时柱头即刻弯曲的现象，但是由于他们没有看到在开花前花药中的花粉已经转移到了柱头后方的花粉盘上这一精细的变化，也不理解柱头弯曲对传粉的极其重要的作用（先是掳下带来的花粉，接着又涂以自身的花粉），因而把再力花的这一极其重要的花柱弯曲的传粉动作看作是捕食行为。其实，这两种昆虫只是误入危险歧途而不幸中招，成为莫名的牺牲者。再力花既不吃它们，也不靠它们传粉，人们也未发现再力花如何消化、吸收被捕的昆虫。要知道，在长期的历史进化过程中，食虫植物和所有的动植物一样，是不会做无故浪费能量的行动的。也就是说，如果发生过这种行为，那么在自然选择中必然被淘汰出局。这是植物进化的规律。再力花原产北美，笔者没有见到它的传粉者，从它粗壮的花柱扭曲动作来推断，它的传粉者可能是蜂鸟或者是某种大型的昆虫。

总之，植物作为主体并没有自主地朝某一个方向变异的能力，有的只是大自然的随机的无目的选择。这或许就是再力花的变异究竟是有利于食虫还是传粉的最客观的回答。

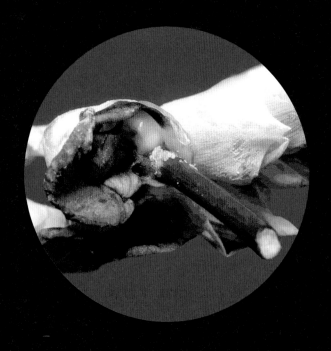

图 6（左上图） 模拟蜂鸟来采蜜时花柱很快地卷曲的动作：截取一段草本植物的茎（红棕色）模拟蜂鸟探吻进入采蜜，当它触动"扳机"时"不可逆转的爆发性的花柱运动"便启动了 —— 花柱爆发式地往前卷曲，嘴样的柱头立即打上去，把昆虫带来的外源的花粉撸入柱头腔内（花粉的输入），完成了异花传粉。而此时花柱还在进一步卷曲，蜂鸟已经开始退出了，因而照片上就显出了一段花粉。柱头的这个进一步卷曲就是把柱头背部的花粉紧紧地涂在了蜂鸟的嘴上（花粉的输出），为下一朵花接受花粉作了准备。这样，花粉的输入和输出在时间 — 空间上隔离开来，保证了异花传粉的实现。

图 7（右上图） 再力花花内取出的已经弯曲的花柱。对照图 5 可见柱头背部已经没有花粉（已经像图 6 那样涂在对方的吻或腿上了），柱头腔现在正被柱头遮挡，在那里花粉正在萌发。

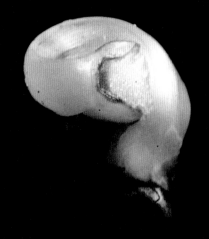

图 8（右下图） 这是柱头背部还保留着大量花粉的照片，示：这朵花的花粉输出任务未能完成。不知什么原因，扳机扣动了，花柱强力扭转了，但是传粉者却未出现。

灰绿龙胆为何见阳光就开，一旦遮阴就关？

一次我在福建考察，途中在烈日下看到了一丛小花，它们湛蓝色的花朵深深地吸引了我（图1）。这拿来布置室内不是很好吗？我蹲下身挖了一丛带回住地，可是到了住地拿出这花一看，我傻了眼，怎么好端端开着的花，5分钟不到就全闭了。按照一般的规律，花朵一旦萎谢了闭起来了，就再也不能拍摄了。我气馁地把它"种"在培养皿中，加些水，希望明天能换一批新开的花再拍，并把培养皿移到阳光下，继续我的工作。

可是，不一会奇迹出现了：这一簇花朵见到阳光后又齐刷刷地开放了（图2）。喔，原来它是休息，是暂停啊！刚开的花朵能有这种能耐，从未见过！！

在夏日阳光照射下，灰绿龙胆花内传粉结子的任务逐步进行。一旦暴雨降临，它向上开放的花将很快被雨水灌满，一切生命活动就将终止。遇到如此强劲的灭顶之灾，它会马上作出反应：关闭花朵拒绝雨水进入，等到暴雨过去又继续原来的生命活动了。原来，这是它的应急对策。图3显示它的花萼是结合的，花冠和副花冠也是合生的。这朵花开放时就像一只漏斗，是很容易留住雨水的，所以它作出了极快的反应。

灰绿龙胆属于龙胆科，那么其他龙胆科的植物是否也有这一能耐呢？我进一步查找同为龙胆科的植物（图4、图5），发现它们有的花瓣分离，有的花朵长在柔软的花枝上。这些结构都避免了花内积水，因而它们并没有此种反应。

它的制动开关在哪里？我们能否反复地让它开或关呢？我还没来得及验证这一点。如若成功了，这将是一个令植物花朵开、闭的有趣的展示，通过它能说明植物在千万年来与大自然搏斗中形成的机灵反应。这在植物界是不多见的，它的机理是否与蜡菊的总苞开合相类似？这些问题有待于感兴趣的读者朋友去实践、去揭示。

图1 灰绿龙胆（*Gentiana yokusai*），一年生矮小草本。茎自基部分枝，呈丛生状。产于江苏、浙江、江西、湖北、广东、四川、陕西等省。

图2 在阳光下再次盛开的灰绿龙胆

图4 荇菜（*Nymphoides peltata*），原来也是龙胆科的植物，现已归入睡菜科。有向上开放的花，但是它的花瓣几乎是分离的，暴雨来临时它可以很轻松地排除积水，而无须关闭它的花了。

图5 双蝴蝶（*Tripterospermum chinense*），同属龙胆科。它的花长在柔软的花枝上，花冠一旦积水便口部向下，避免了花内积水。

图 3　灰绿龙胆萼裂片长圆形，合生至中部以上
（左下）；花冠淡蓝色，合生形成了一个漏斗状的花
朵，褶片较小（中上）；雄蕊 5；子房上位，柱头 2
裂，向外反卷（下中）；蒴果裂为 2 个果瓣（右）。

青菜的饰变能力

青菜又称小白菜，属于十字花科芸薹属，是家家户户常用的蔬菜（图1、图2）。栽种的青菜如果靠近路边，有些菜籽就有可能得不到施肥，因而营养不良，长得特别矮小，长成了一棵棵侏儒形的植株。如果把它结的种子播种到明年的田里，它会怎样呢？

植物的这些变化，农学家称它为饰变。所谓饰变（modification），是指外表的修饰性改变，即只发生在转录、翻译水平上的表型变化，而不涉及遗传物质的改变，故饰变是不可遗传的（图3、图4）。我们前面已经讲过，世界上一切生命体都是共用一套遗传密码，细胞都有全能性，饰变的植株未改变它的遗传性，未改变细胞的全能性，所以来年用它的种子播种，其后代仍然能生长成正常的植株。

试想，如果我们家养的宠物也有饰变的能力，那么我们就可以给宠物吃得少、吃得差，从而使宠物变得更小巧玲珑，这不是很好吗？可惜的是，动物如果吃不饱、吃得差就会得病而死，动物细胞虽然也有全能性（多利羊就是一个实例），但是不容易表达出来，不像植物那么容易。

图1 青菜（*Brassica rapa* var. *chinensis*）。通常我们只食用基生叶的幼苗，等它开花之后就不宜食用了。

图2 青菜开花了，通常可以长到70厘米以上。

图 3 青菜果株和饰变的果株比较：正常青菜有 70 厘米高（左侧），它右边的一株饰变了的植株（底下用夹子夹着）只有十几厘米高；正常植株每朵花能结 20 颗种子，而饰变的植株只能结 3 颗种子甚至更少。

图 4 三株饰变的青菜植株（底下是一枚 1 元硬币，以作对比）。它们也可开花结子，花、种子的大小和正常的基本一致。它的花和种子虽然比正常的小一些，但仍具有完整的遗传信息。

鸽子树 —— 第一批受保护的珍稀植物

鸽子树又称珙桐、水梨子，属于珙桐科，仅产于我国四川、湖南、湖北、贵州、云南五省海拔1250～2200米的森林中。我国的鸽子树享誉世界，每到春末夏初，珙桐树含芳吐艳，其白色的苞片形如白鸽展翅，整树犹如群鸽栖息。鸽子树被称为"和平友好的使者"，据说美国白宫前就栽了一棵。

鸽子树的每个花序有2～3枚巨大的苞片，一方面保护着里面的花：减少风吹，避免雨淋，同时也吸引传粉昆虫到来。20世纪初欧美各列强派遣大量的传教士、考察队到我国收罗珍贵的植物，趁我国积弱、海关形同虚设之时大量引种至欧美，这才有了今天照片上巨大的花开满树的珙桐，而在它的原生地 —— 中国，至今未见有如此巨大的生长良好的珙桐供人们欣赏，在各大城市中也是难觅踪影（图1、图2）。

珙桐为落叶乔木。叶互生（图3）。头状花序（图4），顶生，花序有大型乳白色的总苞片2～3。花杂性：雄花无花被；雄蕊1～7。雌花或两性花亦无花被，仅1枚雌蕊，或不发育（图5），雌花的苞片有时仅存，也生于卵形的总花托上。子房6～10室，每室1胚珠，柱头锥形（图6）。果为核果。每室1颗种子（图8）。综上所述，珙桐没有花萼和花冠，以具有特大的苞片为特色。

鸽子树还是我国特有的第三纪古热带植物的孑遗种，它原来分布几遍全世界，后来当第四纪冰川来临时，许多物种灭绝了，成了

图1（右页上图）珙桐（*Davidia involucrata*），落叶乔木。右下是从树上掉落下来的苞片。（摄自德国富森）

图2（右页下图）珙桐夜景。设想一下：如果地下的苞片全变成白鸽飞上树，将是怎样一番美景！（摄自德国富森）

化石，只有在我国南方由于复杂的山地地形，冰川未能侵入，所以它和一些古老的裸子植物、木兰科植物等得以幸存下来，这就成了现今研究地球史、古生物等方面的极其珍贵的"活化石"。正由于此，国家在1975年明确定它为首批公布的八种国家一级保护植物之一，并设立了相应的自然保护区。（八种国家一级保护植物为：银杉、桫椤、水杉、秃杉、珙桐、望天树、金花茶、人参。）

2008年12月23日，17棵来自汶川大地震及重灾区北川县的珙桐树苗与大熊猫"团团""圆圆"一起，搭乘专机飞往台湾。珙桐树代表四川同胞重建家园的信心，是两岸人民相互扶持的见证。

图3（上图） 珙桐的枝叶。示：叶片基部心形，先端急尖，边缘锯齿端有细弱的芒。

图4（下图） 珙桐的花序

图 5　珙桐两片总苞片保护着花药不被淋湿，花序大部分为雄花，可见一朵唯一的雌花。

图 6　珙桐。花序头状，杂性，雄花多数，簇拥着一朵两性花。

图7　珙桐。右：杂性的头状花序纵切。示：基部有两枚硕大的叶状苞片，花序以雄花为主。中间夹有一朵两性花，两性花也着生于总花托上，子房下位，雄蕊较小或退化，花柱粗壮，柱头4～5枚，子房下位，6～10室。中：花序上的一朵雌花，具苞片，无雄蕊，子房切开见一枚胚珠。左：子房横切。示：7室。

图 8　珙桐核果（摄自美国长木公园）

图 9　珙桐核果。果实基部一段果柄增粗、具疣状突起的部分，系原来着生雄花的花托。种子 3～5 枚。

不开花也能传粉的启示

通常我们见到的植物都是花朵开放后，花粉粘到柱头上，完成传粉作用，进而结出果实。这一过程对植物来说是十分关键的，又是很挑剔的，绝大多数的植物会拒绝自己的花粉，它们会对落在自己柱头上的花粉进行识别，令其不能萌发或萌发不良，从而要求另外一朵花的花粉为自己传粉——异花传粉。你见过自然界花朵尚未开放就完成受精作用（闭花传粉）的植物吗？这样的植物必然是自花传粉的了，那么这种近亲繁殖的后代在生存竞争中应该没有什么优势可言，因为长期的近亲繁殖会造成种性退化，从而被自然淘汰。事实是否这样呢？带着这样的疑问，我们在野外考察时就特别注意寻找闭花传粉的植物，看看它们有没有退化的情况。功夫不负有心人，在千变万化的植物界竟然找到了异叶假繁缕和三籽两型豆。下面让我分别道来。

异叶假繁缕又名孩儿参、太子参，是石竹科假繁缕属的植物。在我国从华东到西北，从华中到东北的山林里都有生长，是仅二三十厘米高的小草。它的块根入药，称为"太子参"（图1）。

它的花有两种类型：茎上部有几片宽大的叶片，并开出1～3朵普通花（正常的化）：此花长在茎端或上部，有一长柄，萼片5，花瓣5，雄蕊10枚，花柱很长，有3条，它依靠昆虫进行异花传粉（图2）；另有一种花称为闭锁花，在下部的叶腋里，下部叶呈狭倒披针形。整个植株的叶腋里都有这种花，它的数量很多（图3），一看就知道它是不适合昆虫传粉的。因为它的花从不开放，始终由花萼紧紧地包着，这种没有花瓣而且从不露出雌、雄蕊的花是不可能被昆虫传粉的。它的花柄很短，花萼减少了1片，仅剩4片，花瓣退化了（没有花瓣），雄蕊也减少了（原来10枚仅剩2枚），花柱几乎没有，只留下两个极短的柱头。它的2枚雄蕊发育成熟时，红棕色的花药就靠在柱头边上，这时它的花粉就萌发出花粉管伸到柱头上完成了自花传粉，随即子房膨大，继续发育成为蒴果，散出种子。图4右是一个由闭锁花结出的蒴果和散出的种子。图5左1是1个花蕾，由4片萼片包着雄蕊和雌蕊，左2是除去2片萼片后见雌雄蕊未熟的花朵；左3是已经成

图 1　异叶假繁缕（*Pseudostellaria hetero-phylla*），又名孩儿参。林下不起眼的小草，主根供药用。

图 2　异叶假繁缕。上部叶腋里有 1～4 朵具长柄的普通花。（赵宏摄）

图 3　异叶假繁缕植株。上部 1～2 对叶宽大，下部叶倒披针形。图中只有 2 朵长花柄的普通花，其余均为闭锁花；主根稍肥大，即为药用的"太子参"。

图 4　异叶假繁缕。左：普通花，有正常的花朵结构——萼片 5；花瓣 5；雄蕊 10，子房正在发育；花瓣刚萎缩；花柱 3。右：闭锁花的蒴果已开裂。

图 5　异叶假繁缕的闭锁花由花到果的发育。左 1：剥开花萼见花未熟；左 2：花药红色显示已熟；左 3：花药已干瘪，显示已传粉；左 4：子房长大，花丝被不开放的萼片拉断，花药已到达高处，位于柱头边上，花丝依然在下面。

熟的花，两枚花丝顶端的棕红色花药位于柱头边上。图5从左到右说明子房正在长大，而左侧的一枚雄蕊花丝未加长，花药却被带到了柱头的边上，这一过程中萼片始终紧紧地包住雌雄蕊。由这一点也可以证实，子房的长大就是自花受精的结果。

看完了孩儿参，我们再来看看三籽两型豆。这种豆科植物从东北到华东、西南各省都有分布。它的主要特点是花有两种类型：一种是普通花，和一般的豆科植物的花一样，有花萼和花瓣，雄蕊10枚，雌蕊1枚，3~5朵花组成总状花序（图6左）；另一种是闭锁花，即从不开放而能结出种子的花，它单朵着生在下部叶腋中（图6右）。使人感到奇怪的是，下部的叶腋中常常不见开花，却能见到一个个豆荚长大。这是怎么一回事呢？为了探寻它结籽的秘密，我和同行的李宏庆从已经长大的豆荚开始逐级向幼嫩的果实寻去，结果剥开只有3~4毫米长的萼筒时，发现了这种奇特的雌、雄蕊：它的10枚雄蕊大部分发育不良，常常只有1~2枚雄蕊的花药发育良好地躺在雌蕊的半腰处，它的雌蕊长度只有正常花的1/7，柱头弯向花药（图7、图8），两者靠得很近，

萌发的花粉管很容易到达柱头。两型豆（三籽两型豆）的无瓣花就这样实现了自花传粉，结出了种子。

现在让我们来探讨一下：有了普通花就已经保证了这个物种的遗传，闭锁花就没有必要了，为什么这两种花都能同时保留下来？为什么闭锁花在同一植株上占的比例很高呢？

这要从它们的生长环境来考察。它们生长在阴湿的山坡林下、草丛或岩石缝隙中，花小，白色，又不显眼。普通花的传粉常常得不到保证，于是就产生了不用传粉的闭锁花。尽管它是自花传粉，可能引起种性的衰退，但能结实。产生后代总比无后、断种要好，所以它大量的种子是闭花受精的产物，也是自花受精的产物。

这两种花是互相补充的。普通花能够通过不同植株间的传粉，进行种内的基因交流，使得植物充满活力；没有它们，物种就必然因长期近亲繁殖而不断退化，最后导致灭亡。闭锁花则能够保证下一代的种群数量；没有它们，物种就可能因个体过少而得不到传粉的机会。也就是说，它们主要以闭锁花繁殖后代，普通花随机地进行基因交流。这样既保证了该物种的种群数量不至于

图 6 两型豆（*Amphicarpaea edgeworthii*），又称三籽两型豆。左为普通花（正常的花），右边三个小的为无瓣花（闭锁花）。

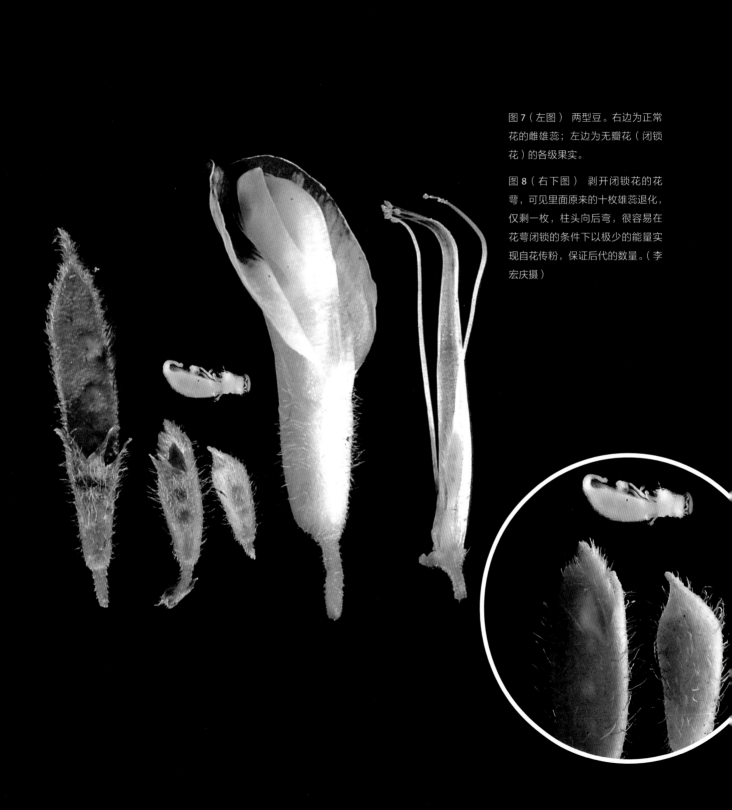

图 7（左图） 两型豆。右边为正常花的雌雄蕊；左边为无瓣花（闭锁花）的各级果实。

图 8（右下图） 剥开闭锁花的花萼，可见里面原来的十枚雄蕊退化，仅剩一枚，柱头向后弯，很容易在花萼闭锁的条件下以极少的能量实现自花传粉，保证后代的数量。（李宏庆摄）

太少，又保证了有一定的基因交流，保持其生命活力，两者缺一不可。据我们的调查，自然界确实不存在完全自花传粉的植物，自花传粉的闭锁花必然与正常花相伴而存在。这还可以从堇菜属的多种植物中找到印证（图9、图10）。

同时我们还可以看到，闭锁花的结构已经大大简化了：1.花瓣通常是招引昆虫的，故而长得特别鲜艳（也就是说植物对花瓣付出的能量很多），而闭锁花已经无须吸引昆虫，不必开出花香四溢、芬芳美丽的花朵，因而花瓣不存在了，这一招能使植物节省更多的能量。2.植物能够结实是靠它的雌蕊，只要有1～2个花药为它传粉就够了，于是另外的雄蕊就退化了（这里的退化实际上是物种的进化）。3.柱头也不必伸得那么长，因而花柱也就消失或缩短了。这样对植物有什么好处呢？植物不必再制造这些淘汰的部分，花费在繁殖上的能量消耗少了（这里也可以说植物为此所花费的成本降低了，就可以更多的花费在结实上）。除此之外，且闭锁花还有一个特殊的好处：即使在天气变化无常、没有昆虫出现的情况下都能结实，这是植物的一种既节省能量，又保证结实的对策，是植物进化成两性花以后的又一次进化。

从这里我们可以了解到，闭锁花的出现不是偶然的、个别的现象。植物本没有意识，当它众多无目的、全方位的变异可以节省能量达到繁殖的目的，而且不会导致种性衰退时，大自然就把这种变异保留到下一代，然后一代一代地加强，所以大自然总是让植物以最经济的方式繁育后代。而这些变异必须在普通花正常结实的大背景下才能成功，要是没有正常花的基因交流，植物的退化乃至灭亡又是必然的了。植物进化的辩证法则，只有我们人类在仔细观察之后才能发现，而植物早在人类出现之前多少万年就已经在实践、运用了，这就是闭花传粉给我们的启示。

图9　七星莲（*Viola diffusa*），又称铺地
堇，到了晚秋开出的花多为闭锁花。图中
一些鸟喙状的花蕾，其实就是它无花瓣的
闭锁花。

图10　七星莲的闭锁花只有萼片5片（已
除去）、花瓣退化，雄蕊仅剩2枚，花药
靠着柱头易于自花传粉。

构树怎会冒烟吐气?

据《人民日报》报道:"陕西省咸阳市塔尔坡村村民刘克勤家门庭若市,来人争相围观刘家庭院中冒'青气'的树。一些人竟将那棵树当神敬,焚香叩拜,也有一些人用手摸树,以背靠树,说是亲自摸一摸,靠一靠,树会显灵,帮人祛除百病。"(图1、图2)

其实,这并不是一棵神树,而是依靠风力传播花粉的一种树,属于桑科构属的植物,名字就叫构树,广泛分布于黄河流域和长江流域以南各省区。雌雄异株。在雄树上长着一条条小指状的雄花序(图3右),每个花序上长着百余朵雄花,每朵雄花有4个雄蕊。开花时,成熟的雄蕊花丝伸长欲把花药拉出来,但是4枚花药紧靠,卡在一起谁也别想先出去。花丝继续伸长呈弓形,有一股向上的拉力,当拉力超过卡住的力时它就突然弹出向外伸展,弹出众多的花粉。这时就能在数米外见到它冒出了一缕"青烟"(图3右),就像吸烟的人吸足了一口烟,然后从嘴里吐出一点烟。原来构树的冒烟吐气是它利用风力,进行风媒传粉的一种策略——使得花粉在空气中更分散。如果像虫媒植物那样花粉结成团块,那么它的传粉效率就会下降不少;在雌树上只能见到一颗颗球形的雌花序(图3左),每个花序上有许多雌花,细长的柱头伸向四方以便

图1　村民们向开花的构树(*Broussonetia papyrifera*)焚香叩拜。(据《人民日报》照片)

图2　村民们围观正在"吐气"的构树。(据《人民日报》照片)

图 3　构树开花。右；雄花集成柔荑（tí）花序，上有百余朵雄花，每朵花有 4 个雄蕊，花药互相顶着，出不来，当一个雄蕊拉出来时便弹出（释放出）所有的花粉 —— 冒出一股"青烟"。左：雌花集成头状花序，正在开放的雌花伸出长度为子房 25 倍的柱头，以捕捉空中的花粉。

捉住（粘住）空中的花粉（图 4 右）。那么，既然构树冒烟很普通，为什么平时我们看不到它冒烟呢？其中有三个原因：一是季节不对。并不是任何时候走到构树下都能见到它在冒烟，只有在它雄花散放花粉时才能看到"冒烟"的现象，而这段时间在一年中只有短短的几天。二是背景太亮。构树是乔木，长得很高大，人们站在树下抬头才能看到它的花序，这时若天空太明亮，则很难看到乳白色的花粉散放在白背景的天空中。三是它属于雌雄异株的植物，所以即使你找到了构树，如果在雌株下，还是看不到冒烟吐气的现象。

此前，安徽贵池钢铁厂的工人寄来了一枝标本，说是在他们车间门口有一棵会冒烟的树。经鉴定，它是一株小构树（*Broussonetia kazinoki*），此树与构树是同属植物，性状相似，生长在炼钢车间巨大的铁门外。大家知道，炼钢车间是不用点灯的大房子，从外面看过去车间里面是黑漆漆的，工人们在门口往里看，在黑背景中发现了平时不为人们所注意的"冒烟"现象。这时就会感到很奇特，感到这棵树不同于其他的树，于是封建迷信的说法便容易产生了。

构树在荒山野地、庭院路旁常能见到（图

5），它全身是宝：树皮为优质的造纸原料，果实称楮实子，为强筋骨、利尿药，茎叶的乳汁可擦治疮癣。构树还是抗有毒气体很强的树种，可以在大气污染严重的地区栽植。每年 4 月下旬到 5 月上旬是它开花的时节。如果你想观察，时间宜提早些，以免错过季节。采集时，要选择已经有部分雄花开放的雄花序，并征得树木所有者的同意；构树的枝条不易折断，要用剪刀剪；采回的枝条应插在水瓶里，做观察记录。搞清了构树开花传粉的规律，今后如果碰到上述刘家庭院中的事时，你就能用事实普及科学知识，在反对封建迷信方面做出自己的贡献。

据统计，显花植物中约有 10% 的植物是风媒传粉的。由此看来，会冒烟吐气的植物还有不少，如桑科、荨麻科、壳斗科的很多植物：小构树、冷水花、山油麻等。它们都可以作为研究、学习的材料。

此外，你还可以自己设计实验，做出研究，如：晚上或者下雨天树上是否也会冒烟？你能否设计几个实验，说明冒烟吐气分别与光照、湿度、温度有什么相关性？我们能否控制它，让它集中冒烟、定时冒烟？还有，能否计算出一个花药到底能弹出多少粒花粉？等等。

图4　构树雌、雄花序放大。左：雄花序，可见有的花丝正被花萼围在花中不得释放花粉，有的花丝已经伸长为弓形，有的则已经弹出（释放出）花粉。中：构树的雌花序，这么长的柱头，要捕捉到一粒花粉应该是没有问题的。右：构树雌花序纵切，示：花柱基部的子房、花被及苞片。注意：图中柱头的长度是子房的25倍。

图5　构树的一个头状花序结出几十个核果。

水中的伞兵 —— 金鱼藻传粉

金鱼藻是池塘、水族箱里的常客（图1），它终年碧绿，叶片轮生，二歧式细裂，在水中微微飘动，十分惹人喜爱。但是，若要问它的花是怎样的，可能见过的人很少，对它的传粉知道的人就更少了。

其实，它的花是单性花，雌雄同株，没有花被，所以不引人注意（图2）。花开在叶腋，雄花的总苞在下，其上长有 10～16 枚雄蕊，雌花的总苞上方只有 1 枚雌蕊，里面有一颗胚珠，柱头不分枝，仅是长长的一条细丝（图3）。

图1　金鱼藻（*Ceratophyllum demersum*）叶轮生，每叶二歧式细裂。

金鱼藻的传粉方式是非常特殊的。它的雄花中所有的雄蕊不是同时成熟而是一个一个地分别成熟，雄蕊将成熟时花药背部形成很多小气室，产生向上的浮力使雄蕊一个一个脱离母体并且背面气室朝上而浮于水面（图 3 上左）。此时，两个花药向下裂开很大的口子（图 3 下左）。于是，花粉就从花药中散出在水中，犹如空中降下来的伞兵，慢慢地落下（图 3 下右）。由于花粉数量很大，柱头虽然没有羽毛状的结构，也能够得到充分的机会接受花粉。最后结出有 3～4 枚长刺的坚果（图 4、图 5）。

金鱼藻适应水生生活。作为沉水植物，它有几个特点。首先，水的浮力使得它的机械组织极度退化，不像陆生植物因要在空气中、在风中挺立，而必须有发达的机械组织，金鱼藻的叶片分裂至细丝状有利于它在流水中生活。其次，它的花粉囊必须在水面洒下花粉，所以它的雄蕊背部有气囊便于上升至水面、花粉囊开口很大有利于一旦成熟便将所有的花粉都散出。最后，值得一说的是，它的果实具有长刺，便于夹在乱草中散布。

图 2　金鱼藻的雌花与雄花。右：在总苞片上着生一朵无花被的雌花；左：在总苞片上长有十余枚雄蕊，成熟雄蕊一枚一枚地分别脱离母体，浮上水面。

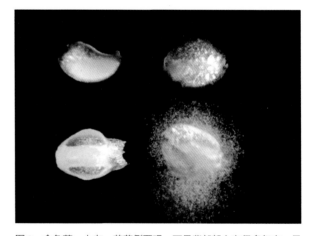

图 3　金鱼藻。上左：花药侧面观，可见背部朝上有很多气室，足以使它浮到水面，腹部朝下，腹内全是花粉；上右：花药背面观，见多数气室；下左：花药开裂，比一般植物开裂还要大，使得花药内的花粉极易下降到水中；下右：花药正居高临下地洒落花粉，在水中构成类似伞兵从天而降的"花粉雨"。

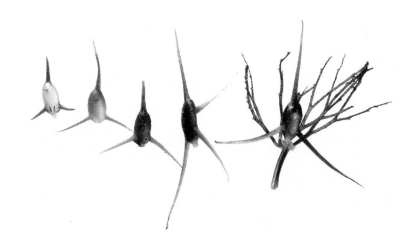

图 4　金鱼藻的坚果发育图。果有长刺，混杂在草丛中，有利于远播。

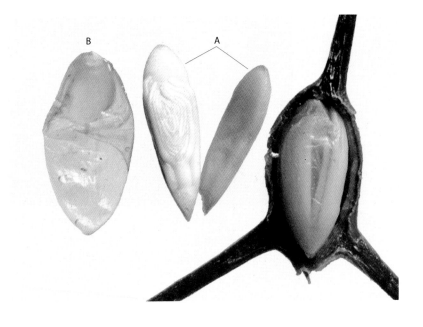

图 5　右：金鱼藻果实纵剖图。中：A. 子叶 2 片，中间的胚已经成形。左：B. 种皮薄而透明。

苦草开花

　　一天我行进在上海郊区松江的小河边，突然发现水面上漂着许多白色的粉末。这分明是某种生物的产物，可是粉末不下沉倒是第一次见到。好奇心促使我卷起裤管下到河水中去看个究竟，尽管已到了9月河水还是很冷的，但我顾不上这些了（图1）。看着那白粉样的东西是从苦草基部不断地升起，我想它肯定是苦草散放的东西，于是又卷起袖子到水下去挖了几株带回室内观察、拍摄。

图1　苦草（*Vallisneria natans*）。沉水草本，无茎，有匍匐枝。晚秋许多雄花上浮，看似白粉漂在水面。

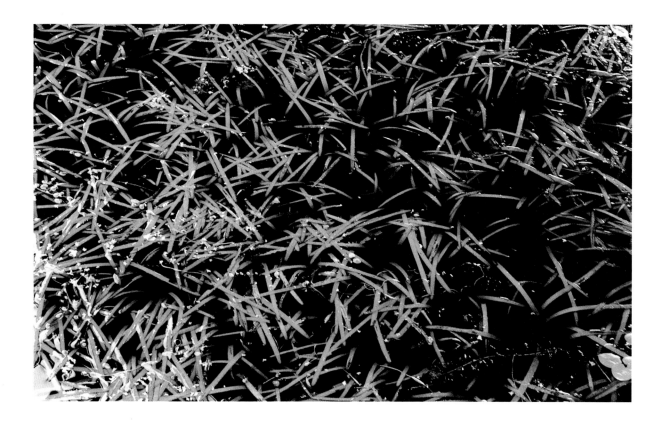

当我把苦草放在浴缸里时，才发现它原来是雌雄异株的（图2），雄花微小，在一个佛焰苞内包藏着成百上千朵雄花，成熟时一朵朵雄花分别向上浮到水面（图3），这便是肉眼看到的白粉样的东西。由于静电的作用，雄花互相连接，然后3片萼片张开，利用表面张力把花朵托起一点点，使其高于水面而花粉又不致被水打湿（图4）。

雌花有一长长的螺旋状的花柄从叶腋内伸出，一直把花托举到水面（图2左），雌花有3片萼片，柱头3枚，各二裂，子房一室，胚珠多数（图5右）。

雌花被托举到水面开花。它的柱头正好高出水面一点点，与雄花的花粉处于同一高度，在水面碰擦中完成了受粉（图6）。受粉后花柄的螺旋迅速卷曲紧缩，把雌花拉到水下发育结子（图7）。苦草的种子极细小，外面有膜状的翅，以便附着于它物散播到远处（图8）。

现在我们来看看在这过程中苦草的智慧。首先，它们是雌雄异株的植物，精卵必然来自不同的个体，不存在近亲繁殖造成的种性衰退现象。其次，它们的授粉怎么会被安排在水面？尤其是雄花挺出水面一点点，既防止了花粉被打湿，又和柱头处在相同的高度上，柱头也相应地抬高一点点，受精作用便发生在高于水面1～1.5毫米的地方。两个植株间配合得如此精巧，不得不使人惊叹。第三，它的雌花柄螺旋状伸长到水面，不论水面上涨或下降，它都保证了雌花浮于水面并在水面获得花粉，受精以后又把它拉入水下，使种子的发育得到母体充分的营养。就像母亲手牵着还未长大的儿子，保护他并给他营养一样，只有当种子成熟后，母体才撒手，种子得以漂向他处，独立生活。

总之，我们看到，苦草在繁殖中发挥了充分的智慧。首先，它充分利用了水的浮力：雌、雄花比重必定小于1才能浮在水面，并停留在此完成传粉；雄花的3片花被开展以后像在花的边上架起3只小浮艇，使得它不被水打湿，处在水面1.5毫米的高度上，这恰到好处地利用自然界的浮力，令我们看了不禁叫绝。另外，苦草的结实也很有智慧：靠花柄把果实拉入水下，可以避免水中食草动物如草鱼、蟹类的啃食，成果以后散出种子，此种子凭借着外缘不整齐的附属物，又可附着在草上被带至远方，成为新的苦草。

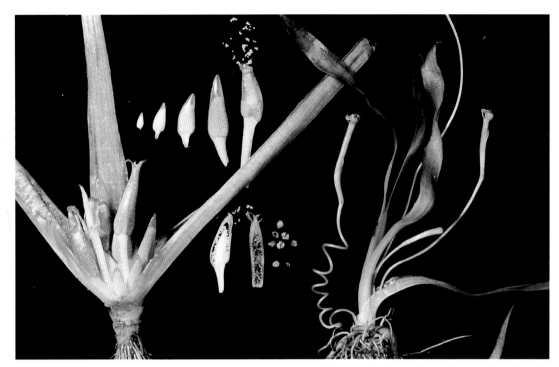

图2　苦草植株。左：雄株基部，叶腋内长有多个雄性的佛焰苞，里面长有几百朵雄花，一旦成熟，佛焰苞顶端开裂，雄花就纷纷上升到水面；右：雌花基部有一螺旋状的长柄，随着水位的变化，把雌花的柱头抬到水面，和雄蕊等高，便于接受花粉。

图3　肉眼看到的雄蕊升至水面后，由于静电作用，雄花相互连接起来。

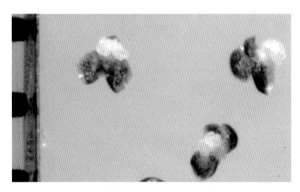

图4　显微放大图。雄花花被3，升至水面后花被3开放并反折，使雄蕊抬高一点，既高出水面又不被浸湿，并与柱头在同一平面上，便于传粉。

图5 左：雄性佛焰苞纵切，每个圆点就是一朵未开放的雄花；中：雌花单生叶腋，无花瓣，子房内有多数胚珠；右上：雌花的花被3，柱头3，二裂；右下：子房的横切示，胚珠多数，侧膜胎座。

图6 苦草的受精作用。受静电作用的影响，雄花连成线，萼片抬举花粉到达多毛的柱头边上，完成授粉作用。（此照片在茶杯的一角拍得。）

图 7 苦草受精后花柄极度旋曲，把雌花拉入水底结果。

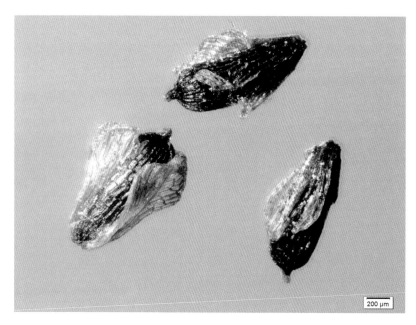

图 8 苦草种子长约 1 毫米，边缘有膜状物突出，是为便于附着在它物上进行远行。（显微照片为寿海洋摄）

浮萍的传粉

　　浮萍是浮萍科的一年生浮水草本，根1条。植物为叶状体，宽2～5毫米。叶状体边缘常产生芽体，进行无性繁殖（图1、图2）。花单性，雌雄同株。广布全国。与它相伴的还有同科植物紫萍（*Spirodela polyrhiza*），其特点是：叶背紫色，生有多条根，个体比浮萍稍大（图3）。

　　浮萍虽为池塘里常见的植物，但由于它通常只进行无性繁殖，所以浮萍开花很少人见过，只有与远处生长的植株相遇，才可能促使它向有性生殖发展。本人得到同事从日本引进的浮萍，因而有机会拍摄其有性生殖过程。当它进行有性生殖时，叶状体边缘产生一条裂口，

图1　浮萍（*Lemna minor*），一年生，浮水草本。

图 2　浮萍。靠叶状体边缘产生芽体，进行无性繁殖。

图 3　浮萍与紫萍（*Spirodela polyrhiza*）。下：浮萍叶状体两面皆绿色，背面仅有 1 条根；上：紫萍背面紫色，有根 5～11 条。

裂口里面有一枚佛焰苞，由3～4朵无被花组成一个简单的聚伞花序：1～2朵雌花位于中央，雌花只有一个雌蕊，内含1～2枚胚珠；2朵雄花位于两侧，雄花只有一枚雄蕊（图4）。开花时雌蕊的柱头分泌黏液，靠叶状体在水面互相碰撞而接受花粉，致使胚珠发育形成1～2粒种子（图5）。

浮萍的开花策略值得一说。浮萍在水塘里生长很快，利用自然克隆的办法没几天就占满了池塘的表面。但是，这毕竟不是长久之计，一旦遇到外来的浮萍，它就朝着有性生殖的道路发展，开出的花朵尽管简单，但是也可以避免自花传粉的发生，结出活力更强的后代。

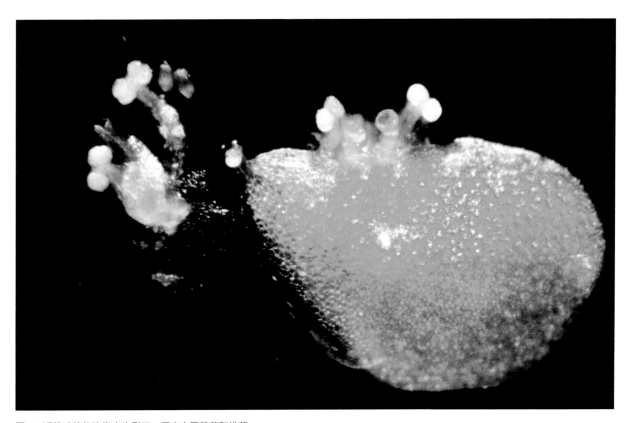

图4　浮萍叶状体边缘产生裂口，开出少量雌花和雄花。

图5 浮萍的一个花序；下面是一片膜质的佛焰苞，常含3朵无被花；子房一室，无柄，含2胚珠。右侧为取出的2枚胚珠。开花时花药开裂，柱头分泌出水珠状的黏液，在水面互相碰撞中粘住花粉，完成异花传粉。（显微照片）

沼生水马齿的"自体授精"路线

沼生水马齿科的植物是生长在浅水的水田、池塘和溪流中的一种生根浮水植物（图1），它浮于水面的叶片匙形，莲座状。叶丛中开出单性花，每朵花各有2枚舟形的苞片，无花被；雄花只有1枚雄蕊；雌花只有一枚雌蕊，花柱2枚；果实长圆形（图2）。开花时花药和柱头略上翘，高出水面，由水面活动的昆虫（如水黾）进行传粉，这种传粉对沼生水马齿来说是极其重要的基因交流。水下的线形叶腋里也有雄花和雌花，并且也结出一个个果实（图3、图4）。可是，人们发现水下雄花的花药是不开裂的，那么这些果实又从何而来呢？长期以来，人们推测：那些雄花中的花粉是不育的，所以花药不能开裂；雌花结实是无融合生殖的结果，即卵或胚囊里的某个细胞不经过受精便能发育成胚。这样一种推想持续了上百年，谁也无法反驳。

图1　山里池塘中的沼生水马齿（*Callitriche palustris*）。左上：浮水叶匙形；右下：沉水叶狭长形。

图2　沼生水马齿浮水叶的叶腋里开出雄花和雌花，雄花只有一枚雄蕊（左）；雌花只有一枚雌蕊（右上）；开花时花丝和柱头略上翘，高出水面，以便传粉结实。花下各有2枚苞片，果实椭圆形（上），这些花靠水面昆虫传粉，进行同种植物的基因交流。

图 4　沼生水马齿水下照样结果。

图 3　沼生水马齿沉水叶线形，在沉水叶的叶腋里果实已经成熟。

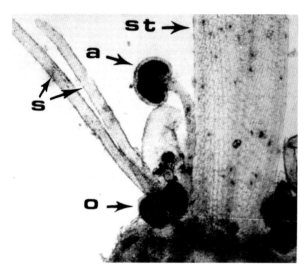

图5 沼生水马齿水下叶腋内的花。st：茎；a：雄花的花药；o：雌花的子房；s：柱头。（C. T. Philbrick 摄）

图6 沼生水马齿的花药成熟后不开裂，花粉管从花丝的细胞间隙进入茎内，继而进入子房。（C. T. Philbrick 摄）

自从 1984 年英国人费尔勃里克（C.T. Philbrick）采用荧光染色法，将花粉管染色，看到了花粉管特殊的行进路线，才纠正了这一武断的推论。费尔勃里克看到，雄花的花药成熟以后，花药确实不开裂，但是关闭在花药里面的花粉却萌发出了花粉管。花粉管找到与花丝的连接处，直接从细胞间隙进入花丝，一直向下到达该株植物的营养器官——茎内，然后继续达到雌花的基部进入胚囊，完成双受精作用（图5、图6）。在这过程中，花粉粒的外壳依然待在未开裂的花药内，花粉管经过自体的营养器官——茎，把精子送达雌花的胚囊。这一奇特的路线使人大开眼界，也使人的思想有一个飞跃。

它不同于自花传粉，因为沼生水马齿是单性花，不可能自花传粉。也不同于闭花传粉，因为闭花传粉是指一朵花的花粉给同一朵花的雌蕊授粉，只有两性花才能做到。所以我们给它一个新的名称叫作"自体授精"，意在说明它的精子是经过自己身体的营养组织，去与卵授精的。这在植物界也是很少见到的。

那么，沼生水马齿的"自体授精"是不得已而为之，还是有更深的含义呢？它有什么优越性呢？

前面说过，沼生水马齿是生长在浅水的水田、池塘里的，由于水体小、水量少，这种地方的水面是很不稳定的：夏天灼热的阳光使水大量蒸发，水位下降得很厉害，甚至成为一片湿地，此时沼生水马齿不再是水生植物而成为湿生植物了。由于沼生水马齿一直生长在水中，它的机械组织总是不发达的，所以遇到水分减少到它不能漂浮于水中时，它也不能站立在空气中，必然乱糟糟地架在潮湿的土表。此时水面昆虫失去了水面，再也不可能为它传粉了，而沼生水马齿却依然可以借助自体授精的通道，进行授粉结出果实。相反的情况是：如果一场暴雨使得水面陡然升高，沼生水马齿便成了沉水植物，水面的传粉仍然不能进行。这时它的自体授精路线照样可以结出很多果实，为明年的繁荣创造条件。由此可见，不论是在浮水环境还是湿地环境，抑或暴雨突降，使沼生水马齿成为沉水植物，它都能正常结实。原因就在于，它的花粉管走了一条奇特的道路，其实质是保证了沼生水马齿不因水面的变化而

断了后代。可见自体授精是应付这些多变环境的一种充满智慧的对策，而绝不是无奈的将就之计。

当然，对任何一个物种来说，不同个体之间的基因交流是提高物种生存能力、防止退化的重要手段。水面昆虫的传粉正是实现基因交流的途径，对沼生水马齿来说，最好的方式还是水面昆虫的传粉，因为这样带给它的不仅是它的后代，也是居群的长期繁荣不可或缺的条件——异体授粉。在正常情况下，尽管水面的传粉正常地进行着，却仍然有38%～85%的雌花进行自体授精，这就保证了它的后代个体的数量、居群的繁荣，不致于由于水面突变而断了后代。

综上所述，小小的沼生水马齿的生存策略确实不简单。我们人类只是到了1984年才搞清楚对植物来说已经运用了千万年的规律，所以大自然永远是我们学不完的老师，我们只有不断地学习，揭示隐藏在植物中的一个个规律，才能在需要的时候做出新的贡献。

鹤望兰的传粉秘密

　　鹤望兰原产非洲，是鸟媒传粉植物，花朵开放像仙鹤望日，十分美丽（图1—图3）。在开花季节，小鸟频繁地来回于不同的花朵。按照一般的规律，小鸟是为采食蜜汁而来，那么它又是如何给鹤望兰传粉的呢？下面给你揭示小鸟在一飞一停之间如何卓有成效地担任了植物的信使（传递花粉）。下面先要搞清楚花的结构：鹤望兰花序下有一片总苞片托着，里面含有几个花蕾，依次升起开花；每朵花有橘黄色的花萼3片；深蓝色的花瓣，3片，花瓣之间已有功能的分化——2片花瓣靠合成箭头形，起保护花药的作用，1片缩短，基部稍膨大，能分泌蜜汁，成为花中的储蜜器；雌蕊5枚，柱头具黏性，互相靠在一起，花柱细长，被包在花瓣内，显得坚挺无比，柱头3裂，子房下位（图4）。鹤望兰最显眼的不是花瓣而是萼片，花瓣已经特化成保护花药和蜜汁的器官；柱头分泌大量黏液，把三个柱头紧紧地黏合在一起。从上述介绍来看，使人感到迷惑的是：它的花为什么如此奇特？这和它适应外界条件有什么关系？

　　当传粉的小鸟来到时，黄色的柱头伸出在最前面，是最适合小鸟落脚的地方（3枚柱头由于分泌黏液，都黏合在一起了，这就增加了柱头的承载力）。蜂鸟第一站就停在柱头上，它的脚底被涂上黏液，此时它再向前蹦两下就站到箭头形的花瓣上了（图5）。花瓣的柄不是在正中，而是偏向内侧的，花瓣承受小鸟体重，必然向两边张开，于是里面的花粉便露出了，大量的花粉被黏在小鸟的脚底。此时小鸟可以够得到储蜜器去采食蜜汁了，吸饱之后便飞往下一朵花。它只要再次停留在最

图1　鹤望兰（*Strelitzia reginae*），草本，叶椭圆状披针形，叶柄细长，花数朵位于一舟形的总苞片中。原产非洲。

图 2　鹤望兰的一朵花。下部有一坚硬的总苞片，内含 3 个花蕾；每朵花有 3 片橘黄色的萼片，起招引传粉者的作用；3 片深蓝色的花瓣已有功能不同的分化。

图 3　鹤望兰似在引颈翱翔。下面一个花序刚开第一朵花，上面一个花序已经开放第二朵花。

图 4 鹤望兰花解剖。左 1：花朵展示。左 2：靠合在一起的两枚
箭头状的花瓣。注意：它的花柄偏向一侧。左 3：第 3 枚花瓣缩
短、膨大，能分泌和储藏蜜汁，故名储蜜器。左 4：花心，示：雌
雄蕊，雄蕊 5 枚；子房下位，3 室，花柱 1，柱头 3，高于雄蕊。

突出的柱头上，便能完成两朵花之间的传粉使命（图6）。

从以上过程来看，鹤望兰传粉看起来是全靠小鸟把花粉带过去而实现的，功劳全在小鸟。其实，是植物设下层层机关让小鸟不得不完成这些任务才能够吸到蜜汁的：首先，鹤望兰的柱头3个合并在一起使得柱头能够坚挺地承载小鸟的体重，要是软绵绵地挂在下面就完不成主要任务了。其次，花瓣的箭形构造使得小鸟未到时花粉受到花瓣的防晒、防雨的保护，小鸟来到时则花瓣受压。由于花瓣的柄偏向一侧，必然是向两边倾斜，于是花粉马上露出；刚涂上黏液的脚掌立刻就把花粉黏上了。可以这么说，只有当传粉者完成了前面的步骤，植物才会敞开蜜露供吸食。这是从众多传粉者和植物的关系中普遍得到证实的一条规律（见《三色堇传粉的奥秘》）。分泌蜜汁以吸引传粉者到来，这是植物的基本招数。小鸟采完蜜汁后飞向下一朵花，便又开始了新一轮的传粉过程。有人会说：小鸟只是在不知不觉中完成了传粉，它没有什么功劳可言。这话不对，其实植物之所以进化到这一步，就是小鸟不断选择的结果。可以说，有这样的鸟才有了这样的花，任何植物和相关的动物都是自然界协同进化的一对。不过从植物的角度来说，植物付出了最大的努力来实现自身的种族延续，而小鸟只是满足了一时对食物的需求；传粉过程对植物和动物生存的意义是不一样的，所以植物付出了更大的努力，从自己的智慧中得到的也更多。

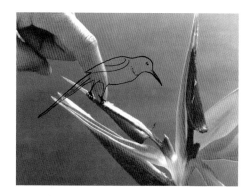

图5 此图表示小鸟站在箭头状的花瓣上，使得花瓣向两侧打开，露出了花粉。

图6 鹤望兰传粉：两枚蓝色的花瓣受小鸟的体重下压，向两侧打开，露出包在其中的花粉。小鸟只要再向前一步便能吸到蜜汁，与此同时，将脚底的花粉带给下一朵花，实现了异花传粉。

简单的测试题

有一幅蜂鸟传粉图（图7），请从科学性的角度看有哪些错误。

|分析|

这幅图画的是一只蜂鸟，它的吻比一般的鸟长，略弯曲，这有利于蜂鸟采食。图片的着色、鸟和花朵的比例都没错，问题出在图的作者对蜂鸟飞来访花一次就完成了极其重要的更换花粉的作用不了解，反而搅浑了真实的情况。第一步：蜂鸟必先站在三合一的柱头上，把上一朵花带来的花粉传给这朵花的柱头，完成了这朵花的极其重要的花粉输入——异花传粉的任务，同时脚底粘上了柱头分泌的黏液。第二步：跳到花瓣上。由于花瓣的柄偏向一侧，必然使花粉暴露出来，花粉露出使得刚粘上黏液的脚底黏满了这朵花的大量花粉，这时蜂鸟低头就能吸到蜜汁了。蜂鸟这简单的一停一跳同时完成了极重要的两步：传出旧花粉和接受新花粉。蜂鸟不停地在花中飞舞就不断地为花朵进行异花传粉，对保持植物物种的活力起着极为重要的作用。图片没有显示这重要的两步。更重要的是，鸟站在花瓣上却未使花粉暴露，这表明画者是凭想象把鸟和花两者不动的画面合在一起绘成的，恰恰把最重要的生命活动现象丢掉了。此插图没有像图上的英文注那样说明脚掌起着交换花粉的作用，没有起到以图说话的作用。另外，蜂鸟画得太大了点。要是这么大的蜂鸟来访，它只要站在第一站（柱头上）就能吸到蜜汁，无须向前一跳。而不跳到花瓣上，也就中断了花粉输出这一步，此图就完全失去了意义。

Strelitzia reginae. The anther opens under the bird's weight and transfers pollen onto its legs

图7 这幅蜂鸟传粉图有几处画错了。参考答案：1、蜂鸟采食通常是悬停着的，而不是站着的。2、蜂鸟站的位置画错了，所以花瓣不打开，花粉不显示了，也就失去了传粉的价值。3、这只蜂鸟也太大了，低头肯定吃不到蜜汁。

马利筋花粉的集团运送

植物开花后要结子，就得把花粉通过各种渠道传给雌蕊，否则花朵就不会结子。这是大家公认的道理。现在问题来了：一朵花内如果有许多胚珠，就需要有许多花粉给它授粉，那么会不会出现花粉不够的情况呢？事实上，大自然早就想好了办法，那就是用集团运送的方式把花粉带过去（图1左）。我们剥开马利筋的果皮，见到里面有大量的未熟种子，它们个个都长得好好的，正等待成熟呢！这说明，它们已经得到了充分的受精。一朵花内这么多的胚珠为什么能够同时受精呢？让我们来看看马利筋的传粉吧。

马利筋是萝藦科马利筋属的多年生草本植物，红色的花瓣上配以黄色的副花冠，极美丽，常作为庭园观赏植物栽培。马利筋有鲜艳的副花冠（雄蕊的附属物，像花瓣一样美丽），上面长着花粉块（图2左）。花粉块是由大量花粉集合而成，它能固定在昆虫腿上，随蜜蜂飞行而被带到到另一朵花上。这样就可以一次传粉而使无数胚珠受益（图3），一个蓇葖果里便可结出大量种子（图4）。

可以说，这是一种传粉时节省能量与时间的好方法。

与此类似的花粉集结传播的还可以举出柳叶菜科的例子。如：美丽月见草，它的花粉粒相互间有黏性的丝相连（图6），到了开花后期柱头叉开，便是在迎接蜜蜂下降时所留下的从其他花上带来的花粉。此时留下的不是零星的花粉，而是呈带状互相连接的成十上百的花粉，可见美丽月见草虽然没有花粉块，也同样能够靠昆虫集团运输花粉到达另一朵花（图5—图7）。由此可见，植物用不同的方式达到了同样的目的。

至于花粉的集团运送，最杰出的例子要算兰科植物了。它们全是以集团的方式传送花粉的，所以效率是最高的，一次传粉可以使几万甚至几十万颗胚珠受粉。下面展示几种兰科植物的花粉块：春兰的花粉块（图8），铁皮石斛的花粉块（图9），蝴蝶兰的花粉块（图10），无距虾脊兰的花粉块（图11）。

图1（左上图） 马利筋（*Asclepias curassavica*），多年生草本，有乳汁。左：剥开未熟果，里面鳞片状整齐地排着许多待熟的种子。右：果实已开裂，散出具毛的种子。

图2（左下图） 马利筋的花朵。右：红色的花瓣，黄色的副花冠；右2：副花冠顶面观，由头巾状物和角状突起构成；右3：花朵纵切，副花冠上可见两个花粉块；右4上：花粉块；右4下：子房横切。

图3（右下图） 马利筋的花粉块（显微放大）。昆虫采蜜时它的脚触碰到具有黏性的棕色粉腺，于是花粉块被带走。花粉块柄干燥时发生交叉，便裹在虫腿上使其不致掉落，然后再带至他花。马利筋就是靠着这不起眼的花粉块，把成百上千颗花粉一下子带到了远处的花上，完成了异花授粉。

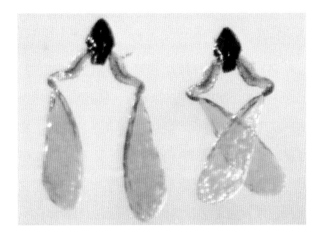

图 4　马利筋散出大量的种子。

图5 美丽月见草（*Oenothera speciosa*）花粉有丝状粘连，是异花传粉的巧妙之处。开花早期柱头靠合，是传出花粉期。

图6 美丽月见草开花初期花粉粘连，便于一次带走成批花粉（而不是一粒粒地带走，蜜蜂的背部和尾部都已沾上了成串的花粉）。

图 7　美丽月见草开花后期，柱头四叉分开，以便更好地接受昆虫下降时带来的花粉（而不是本身雄蕊上的花粉）。这柱头的一合一开意味着对异花传粉的适应。

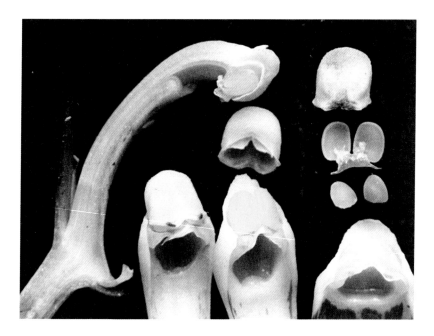

图8（左上图）　春兰（*Cymbidium goeringii*）右：4枚花粉块，2大，2小。

图9（左下图）　铁皮石斛（*Dendrobium officinale*）。图右可见4枚蜡质的花粉块。

图10（右下图）　蝴蝶兰（台湾蝴蝶兰）（*Phalaenopsis aphrodite*）橘黄色的花粉块在传粉过程中有一个巧妙的传递方式，保证能递给另一朵花的雌蕊。它们的花粉块中包含着数万至数十万颗花粉，因而一次传粉就能使多数胚珠受精，结出同样数量的种子。

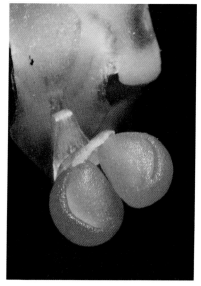

图 11　无距虾脊兰（*Calanthe tsoongiana*）
有 8 枚花粉块。

给花穿上"坚硬马甲"的石竹

一次我们去农田察看长豇豆的收成，长豇豆的花白色至浅黄色，富含蜜汁，尤其在花将要开放之时，植物是准备了充足的蜜汁给来访者的（图1）。可是，我们发现许多花刚准备开放就蔫了。仔细一查，原来每朵花的萼筒上都有虫咬的痕迹，再看周围熊蜂正忙着在花丛中飞舞，不时地倒骑在一朵花芽上低头就去咬花萼部位（图2、图3）。喔，原来花蜜被这熊蜂给抽去了，传粉的

图1（左图）　长豇豆（*Vigna unguiculata*）稀稀拉拉地挂着几根果实。

图2（右图）　熊蜂（*Bombus* sp.）骑在长豇豆的花蕾上，咬破萼筒直接吸食蜜汁。熊蜂对胡麻是合适的传粉者，对长豇豆却是一大害虫。

蜜蜂自然就不再采访它。这朵正备足了花蜜准备开放的花却夭折了，它的生命也就到此结束了。这就是长豇豆花的可怜遭遇，在它开花之前常常遭到熊蜂盗蜜。那么，我们是否应该痛恨熊蜂，进而想法消灭它呢？

熊蜂的嚼吸式口器有很强的咬合力，它虽然也是一种蜂，但是只适合花朵较大的花，如胡麻（也称芝麻）的花正适合它钻入花筒内吸蜜（图4），而对于豇豆、蚕豆等较小的花朵，熊蜂无法钻进去，便快速地咬破萼筒直接吸食蜜汁。由于熊蜂采取了非正常的方式，不经过花的前部进入花内，所以它们对这些豆科植物的传粉毫无益处，被它们盗食过的花朵就此完蛋，所以熊蜂对这些豆科植物而言就是害虫。那么，植物有没有办法防止熊蜂的侵犯呢？我们还未找到。不过，或许石竹的花萼就是可以防止熊蜂盗食的结构。

石竹是石竹科的草本植物。叶对生，基部抱茎。花顶生；苞片2～6，花萼近革质，长筒形；花瓣5，色彩有各种；蒴果。当初看到此花使人感到不解的是：它为何有这么硬的萼筒，它的生理、生态效用是什么？（图5、图6）看了长豇豆花的遭遇，我们马上醒悟过来：原来它也是保护自身的

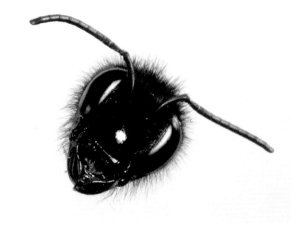

图3 熊蜂的头部。它嚼吸式的口器有强大的颚齿，能轻易地咬破花萼筒。

图4 胡蜂找到了适合它采蜜的花朵，于是就为胡麻（芝麻）（*Sesamum indicum*）采蜜传粉了。

图 5　石竹（*Dianthus chinensis*），多年生草本，花色多样。

图 6　石竹花解剖示萼筒硬，近革质，适合于长吻昆虫从上方采访并轻易地吸到蜜汁。图片上两点黄色的东西就是它的蜜腺。

花蜜呀！石竹的花适于长吻昆虫采蜜，从上方把吻插入就可以轻易地吸到蜜汁同时给予传粉。正由于萼筒的坚强保护，咬破萼筒盗食蜜汁就变成吃力不讨好的活了，熊蜂也不会去做这种得不偿失的事了。

设想有一天，人们可以随意地进行花部改造，为这些豆科植物穿上坚硬马甲。到那时，长豇豆的产量将会比现在更高。这是我们的愿望。

由此可见，并不是所有的蜂类都适合所有的花并为之传粉。昆虫访花采蜜是它的本能，至于采取什么手段就看当时的情况了。用我们人类的语言来说，熊蜂也是机会主义者，怎么方便就采取什么手段。因为长豇豆的花不是熊蜂协同进化的伙伴，所以长豇豆就遭殃了。换一个角度看，如果熊蜂碰上胡麻就对了，它可以在那里放心地既吸蜜又传粉。它们俩才是协同进化的一对，所以我们不能凭着在豇豆上发现的事故就给熊蜂安上"害虫"的错误结论。生命世界是复杂而多样的，我们只有多看多动脑，才能发现植物界乃至整个生命世界和谐相处的光辉范例。人类的额外干预往往适得其反，不符合它们几十万年中形成的默契与和谐相处。

植物的拟态

　　生物在演化过程中形成的外表、色泽、斑纹同其他生物或非生物相似的形态，称为拟态。拟态在昆虫中最为常见，如枯叶蝶、竹节虫等。通常是动物模拟植物，那么植物有没有模拟动物的呢？植物的拟态虽然不多，但也是有的，如蜂兰（图1—图3）是一种兰科小草，分布在地中海、南欧、土耳其、希腊、意大利等地的石径路边，以及草较短的地带。它的特点是像一只正停在花上采蜜的雌蜂，同时还会分泌类似雌性激素的化学物质到空气中，以此吸引周围的雄蜂前来交尾。雄蜂多次尝试，无果便放弃。在这一过程中它触碰到了前部高高突起的两个乳白色的花粉块，并帮蜂兰完成了异花传粉的任务。兰科植物正是以这一招增加了花朵授粉的机会。

　　兰科红门兰属的一些种，常模仿正欲交配的雌蜂的颜色、形态和毛茸，并散发出交配时特有的气味，诱骗雄蜂前来"交尾和品尝蜜汁"，以为自己传粉。

　　木防己、金盏花的果实像一条条小虫（图4、图5），吸引鸟类前来啄食，而它们的外皮却是鸟类的肠道无法消化的，于是客观上就起了传播种子的作用。凤仙花的果瓣常夹着种子，是否也有此作用呢？（图6）

　　从上述例子看，植物也有极高的模拟动物的能力，这是在长期的生存竞争中获得的有利于后代生存的好办法，增加了后代的存活与繁殖的概率。动物的拟态是为了把自己伪装得和环境一样，以免遭其他动物的咬噬，保护自己的安全。而蜂兰的拟态是为了传粉。两者的本质是一样的——求得生存。

图1　蜂兰（*Ophrys speculum*）原产南欧、地中海等地。

图 2   蜂兰的花朵极像一只蜜蜂，有双眼，有双翅，周身有毛茸，用以招引过路的蜜蜂前来交尾、传粉。

图 3   蜂兰是兰科植物，花朵完全符合兰科植物的特征，先端可见两条白色的花粉块，是供前来交尾的熊蜂带走的。

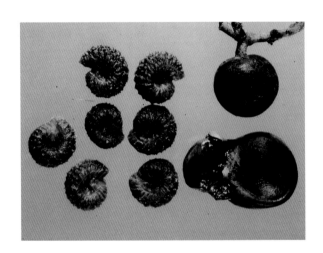

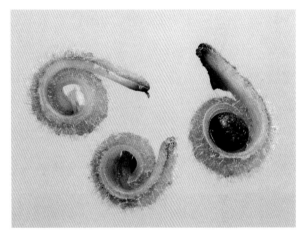

图4（左上图）　木防己（*Cocculus orbiculatus*）核果的内果皮布满小突起，外观似一条扭曲的虫，用以招引鸟类吞食、传播种子。

图5（左下图）　金盏花（*Calendula officinalis*）舌状花结实，貌似一条虫。

图6（右上图）　凤仙花（*Impatiens balsamina*）果瓣似虫，是否具有招引鸟类吞食的作用？

胡萝卜们的传粉策略

这里用了"胡萝卜们",想探讨的是和胡萝卜相似的伞形科植物所具有的共同特征。它们都有复伞形花序,开花多而密,它们有些什么适应环境的特点呢?现在让我们以胡萝卜(*Daucus carota* var. *sativa*)为例,看看它出众的智慧。

胡萝卜的花很小,如果一朵朵地开放在田野,不易被传粉昆虫发现,即使发现了,它的蜜汁就那么一点点,也不够吃,如此一来它就得不到传粉的机会。它的对策是聚集在一起,形成一大团,这样昆虫从远处就能看到花朵、闻到花香,它花序周边的花瓣扩大,这就增加了它的"明显度"(图1)。有的(如野胡萝卜)花序中央的花变成

图1　胡萝卜(*Daucus carota* var. *sativa*)植株

鲜艳的红色，白里镶着一点红就更明显了，这是它解决花小不易被察觉的妙招（图2）。它的蜜腺是开放式的，蜜腺位于花朵的上部，不论哪种昆虫，有什么口器，只要想吃它的蜜，飞到花上就能吃到。因此它在为各种口器的昆虫提供蜜汁的同时也有了更多的传粉机会（图3、图4）。有人会问，金龟子是咀嚼式口器，采蜜时会不会伤着子房内的胚珠？原来胡萝卜早已准备了高招：把子房埋到花的下部——子房下位。你看它考虑得有多周到，既给昆虫畅饮蜜汁又设防，防止昆虫采蜜的同时损伤了胚珠。伞形科植物还有一个特点：花开放时不像一般的花序是下面的花先成熟先开放，然后逐渐向上推移（也称为向心式开放），而是整个花序一起开放。此外，开放时还有一个特征是其他种类很少有的，那就是它所有花的雄蕊先熟，之后雌蕊再熟，这样的次序使得本花序的花粉不会给本花序的雌蕊授粉（因为此时雌蕊尚未成熟），有效地避免了同株花朵间的近亲繁殖。这种现象在植物界也是少见的（图5）。又如：伞形科的芫荽在花尚未开放时即已显示出有雌花和雄花之别。雌花因为有哺育下一代的任务，需要有强劲的花柄支撑，所以它的花柄粗壮，雄花开

过以后传粉任务即已完成，所以它的花柄只要维持到花期结束，这也是伞形科植物的智慧在花朵能量分配上的表现（图6）。

我们不能对周围的大自然漠然对待。只要你仔细地去观察，定能从中发现意想不到的现象，提取出植物世界的"生存哲学"。这些现象似乎是植物精心安排好了的，其实不然。这是它在千万年中以无数个体的死亡为代价换来的，也就是我们前面说过的：植物有非常庞大的遗传变异的储备，当条件改变时它就全方位地、无目的地产生大量的变异，不适应的变异体就在生活中淘汰、死亡。只有适合于自然条件变化的变异才得到了大自然的随机选择而保留下来。也就是说，随机的变异遇到了自然界的随机的选择，两者一旦结合就是适者生存。在这个自然规律面前，没有超自然的力量主导着植物的演绎和进化，植物没有自主的愿望去适应某种生存条件。人们平时所惊叹的植物的智慧其实是植物长期演化的结果，是植物的多种适应被大自然选中而得到保留的结果，所以我们不能说这是植物主动、有意识地改变自身、适应环境的结果。这是我们在了解伞形科植物的传粉特点时应该得到的收获。

图2（左上图） 野胡萝卜（*Daucus carota*）中央的小伞形花序花常显红色，以吸引昆虫前来采蜜。

图3（右上图） 胡萝卜花解剖。左上：花序中央的花，辐射对称；右上：周边花，向外的花瓣扩大以吸引昆虫的到来；左下：花朵纵切示：子房下位，每室1胚珠；蜜腺位于顶部柱头的四周——花的最高处为所有的昆虫敞开。

图4（右下图） 蝴蝶、蜜蜂、金龟子等具有虹吸式、嚼吸式和咀嚼式口器的昆虫纷纷前来采蜜，使伞形科的花得到了更多的传粉机会。

图 5（上图）　胡萝卜的花序中雄蕊一致性地成熟（下）和雌蕊一致性地成熟（上）。但是，它开花既不是离心式开放也不是向心式开放，而是整个花序同时开放一种性器官：通常是雄蕊先熟。这在植物界是少见的，它的优点是有效地实行了异花传粉，保证了同株的花之间不会相互传粉。

图 6（下图）　芫荽（*Coriandrum sativum*）。左：花序四周的花瓣扩大；中：花蕾期就已经决定了只有 3 朵是雌花，它要承担果实发育的义务，所以花柄特粗，其他的只是提供花粉，过后即凋，所以花柄较细。芫荽懂得节约能量，对每朵花的能量及早进行分配，而不会把能量过度地消耗在雄花的花柄上。

第四篇　果实和种子的智慧

果实是被子植物专有的繁殖器官，它储藏了一定的养分，让种子（幼小的植物体）能够安然地度过不利的时期，选择合适的时机延续上一代的生命活动。原始的果实（如辽宁古果）仅仅是在种子外包了一层果皮而已，经过一亿多年的演化，果实早已是各种各样、缤纷多彩了。这就是植物不断地适应环境，不断把最适合的变异通过遗传保留下来的结果。正如大家已经熟知的，植物会用动物之所爱，生产它们喜爱的、含有高能量营养物的果实，为自己传播种子；与此同时，动物也得到了高能量的食物，为自身的发展提供了物质基础。如此一来，双方便组成一对协同进化的伙伴，共同加速前进。有的植物（如淡竹叶）的小穗明明有十来朵花，却只发育一朵，其余的花全退化成这朵花的传播工具 —— 外稃全变成为钩刺。这里的"退化"，不正是植物的智慧所致的"进化"吗？有的果实分泌出极小的一滴黏液，小到放大镜下都看不出来，但对于粘着在动物身上已经绰绰有余。植物的这种最节约能量的智慧，令人惊叹。有的有随风飘散的毛被，种子可以随风飘向30公里之外；有的依靠蚂蚁搬运种子；更有的以"硬石种子"的方式在土下"故意"不萌发，要等上几年或更长的时间，让微生物把外皮分解掉一些再吸水、萌发，表现出植物抵抗自然灾害的预测智慧。

一朵花能结几个果，一个果能有多少颗种子？

亲爱的读者，当你在沙发上捧着一碗刚洗好的葡萄或番茄块（图1、图2）大快朵颐时，嘴里还不忘嘟囔一句"生番茄真的是世界上最好吃的水果了"，你的脑海里是否会浮现出这样的概念：果实是由被子植物的子房发育而来，果实里面含有种子。果皮完全由子房壁发育而成的果实，我们称之为真果，如桃（图3）、梅、李、杏、樱桃、番茄、柿子、葡萄等都是真正的果实。如果由花被、花托以至花序轴参与组成的果实，我们则称之为假果，如我们日常吃的苹果（图4—图8）、梨、山楂等，因为它们的果实由子房以外的部分参与形成。当你遵循"One apple a day, keeps the doctor away"的说法，每天吃一个苹果以保持身体健康的时候，你可曾想到，我们吃的苹果是一个"假果"，而被扔掉的"果核"，才是它真正的果实部分。这一问题让我们放在后面再讲。

如果一朵花里只有一枚雌蕊能发育成果实，我们称这种果实为单果（如番茄、芸薹［图9—图11］、柿子、葡萄等等）。在自然界中，一朵花里面包含多个离生雌蕊的植物也有很多，上面提到的草莓（图12、图13）、蓬蘽（图14、图15）、毛茛（图16）便是典型的例子。如果一朵花能够结出几十到上百粒不等的果实，这样的一朵花开过后能结出多个果实的，我们称之为聚合果。如果果实是由整个花序发育而来，则称之为聚花果，如凤梨（图17、图18）、桑椹（图19、图20）等。

自然界中有一朵花结一个果实的植物（如梅、李、杏［图21、图22］、番茄、葡萄等），也有一朵花结多个果实的例子（如蓬蘽、草莓、蛇莓（图23）、黑莓、莲等［图24］）。而说到果实，有些果实只有一粒种子，有些则有几粒至几十粒，甚至有一些兰科植物一个小小的果实中有数万粒种子！

桃子大家一定都吃过，它是我国知名度最高、分布最广、人们最爱吃的水果之一。一个桃子就是一个果实。桃最外面的是膜质的外果皮，肉质的部分为中果皮，最里面是坚硬的内果皮——桃核。如果再打开桃核，可以看到一粒包裹着棕褐

图 1　番茄（*Lycopersicon esculentum*）

图 3　桃（*Amygdalus persica*）。一朵桃花中只有一枚雌蕊，结出的果实被称为真果。

图 2　番茄（*Lycopersicon esculentum*）花离析，花朵中央只有一枚雌蕊结成番茄。

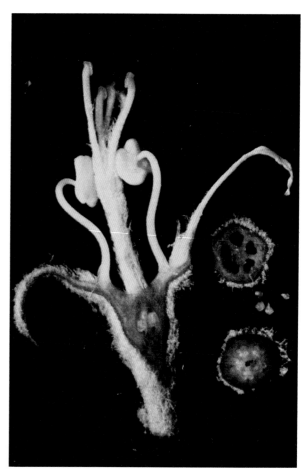

图4（左上图） 苹果（*Malus pumila*）果枝

图5（左下图） 苹果花枝

图6（右图） 苹果花纵切。最后结成的苹果包括了它的花萼、花冠和雄蕊的未分化的基部。这些部分现在都在子房的外周，所以苹果是这些部分一起形成的果实，称为假果。

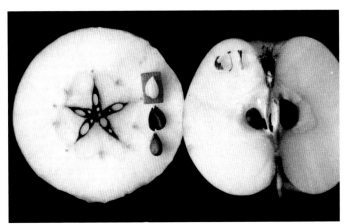

图7（左图）　苹果的纵横切。

图8（右上图）　从苹果的横切面上可以看到维管束被切断的印痕。你若仔细看，可以分辨出 花萼、花瓣以及一个不规则的五角形的圈，这个圈被称为果心线，是由多数雄蕊的维管束的截面构成的。这条线以外都不是子房发育成的，所以一个完整的苹果被称为假果的道理就在这里。

图9（右下图）　芸薹（*Brassica rapa* var. *oleifera*）

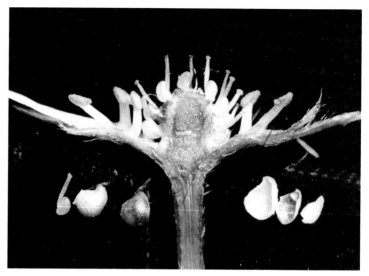

图 10 芸薹一朵花中只有一枚雌蕊发育形成果实，称为单果，是真正的果实。

图 12 草莓（*Fragaria ananassa*）花纵切，可见草莓开花时有许多雌蕊分别单独长在花托上。结果时花托膨大，这种多个雌蕊长在一个肉质的花托上的，称为聚合果。

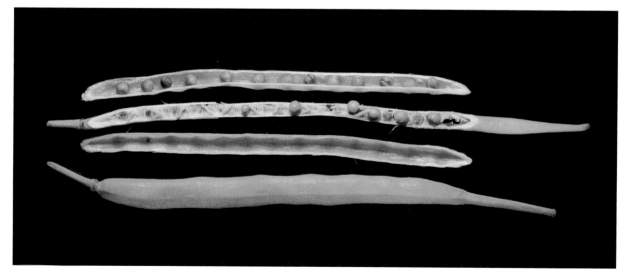

图 11 芸薹，最下为一枚单果，其余的是一枚单果的解剖。

图13 草莓——聚合果

图14 蓬藟（*Rubus hirsutus*）聚合果

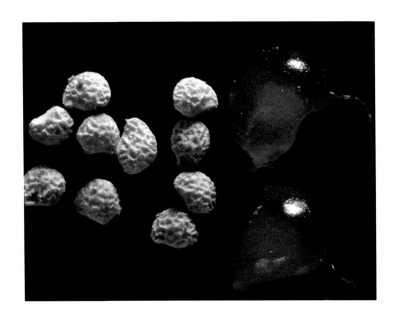

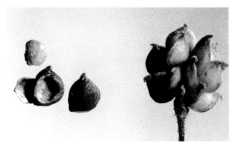

图16 毛茛（*Ranunculus japonicus*）的聚合果由许多瘦果聚合而成。

图15 蓬藟由许多小核果聚集而成的聚合果

图 17　凤梨（*Ananas comosus*），又称菠萝。叶基生。花序头状，顶生。

图 18　凤梨多数花聚集在花序轴的四周，形成一个肉质的果实，称为聚花果。

图 19　桑（*Morus alba*）的花序上长着许多花，结出许多核果，集合在一起的聚花果称桑椹。

图 20　桑椹是由多数核果、花序轴、花外的苞片合在一起形成的聚花果。

一枚败育的种子

图 21　杏（*Armeniaca vulgalis*）。和桃、李、梅一样，虽然是核果，但是核里面都有两枚种子，一枚发育正常，另一枚发育不良（败育）。

图 22　杏。敲开硬核，内壁总可见到一枚败育的种子。

图 23　蛇莓（*Duchesnea indica*）为聚合果。

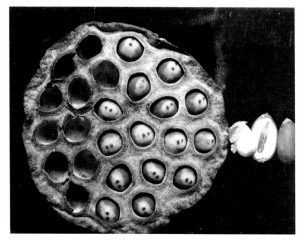

图 24　莲（*Nelumbo nucifera*）心皮多数，离生，嵌生于一个大而平顶的海绵质花托内，不与花托愈合，故亦为聚合果。

色种皮的种子，同时在这枚种子的边上还可以见到一枚发育不良的种子。其实杏、桃（图25—图27）、李、梅等在子房中都有两枚胚珠，在发育过程中只有一枚发育，所以我们看到果实里面只有一枚成熟的种子，边上还有一枚较小的不发育的种子。

再说落花生。花生授粉后的子房并不在原来的茎上发育成果实，而是靠子房柄不断往下伸长，直到扎入泥土中才发育成果实。人们叫它落花生，就是因为它的果实是在花落后才生长的。果实里面通常含有种子1～4粒。落花生是一个果实中含有多个种子的类型，下次吃落花生果实的时候，不妨留意一下（图28—图32）。

至于果实中种子数量特别多的植物，非兰科莫属了。兰科植物的种子极其细小。我们选一个白及果实（相当于3粒花生米那么大的果实），把里面的种子全部倒在玻璃板上，大致均匀地分为60或120等份，对角线选取12个方块，在体视显微镜下进行计数。之后，将12个方块计数的平均值再乘以全部方块数，便能获得大致的种子数量。根据一大一小两个果荚的计数，发现白及果实内的种子多达5万余粒（图33—图41）。

从一朵花结一个果实，到一朵花结多个果实；再从一个果实含一粒种子，到一个果实含数万粒种子，植物界真是使出浑身解数以适应环境的变化。不适应者就会被淘汰出局，所以这些都是自然选择的结果，让人不得不感叹于自然的威力。植物一旦存活下来，便最大限度地产生后代，以保证居群的繁衍。

在生活中，大家不妨做个有心人，遇到不同的果实、种子，记得仔细观察一下！

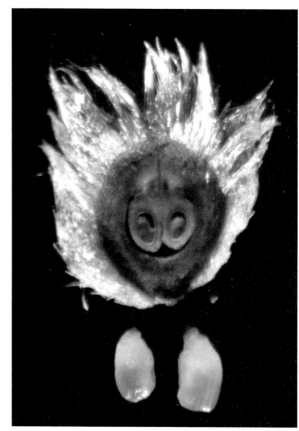

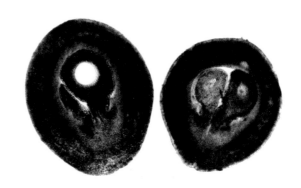

图 25（左上图）　桃花纵切。

图 26（右上图）　桃花盛开时横切，可见子房里面有一对胚珠。由于要确保一枚能发育，另一枚就败育了。

图 27（右下图）　桃开花不久就可以看出，两枚胚珠发育是不均等的。

图 28 落花生（*Arachis hypogaea*）结果在土下。

图29　落花生，顾名思义，花落下之后才生果。

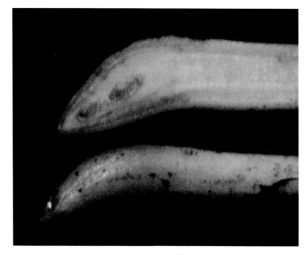

图30　落花生子房柄的先端胚珠正在里面发育。

图31　花脱落以后子房柄不断加长，把子房送入泥土发育成果。

图32　子房柄先端不同发育阶段的落花生

图 33（左图） 白及（*Bletilla striata*）植株

图 34（右上图） 白及花果

图 35（右下图） 白及开花（正面）

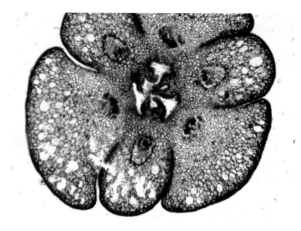

图 37 白及子房示：侧膜胎座胚珠极小。

图 36 白及。合蕊柱示：花粉块 4，子房内胚珠小得看不清。

图 38 白及果与 3 粒花生米的落花生果大小相当。

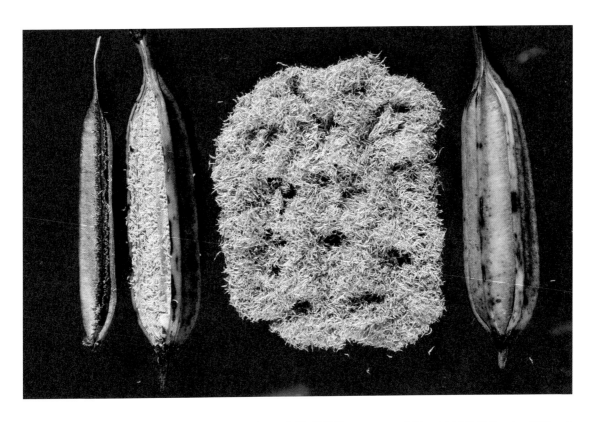

图 39　白及一个果中的种子。左：剥开一个果；中：把种子倒出；右；一个未熟果。

图 40　把白及果实中的种子全部平摊在玻璃板上，分成基本上等大的小格，对角线选取计数。结果显示，一个白及果实内有 52000 多颗种子。据文献记载，兰科植物一个果实内有多达十余万颗种子的记录。

果实和种子的散布策略

植物结出了果实后必然要求迅速传播开去。"四世同堂"不是植物之所"盼"，因为这样必然造成阳光和无机营养的争夺，结果是谁也长不好。植物在长期的生活中早已"明白"了这个道理：要使后代生长健壮，只有把果实、种子尽可能地扩散出去。所以种子的扩散并不是自然而然的事，应该看作是在千万年来的长期生活中产生的结果。那么，植物有哪些散布种子的手段呢？下面只是列举出各种不同类型的果实，读者在实践中定会发现更丰富的例证。

一、靠自身的弹裂散布

刻叶紫堇、紫藤、大豆、鸡血藤、锦鸡儿、凤仙花等靠果实成熟时的弹裂把种子散开，若处在山坡上、悬崖边，那么它散布的距离就远得多（图1、图2）。

二、靠动物或人类的活动散布

要做到这一步，植物首先要提供便于动物携带的装备。植物的装备有好几种。

1. 有黏液（图3—图5）。酢浆草在受到动物走过的振动时外种皮弹裂，内种皮上有一些多汁的、很快就干燥的突起，它们受弹力的作用便压贴在动物身上。看起来种子像是有黏性的种皮一样，其实它的黏液是很薄的，很快就会干燥了，可见时间的配合有多巧妙！

2. 有钩刺（图6—图10）。龙牙草的被丝托上密生钩刺，它们专为中间的一颗种子服务。

3. 有附属物，或色、香、味俱佳，借助鸟类、动物的肠胃道进行第一步的消化（图11—图26）。鼠李科枳椇属植物，果柄有枣味，动物在地上捡到后就吃了。枳椇的果皮光滑而且很硬，不容消化，就随粪便排到了其他地方。遇合适的环境，枳椇种子就在施了粪肥的土壤中开始萌发。

三、靠风力散布

1. 有翅（图27—图36）。兰科植物白及靠着种子多而轻成为全球分布最广的第二大科。

2. 有毛（图37—图41）。菊科的微甘菊微小的种子顶端靠着冠毛的帮助，迅速成为南方树林

的克星 —— 最可怕的恶性杂草。许多植物有浓密的毛。风吹过来，它们或像降落伞、或像乘着一朵白云，飘向远方。

3. 风滚草。身体缩成团，在广大的沙漠、荒原上边飞奔边散播种子（图42－图43）。荒漠中的角果藜等多种植物有此习性。

四、靠水流散布

这类植物有很多（图44－图50）。椰果落在海水中，随海水漂流至世界热带海滩，就是它现在广布的原因。

植物为什么能够在当今世界占领各个角落？这是因为它的果实和种子的种种适应造就了它无处不在的形象。植物利用各种自然条件加上自身的变化便进化出了最适合传播的结构（风滚草、梭梭的风轮、柳絮、挂金灯、适于浮水的椰子、华夏慈姑的种子）；它们利用动物贪嘴的习性创造了无数个传播种子的故事。我们人类虽不能随着鸟儿飞翔，随着野兽奔跑，但是我们依然可以凭着种子留下的痕迹追踪到它们的轨迹。此外，植物利用自身的钩刺与毛，又演绎出了许多传播种子的佳话。

图1　锦鸡儿（*Caragana sinica*）荚果成2瓣旋转，把种子弹I裂出去。

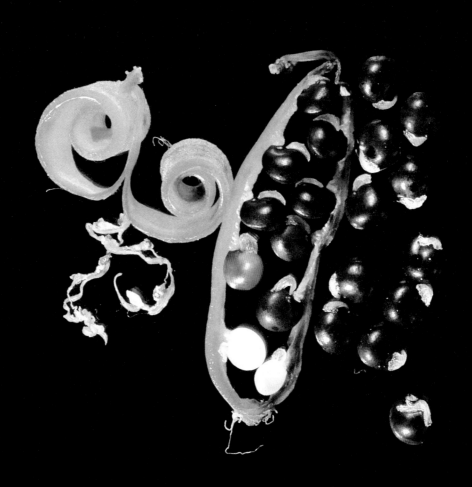

图2　刻叶紫堇（*Corydalis incisa*）蒴果，成熟时两片果瓣反卷，把种子向各方向弹出几十厘米。

图3（上图） 酢浆草（*Oxalis corniculata*）果实成
熟时挺立，稍有震动即弹出表面湿润的黏性种子，
附着在动物身上。种子表面很快就变干，被动物
带走。

图4（下图） 毛梗豨莶（*Sigesbeckia glabrescens*）总
苞外面全是腺毛和黏液，有利于果实的传播。

图5 天名精（*Carpesium abrotanoides*）果实很小，长仅 3.5 毫米，有短喙和纵沟多条，两端能分泌油性的小滴，具较强黏附作用。

图6 龙牙草（*Agrimonia pilosa*）被丝托的上部有许多强劲的倒钩刺，里面仅含一颗种子。

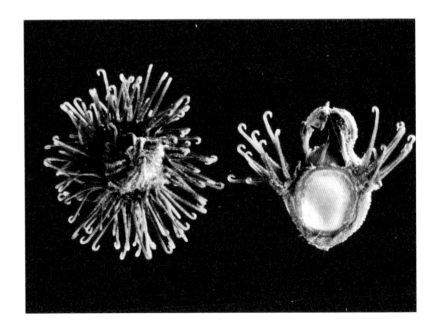

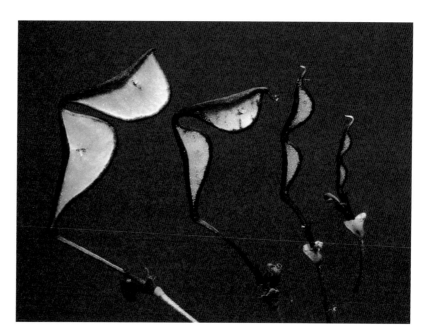

图7（左上图） 窃衣（*Torilis scabra*）双悬果外面全是有倒钩的刺毛，借以勾住他物传播。

图8（右上图） 尖叶长柄山蚂蝗（*Hylodesmum podocarpum* subsp. *oxyphyllum*）果实具极细的倒钩毛，经常攀附在人们的衣服或动物的皮毛上。

图9（右下图） 南苜蓿（*Medicago polymorpha*）。左：把上层果皮除去，可见种子。果实成熟时，借果皮四周不同方向的软钩刺将果实带至远方。

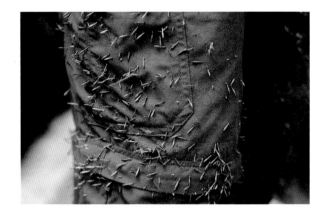

图10（左上图）　淡竹叶（*Lophatherum gracile*）一个小穗含花十来朵，但仅有最下面的一朵发育，上面的花仅外稃发育，作为攀附的工具。图为淡竹叶小穗牢牢地叮在裤腿上的情景。

图11（左下图）　延胡索（元胡）（*Corydalis yanhusuo*）。体长 2.5 毫米的蚂蚁爱种子甚于饼干，正在搬运比自己体重还重的延胡索种子，不时翻个筋斗到了种子的另一端，因此它不得不撑开 6 条腿，站稳了再抬起种子迈步向前，直至搬到泥土下的巢里。蚂蚁吃了附属物，留下种子；来年，种子萌发。这是动植物互利共生的一个例证。

图12（右图）　五月瓜藤（*Holboellia angustifolia*）果味甜，吸引鸟类前来取食。

图13 枇杷（*Eriobotrya japonica*）果熟时，色彩变黄以吸引鸟类前来取食。图中白头鹎（白头翁）正快速飞来，右下方的枇杷已经被吃得种子外露。

图14 白头鹎正在吃枇杷果实，为它传播种子。

图15 鹿藿（*Rhynchosia volubilis*）蓇葖果腹缝线开裂，两颗种子在外缘，红果黑子特别鲜艳，吸引鸟类采食并为其传播。

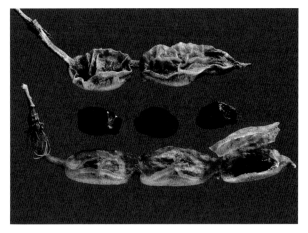

图16 槐（*Sophora japonica*）的果皮似葡萄干而味淡，吸引鸟类。

图17 芡实（*Euryale ferox*）种子外有由下往上包的假种皮，其味类似龙眼，吸引大型鸟类或鱼类前来吞食。

图18 海桐（*Pittosporum tobira*）蒴果开裂，露出鲜红的黏性种子。

图19 石桥墩上的鸟粪。海桐种子外面的一层黏液已被消化，未消化的种子便得到了远播的机会。

图20 地上的女贞子。原来鸟儿也要辨味，啄果实时偶尔把未熟的果序扯下来了，于是地下就有了左边的果序。它啄下一个果实辨味，感觉味道不好（没充分成熟），便丢弃，就成了右边的样子（鸟喙留下的两条印痕都不是平行的）。凡甜的都被它消化了，拉出果核留在地上，成了图21的样子。

图 21 女贞树下可见完整的果实。春节刚过，爆竹的红色纸碎片还在，还有不少是白头鹎咬过以后丢下来的未熟果实，大量的还是鸟儿吃完后排出的种核。

图 22 黑尾蜡嘴雀（*Eophona personata*）的雌鸟吃得嘴巴（喙部）都是黑色，该去树枝上刮擦干净才对呀。

图 23 枳椇花序柄扭曲，肥厚，味甜似枣。

图 24 狗粪里夹杂着枳椇的种子，说明它的种子随狗粪到处散布。狗成了枳椇的异地播种者。

图 25 薜荔（*Ficus pumila*）"果实"开裂。右：开裂前已被鸟儿啄了好几下。中：边上有松鼠咬噬的痕迹。这是在山里夺下松鼠正在地上吃的一枚果实后拍摄而成，李时珍说薜荔果"乌鸟童儿皆食之"，一点也不错。

图 26 薜荔真正的果实和种子

图 27 白及一个果实中有 5 万多颗具翅的种子，所以兰科植物遍布全球，成为仅次于菊科的世界第二大科。

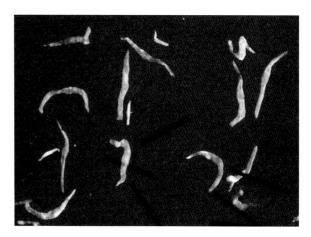

图 28 白及的种子两端具翅，随风飘向各处（黑色的线条是头发丝）。

图 29（左上图）　梭梭（*Haloxylon ammodendron*）果枝，在荒漠中长出惹人喜爱的结果枝条。

图 30（右上图）　梭梭 一朵花的 5 片花萼背面各生出比花萼还大的附属物 —— 翅，合成一个风轮，在沙漠的劲风中飞奔，远播种子。

图 31（左下图）　假酸浆（*Nicandra physalodes*）花萼具 5 棱的翅，以便落地后在风力的推动下带着中间的果实飞奔到他处萌发。

图 32（上图）　剑叶金鸡菊（*Coreopsis lanceolata*）果实两侧具翅。

图 33（下图）　深红细裂鸡爪槭（*Acer palmatum* var. *atropupureum*）果实具翅。这种果实落下时会螺旋状打转，减慢了下落的速度，因而能被风吹得更远。

图 34 蒺藜科的霸王（*Zygophyllum xanthoxylon*）
具三面翅的翅果。

图35（左上图）　梓树（*Catalpa ovata*）种子具翅，翅端有毛。

图36（右图）　挂金灯（*Physalis alkekengi* var. *franchetii*）花萼果时增大成膀胱状，适合风力传播。

图37（左下图）　微甘菊种子和一颗大豆、5角硬币之比。别看它现在那么不起眼，它可是南方森林里的"植物杀手"，是最可怕的入侵植物。

图 38　宽叶缬（xié）草（*Valeriana officinalis*）花萼基部连成碟状，裂片约 10 枚，羽毛状，果熟前卷曲在内，成熟后舒展开来随风飘散。

图 39 黄药子（*Clematis sp.*）柱头羽毛状，便于带着种子飞向远方。

图 40 垂柳（*Salix babylonica*）种子被果毛 —— 柳絮裹着飘散。

图 41 柳絮种子夹在白毛间，像乘着"飞毯"飘到各处。

图 42 藜科、蓼科的一些植物入秋时基部断裂，植株成一团，在荒漠中一边滚动一边洒落种子。此为角果藜。

图43（左上图） 角果藜。在沙漠中滚动时，种子也陆续掉落下来。

图44（右上图） 椰子（*Cocos nucifera*）果实随海水漂至任何一个热带海滩，即生根发芽。

图45（左下图） 莲（*Nelumbo nucifera*）。莲子随莲蓬在水面边漂流，边洒落。

图 46　华夏慈姑（*Sagittaria trifolia* subsp. *leucopetala*）果实、种子特写。果皮海绵质，胚弯曲。

图 47　华夏慈姑果实漂浮在水面，随水流播送至他处。

图48 金鱼藻（*Ceratophyllum de-mersum*）。右1：果实纵剖，示：果实有刺，利于架在乱草丛中传播；右2：子叶2片及中间的胚；右3：种皮。

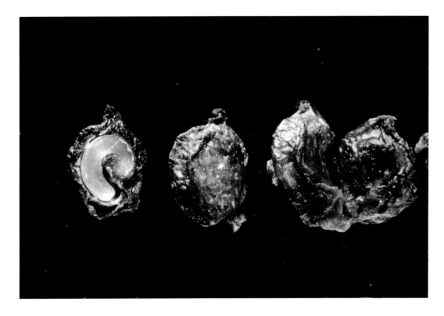

图49 菹草（*Potamogeton crispus*）果皮酥松，有利于漂浮。

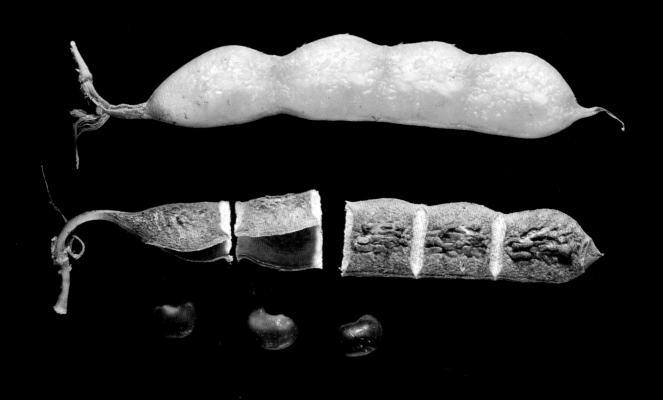

图 50　合萌（*Aeschynomene indica*）
荚果成熟时各节分离，果皮疏松，利
于漂浮。

淡竹叶 —— 牺牲多数，为了一个后代

　　淡竹叶属禾本科，分布自华东、中南至西南各省，生长于山坡林下，株高70厘米（图1），根苗捣汁和米做曲，以增芳香；全草入药，为清凉解热利尿药（图2），平卧在地时就像一枝枝小竹子掉在地上，所以有"竹叶"之称（图3）。当果实成熟时，人畜走过便强行令人携带种子到另一地方。那么，它是如何实现这一目标的呢？

　　要弄明白这个问题，我们先以小麦的花为代表来了解禾本科植物花的结构：小麦的花序称为麦穗，由许多小穗组合而成；每朵花

图1　淡竹叶（*Lophatherum gracile*）在林内空旷地成片生长。

图 2　淡竹叶地下有块根，供药用。

图 3　淡竹叶像一枝枝掉落的竹枝，故名。

图4　小麦花解剖。中：麦穗。由多数小穗排列在中间的轴上，每朵花有苞片保护，此苞片特称稃片。稃片顶端有很长的芒，一个麦穗一般可结3～6颗麦粒，从图中可以看到一个麦穗有几十根长芒，也就是有几十朵花可以结子。

由苞片保护，此苞片称为稃片，分外稃和内稃两片，外稃顶端常有芒伸出（内稃常无芒），因此有多少长芒就是有几朵花。小麦的小穗一般可结3～6颗麦粒（果实），从图4左可以看到一个麦穗有几十根长芒，也就是有多少朵小麦的花可以结多少颗果实。

我们再来看淡竹叶的花（图5）。淡竹叶的花序也由许多小穗组成，每个小穗有6～12朵花，但是只能结一颗种子。具体而言，就是只有最下方最早开的一朵花是完整的、能结实的。由它向上先有一段不生小穗的穗轴，再往上便是不能结实的花。花的其他部分都退化了，只有外稃正常发育，在其先端保留着一条带刚毛的硬尖头。这样每个小穗便在顶上生有一簇很硬的刚毛，这使得最下面的果实获得了传播的手段。这种退化确是代表着淡竹叶在散播种子中十分明智的进化（图6）。我们的同志只顾着采集标本无意间从草丛中穿过，布料裤腿上被叮上了无数的淡竹叶的果实（P325图10），而一旦被淡竹叶叮上就不可能轻易地拍打下来，必须一颗颗地取下来（图7），而这过程中可能会把裤子、袜子弄坏了。这说明它叮得比一般的果实、种子都牢靠，人和动物在无意之中做了它远距离传播的媒介。

我们曾经进一步地放大看它钩子的结构（图8），在显微镜下可见它已经不是一条钩状的毛。进一步放大，即可见它成了一片片向下伸展的钩子（图9）。怪不得勾得那么牢！

图 5（上图）　淡竹叶。左：淡竹叶的一个小穗，上面每一根刺芒是代表小穗中的一枚外稃，此小穗有 12 根刺芒就意味着此小穗原本含有 12 朵花，花的各部分均退化了仅剩外稃。中：小穗离析。由下往上，示：外颖、内颖、第一小花外稃、内稃、子房具 2 柱头，小穗轴延长一段，再上面是十余朵不育花的外稃。右：最底下一朵花结出的颖果 1。

图 6（左下图）　淡竹叶的小穗。右：小穗外形。左：剥下小穗的每一片，依次排列。下起：外颖、内颖、外稃、内稃，接着向上是十来朵退化花的外稃，其先端皆有芒刺。

图 7（右下图）　淡竹叶小穗。左：背面；中：腹面；右：侧面，示：众多不育外稃上的芒。

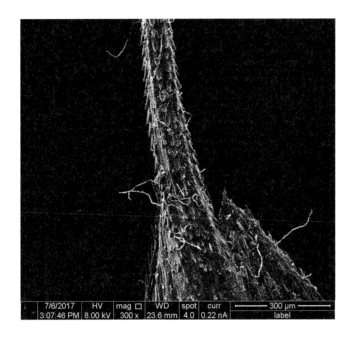

图 8 淡竹叶，一根芒的基部。（葛斌杰摄）

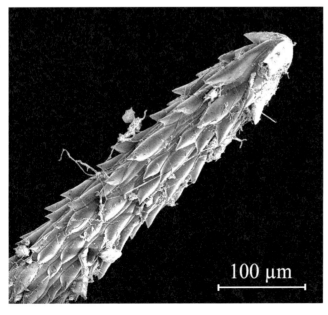

图 9 淡竹叶，进一步放大一根芒的先端。
（葛斌杰摄）

到了秋季，我们去山林里走走，会碰到很多这样的例子，如鬼针草、尖叶长柄山蚂蝗、缩箬、豨莶草等，它们各自以不同的手段攀附在人或动物体表。在千万年的生存竞争中，谁能够地盘扩散得更大，谁的后代就能获得更多的生存空间。上述植物之所以能让动物捎带它们的后代一段路，主要是它们的某个器官产生了毛状或钩状的变异。而淡竹叶不是仅拿出某个器官，而是拿出众多后代的生命来一搏，它的投入更大，似乎更有团队精神——牺牲十几朵花、少结十几颗种子，就为了把一颗种子带得更远，拓展更大的疆域，使后代有更大的合适的生存空间。当然，这不是植物有意识的行为，而是在几十万代的遗传变异中习得的。只有这样，该物种才能兴旺。这里透出的生命活动的哲理也是我们人类应该学习的。

同时我们还看到，植物的子房里只结一颗种子的话，通常都有另一颗被排挤掉了。这是因为胚珠总是长在心皮的腹缝线上，腹缝线是由两条边线愈合而成的，所以胚珠最少就得有两颗了，而植物生长的规律是首先要保证一个子代的发育，哪个先发育哪个就占先，这和鸟巢里面先出壳的一只会把其他的幼雏推出巢外一样。生物用多代生存所积累的经验保证一个强壮后代的延续（如：鸡爪槭［图10—图12］、杜仲）。不仅如此，植物的子房里有时有很多胚珠，但是为了保证一个胚珠的发育，常常会只留1～3枚胚珠获得发育成种子的机会，其他的就中途夭折了（如：枫香［图13、图14］、细柄蕈树［图15、图16］）。你看，它们和淡竹叶相比，哪个更优秀？

显然，淡竹叶比它们高出一筹。因为上述的例子中不育的部分在退出历史舞台（干瘪）后就完了，而淡竹叶的不育花外稃不仅是不起外稃的作用，它还要在传播的道路上大显身手呢！你是否同意这种看法？

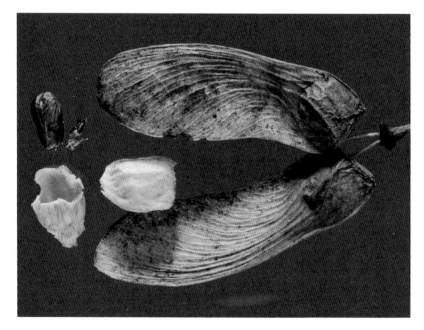

图10（左上图）　鸡爪槭（*Acer palmatum*）枝条上部生有翅果。

图11（右上图）　鸡爪槭每侧翅果基部都可以看到有两颗胚珠，一颗发育良好，另一颗已经退化。

图12（右下图）　鸡爪槭成熟果实，种子的另一颗不育。

图13（左上图） 枫香（*Liquidambar formosana*）果枝

图14（右上图） 枫香。上：不育胚珠多数；下：成熟的种子。

图15（右下图） 细柄蕈树（细柄阿丁枫）（*Altingia gracilipes*）果枝。

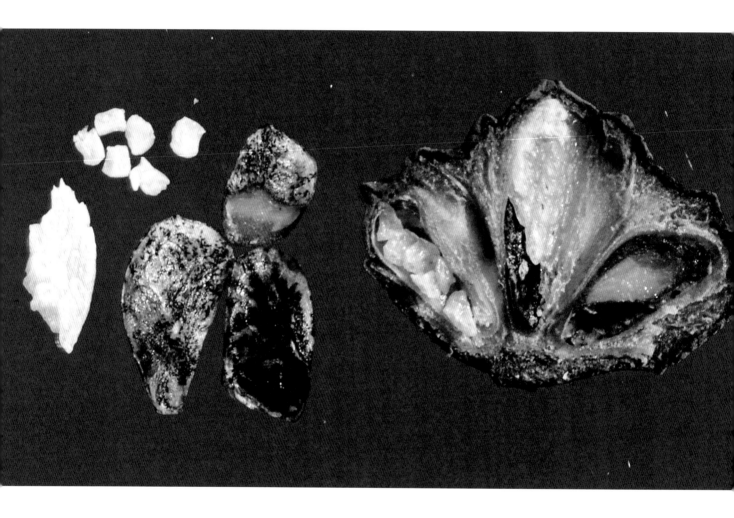

图 16　细柄蕈树。子房只有少数胚珠能正常发育，
左边白色的是未育的胚珠，中间 3 颗是发育的种子。

最奇特的果实结构——石榴、脐橙

石榴是夏秋季节人们喜爱的水果，尤其是儿童（图1、图2）。石榴果皮还是一种很好的中药，能涩肠止泻、止血、驱虫。用于久泻久痢、便血脱肛、崩漏、白带、虫积腹痛。

但是，按照植物学的观点，石榴算什么果呢？这就使人犯愁了。一般人们把它算作浆果，因为果实中有大量的水分。但是你再想想，浆果是不会开裂的，而石榴成熟时是开裂的，应该属于裂果（图3）。可是裂果是干果的一种，但它又不是干裂的；石榴又是子房下位形成的，果实外表不是子房壁，所以是假果。更为奇特的在于石榴的子房结构：在开花期可以清楚地看到它的子房分成上下两轮（图4、图5），上轮为侧膜胎座（意即它的胚珠着生在子房的外壁上），但是它又不是典型的侧膜胎座（侧膜胎座应该没有中轴，也没有纵向的隔膜），它还保留有中轴和纵隔膜；上下两轮之间有一层横膈膜把它们隔开（图6右上）。这样的子房在植物分类上是少见的，当它成熟以后依然保持这一特点。我们顺便还可以观察一下石榴种子的构造（图7）。

同样的例子还可以在芸香科的脐橙中看到。脐橙的子房也有上下2轮，包在同一个果皮内，它的上轮较小，同样结实（图8）。

以上的事例告诉我们：植物界的形态、结构是多种多样的，任何一种形态都可以找到既此既彼，又非此非彼的形态。也就是说，大自然常常是一个连续的整体，而我们人类为了学习的方便常常把它们分隔成一个个段落。所以我们要按照事物的本来面目去认识自然，尊重事实，不墨守成规，不死记硬背。只有这样，我们才能够学到真正的知识。

图1　石榴（*Punica granatum*）在树上成熟了。尚未开裂。

图 3　石榴果实不规则地自然开裂。

图 2　石榴花株

图4　石榴花纵横切。左上：花顶面观；左下；花蕾；中下：去掉花瓣后的花顶面观；右上：说明见图5。

图5　左：石榴花纵切。示：子房下位雄蕊多数；　石榴花将发育为子房下位的假果。右上：侧膜胎座，但是有中轴将其分隔成多室。右下：中轴胎座，两轮之间有一横隔膜隔开。

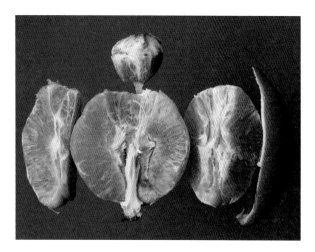

图6（左上图） 石榴有上下两轮心皮。左下：一个胎座及十余颗种子；左上：果纵切可见两轮心皮间有横膈膜；中上：子房上部横切，可见侧膜胎座，多室；中下：子房下部横切正好切在横膈膜之上；右上：拿下的横隔；右下：下轮中轴胎座上的种子。

图7（右上图） 石榴种子解剖。右：种子的外种皮多汁；中：种核坚硬；左：打开硬壳见胚。

图8（左下图） 脐橙。原产美洲各国，我国引种。子房有上下两层，各由多数囊瓣组成，上层较小。右：果皮粗糙，较易剥离。

热带奇果 —— 神秘果

海南岛是祖国的宝岛，那里种植着许多稀奇古怪的植物。早就想一睹为快了，一踏上海南岛，我就被热带众多的植物吸引：那高大的椰子树成了行道树；番木瓜的果实挂在树上也是第一次看到，成熟的番木瓜香甜可口；槟榔的果实在香烟摊上出售，既可作嗜好品，据说也可作药用；油棕的果实一大串结成团，油的产量挺高的；番荔枝和波罗蜜的果实一个个挂在树干上，也是有名的热带水果；一品红、蓖麻等植物在那里长成了乔木状，有两三人那么高，而且一年四季都在开花；海红豆的种子红得那么鲜艳，怪不得人们要拿去送给心上人……

进入热带雨林，那又是一番景象：被榕树绞杀的高大树木已经奄奄一息；四数木的板根真像一块块锯好了的木板，从树根基部向外伸展；青果榕和波罗蜜的粗大树干上开着花，挂着果；还有巨大的榕树从高高的树枝上挂下气根，碰到泥土就重新长粗成另一棵树，组成了独木成林的壮观景象；抬头望去，在高高的树枝上附生着热带特有的蕨类植物 —— 鸟巢蕨和鹿角蕨。我们还见到了柚木、红木，真是目不暇接。这里就先介绍著名的热带水果 —— 神秘果吧。

神秘果是属于山榄科的植物，是 20 世纪 60 年代在西非的热带森林里发现的。这种灌木高 3～4 米，叶倒披针形，全缘。它可以四季开花结果，花朵很小，长在叶腋里（图 1），果实的大小像莲子，吃过这种果实以后再吃酸味的东西，就会毫无酸的感觉了，因而得名"神秘果"。

图 1　神秘果（*Synsepalum dulcificum*）花朵很小，开在叶腋里。

图2 神秘果结果的同时叶腋里还有许多花正等待开放呢！花果同期，这在华东地区是很少有的，在热带则是常有的现象。

图3 神秘果是核果，果肉白色多汁，就是这薄薄的一层果肉起着神秘的作用。果核黑色，子叶绿色。

在中国科学院热带林业试验站，我们终于见到了向往已久的神秘果。技术员给我们一枝带有两个果实的枝条作为礼品带回学校。我们如获至宝，小心翼翼地回到了住地。晚饭后就围坐在一起看着标本发愣：如此神秘的东西，我们见到了，也得到了，但是谁也说不出神秘在哪里，这不是太遗憾了吗？俗话说，人在着急的时候能"急中生智"，经过讨论，一个绝妙的方法果然想出来了：有两个果的标本是标本，那么如果只有一个果的标本，不也是标本吗？一经决定，大家就急着采下一个果，然后把它切成三等分，开始了向往已久的品尝神秘果之夜。可是由于太兴奋了，谁都急着想首先感觉"神"在何处，所以，一旦切开就赶紧把自己的一份往嘴巴里面塞。不一会儿神秘果已经在嘴里嚼烂，淡淡的没感到有什么特别的味道。这时才想起应该吃酸的东西来验证它的"神"力，可是招待所里就咱们一行三人，谁也拿不出酸的东西。开门出去要点醋吧，漆黑的夜晚，伸手不见五指，试验站的招待所里只有我们三人，没有邻居、没有路灯，到哪去要呢？而嘴巴里嚼烂的果实，却在不知不觉中已经咽下了，三个人面面相觑，为自己的鲁莽抱憾不已：我们见到了、采到了、尝到了，却说不出神秘在哪里（图2、图3）。

又一年，我又有机会带着两名研究生赴海南考察。想起上次的教训，就先在上海准备好维生素C的药片出发了。林业试验站的神秘果该年恰逢大丰收，他们允许我们自己采。我们用双手捧着一堆果实，并不急着品尝，先到街上买了几颗酸豆（罗望子、酸角）——这是一种极酸的野生植物，当地的小贩采来，专门卖给小学生解馋用的，形状像蚕豆荚（图4）。回到驻地，大家先品尝酸角和维生素C的药片，证明自己的感觉是正常的。当尝到酸角时，每个人都紧皱眉头，酸得有点受不了，接着品尝神秘果。这次再也不用吝啬了——每人三颗，把神秘果的果汁涂到口腔的所有部位，只感到嘴里有点涩，没有其他的感觉。于是大家开始正式品尝酸角。说来也怪，奇迹竟然发生了，酸角在我们嘴里无论怎么咀嚼，竟然一点酸味也没有。幸好是刚才大家尝过的酸角，要不然一定会怀疑买来的酸角是不酸的。再尝维生素C的药片，也只感到像在吃带有淡味的淀粉片。于是大家欢呼起来——终于见证了神秘果的"神"力了。

我们又在想，俗话说"良药苦口利于病"，确实如此，我们生病时服的药有几种是不苦的呢？现在既然有了神秘果，那么有没有可能让苦口的药不苦，开发出可口的良药呢？如果成功，这句成语就可以改写为"良药可口利于病"了。于是我们用黄连素的药片作了试验。遗憾的是黄连素到了喉头依然奇苦无比，试验证明了它对苦味无效。这是什么道理呢？原来神秘果里含有一种蛋白质——密拉柯灵（Miraculin），这是一种变味蛋白，它本身没有味道，但是它的水溶液能使舌面感觉甜的味蕾兴奋，使感觉酸的味蕾受到抑制，而对于苦、涩等味觉就不起作用。因此，实验失败了。过了半个小时再吃酸角，神秘果的"神力"依然还在。

据说，西非一家公司开始用它来制成一种药，供糖尿病者对甜食的需要。这倒也是一种不错的思路。

图4 酸豆（*Tamarindus indica*），又名罗望子、酸角，热带常见乔木，果实极多，在树上高高挂着。

节外生枝和叶上开花

"节外生枝"的成语用得已经很普遍了，但用的地方都不在植物学上，而在于人们的日常事务处理中。可是这句成语的构成绝对是来自植物学：一棵植物的所有枝条上有规则地长着叶，叶腋里面都有芽，着生叶的地方称为"节"，节与节之间称为"节间"，芽萌动后长出新的枝条或开出花朵，这是所有的植物都共同遵守的规律（图1、图2）。"节外生枝"这个成语说的就是不按常理、不符合规则的事情发生了。现在我们从植物学的角度来思考一下这句话能否成立。

寻遍了考察过的野生植物和众多栽培植物，我们愈来愈相信成语创造者不愧是一位对植物有过细致观察的人士，因为几乎没有例外地枝和芽都生在节上，花朵也在节上绽放。

最后我们终于发现了特例：公园、校园里栽种的栀子就是既有节上生枝也有节外生枝（图3）。这下这一成语就不能成为普遍真理了。请看图3左侧的枝条是正常的枝条，右侧的枝条两个节上都不生新枝，但在节的上方（就是两节之间），却生出了枝条。这种节外生枝的现象在栀子上确实极为常见。

其实，花序或果序就是枝的变态，所以花序生在两个节之间的龙葵就成了又一个实例（图4）。

那么，节外生枝的实质是什么呢？其实就是茎内的维管束和腋芽的维管束愈合在一起，并在茎内走了一小段，然后再分开，这就成了大名鼎鼎的"节外生枝"。所以从植物学的角度看，这是一个简单的然而并不多见的现象。

同样，你有没有看到过植物开花、结果都在叶片上？

通常植物的花都生长在叶片的叶腋里。如上所述，常绿植物的每个叶腋中都有一个小小的芽，桃树早春的叶片虽还未长出，它的花芽还是长在去年的叶腋中，一个叶腋里长3枚芽（图5）。你再去看看其他的植物几乎无一例外，它们的叶腋里都有芽，这些芽将来长成新的枝条，或者将来发展成花朵。你或许还会发现，并不是所有的芽到了合适的时机都能开放，不开放的芽我们称为休眠芽，休眠芽是植物

图1（左上图） 黄杨（*Buxus sinica*）的每个叶腋里都长着芽，有的开放，有的不开放。长芽的地方称为"节"，两节之间称为"节间"。

图2（右上图） 麦李（*Cerasus glandulosa*）。麦李的果实也长在节上。

图3（右下图） 栀子。右：栀子的两根枝条都不是生于节的部位，而是出于节的上方；左：正常的枝条（枝条生于节上）。

图4　龙葵（*Solanum nigrum*）花序生在节间，这是"节外生枝"的又一形式。

图5　桃（*Amygdalus persica*）每个叶腋有三个芽，旁边两个是花芽，中间一个是叶芽。这些芽都长在去年的叶腋里（枝条的节上），芽的下方就是去年叶片脱落的痕迹（叶痕）——节的部位。

的备用芽。一旦需要，例如上方的枝条被动物吃掉，或被折去，这时休眠芽就开放，使植物得到继续生长的机会。可以说，这是植物未雨绸缪的智慧。

在青荚叶上你可以清晰地看到花、果都长到叶片上了（图6、图7）。这是怎么一回事呢？其实说来也简单，青荚叶的花序柄和叶片的中脉愈合在一起了，共同走到叶片中央才分开，所以看起来像是花长到叶片上了。从植物学的角度来衡量，花朵都是长在叶腋中的，只是位移了一段距离，这一现象同样没有打破花朵分布的普遍规律。

图6　青荚叶（*Helwingia japonica*）聚伞花序的花序柄与叶片中脉愈合了，于是花就开在叶面上了。

图7　青荚叶结果，与上同理。

只有种子没有果实的
被子植物存在吗?

听说过这样的被子植物吗?它能开花结出种子,却没有果实。这就叫人迷糊了,因为被子植物的主要特征就是果皮把种子包被起来,种子是生在果实里面的,没有果皮那么种子不就是露在外面了?莫非它成了裸子植物?这种植物到底是什么样的呢?

其实这种植物大家很熟悉,它就是麦冬(旧称沿阶草),属于单子叶植物纲,百合科沿阶草属,在我国广东到河北,江苏到云南、四川都有生长。沿阶草属的植物在我国约有33种,全世界有50多种。它底下的块根为著名中药,有养阴生津、润肺止咳之效(图1)。

通常的花朵受精以后子房就急剧膨大(包括子房和里面的胚珠都一起长大),现在情况有了改变:它的子房在花朵受精以后就与花被、雄蕊等一起枯萎,但是子房里面的胚珠却依然长大(图2),通常只有一枚胚珠能够充分长大,其他的在长大过程中不断夭折,成为不同大小的中止了发育的胚珠,枯萎的子房还是清晰可见,那枚发育的胚珠愈长愈大,突破子房壁,最后成为一枚深蓝色的种子(图3、图4)。从上面的叙述可知,其实麦冬(沿阶草)还是符合被子植物的标准的,只是它的子房在发育过程中夭

图1 麦冬(*Ophiopogon japonicus*),又名沿阶草,种子蓝色;块根膨大入药,为著名中药,有养阴生津、润肺止咳之效。

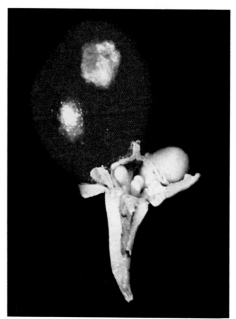

图2（左图）　麦冬的子房花后枯萎，枯萎的花柱依然挺立在花中。胚珠（种子的前身）突出于子房外。

图3（右图）　麦冬六枚胚珠中一枚突出于子房外发育成熟，多数胚珠中途夭折。图左上为先后夭折的胚珠。子房壁和花柱还清晰可见。

图 4　麦冬。成串的种子似果实。

折了（枯萎了），于是胚珠（种子的前身）冲出子房壁，独立成了外观似果实的样子。细心一些的人们就能够看出它是伪装成果实的种子。

那么与此相似的植物还有没有？有！百合科山麦冬属的 8 种植物就是。它们与沿阶草属植物长相相似，只不过种子是黑色的，花的色泽也有不同（图 5）。

这里再向你介绍一种开花以后子房壁干枯、胎座突破子房壁的植物 —— 千屈菜科的细叶萼距花。这种植物原产墨西哥及危地马拉，我国庭院常栽培作观赏。它的花红色非常美丽，而且花期很长，子房的基部有一枚很大的蜜腺，使得其花萼的一侧膨大如距，储藏蜜汁，故名萼距花（图 6、图 7）。另外，它的子房壁膜质，花后不膨大，而胎座及胚珠却长大了，于是就突破花萼和子房壁，向一侧倾斜，上面结出棕色的种子（图 8）。它与麦冬的相似之处在于：开花时有子房、胚珠，是正常的花朵，只是花后子房枯萎了，于是种子或与胎座一起突破子房壁，跑到外面来了。它们的不同处在于：麦冬（沿阶草）的种子太像果实了，不仅色彩鲜艳而且非常光亮，只有一颗，更容易迷惑人；细叶萼距花的种子长在胎座上，子房的形状还在，种子也不鲜艳，所以人们一看就知道这是胎座连同种子一起突破了子房壁，通常就称它为蒴果，而麦冬就只描述它的种子，把果实的描述省略了。从植物学的角度来看，它们两者是同理的。

图 5　山麦冬（*Liriope* sp.）的成熟种子黑色，并非果实。

图6（左上图） 细叶萼距花（*Cuphea hyssopifolia*）正在开花。

图7（右上图） 左：细叶萼距花完整的子房，基部有巨大的黄色蜜腺。中；剥去子房壁见胚珠长在胎座上；右：揭去表面的子房壁。

图8（左下图） 细叶萼距花。下：种子成熟，褐色；中上：子房容纳不下肥大的胎座，便伸到外面来了；右上：展开花萼筒。

大针茅自动播种到土壤深处的智慧

大针茅在内蒙古草原上是常见的种类，秆高50～80厘米，叶纵卷成细线形，芒特长，达28厘米（图1、图2），早春是牛羊喜食的草料，到了秋季大针茅的果实成熟，落下后会主动地钻入土壤，一直往下进入土层的5～10厘米处。这样自动播种到耕作层，是如何做到的呢？

我们先来看看果实的构造：大针茅的果实只有2厘米长，它的顶部连着长长的芒（图3）。一根芒可分成三部分：1、能随潮湿度而扭转的芒柱，长约7厘米。2、芒柱上方有2个较硬的弯曲，称为膝曲。3、膝曲之上就是一条细如发丝的扭曲的长芒（图4、图5）。

接下来我们来看它钻入土壤是怎么发生的。长长的、扭曲的芒在草丛中使得颖果保持一定的方位，当天气变化时芒柱也逢干缩短（旋转15圈），遇湿变长（旋转松开）。而它每次变化时由于果实上倒向毛的存在，在土壤中都是只前进不后退的，颖果先端稍弯的特别硬的尖头起着避开土壤中石子的导向作用，不至于硬尖遇到石块顶住不能前进了。你看，这一个小小的弯头竟有如此大的作用。由此看来，各部分都不是自然地生成的，而是植物在历史的长河中不断积累留下来的最有效的结构。

图1　大针茅（*Stipa grandis*）正在内蒙古草原上蓬勃生长，这时它的长芒是直的。

图2 大针茅果实即将成熟。此时芒还是直挺的，不能钻入土中，也不会对羊群造成危害。

图3 大针茅成熟，长芒已经弯转。此时它已经具备了定向的本领：扭曲的长芒看似柔软，其实是架在乱草丛中给先端的芒针保持一定的方向。不论环境干或湿，芒针始终在长芒决定了的方向上。这对它入土是很重要的。

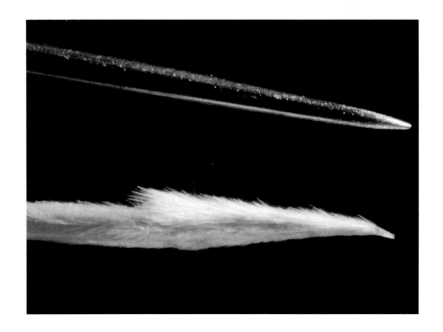

图 4　大针茅颖果和缝衣针的比较。颖果（下）先端密被倒向的毛茸，使得扎到土壤里后只进不退，最先端还有略弯曲的比缝衣针还尖的硬尖头，在土壤中起避石转向的作用。

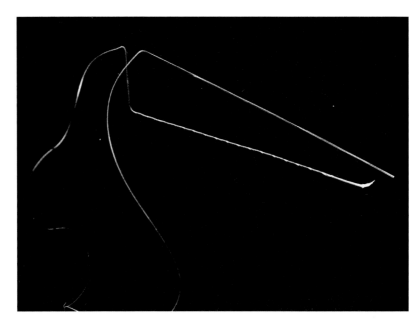

图 5　大针茅的颖果分为 4 部分：1. 末端 2 厘米长的颖果（芒针）；2. 果的上端是长达 7 厘米的芒柱，逢干可以旋转 15 圈以上；3. 再上是 2 个 90 度的膝曲；4. 一条细长如发丝的长芒。长芒架在草丛中，保证了颖果前进的方向，膝曲使得芒针前进时针头不断摇动以避开石块，芒柱的扭转使得芒针日益深入泥土，芒柱干或湿一次长度变化达 20 毫米之多。下：一根完整的潮湿的颖果。上：一根无芒针的干燥的芒柱、膝曲和长芒。

试想，要是尖头不弯，要是芒柱不旋转，要是没有膝曲，要是没有长芒，就不会有钻入土壤的效果。不入土壤，将是一地的颖果被田鼠吃光。所以这也是自然选择下把最关键的部分——颖果一旦成熟便保留入土的绝佳办法。

同时，还得提一下，大针茅对牧羊业造成了很大的危害，因为它钻土的本领误用到了羊的身上：秋季大针茅带有芒的颖果很可能黏在羊身上，这就可能使颖果在羊的身体上起了"钻入土壤"的作用。由于羊会出汗，会过山溪，会被雨淋湿，身体上干湿变化比土壤上还大，所以大针茅的颖果很快就会穿透羊皮进入体内，不论是肝、脾、胃、肾、心等内脏，都可能插上了大针茅的颖果。多的时候，一只羊就有几百颗颖果插入，而这张羊皮也成了多孔的次品。不仅如此，这只羊在活着的时候遭到这么多针刺的扎伤，该有多痛苦！所以入秋的大针茅是草场上的一大祸害。

小草种子借助附属物扩大领地

许多小草的种子常有一个突出的附属物，如，白屈菜（图1）、裂苞紫堇的附属物透明，博落回的附属物白色（图2）。原来这些植物是借助蚂蚁来为它传播种子，这些种子成熟时，能制造出富含糖类、蛋白质和脂肪的油质体（Elaiosome），蚂蚁喜欢吃。

蚂蚁是一种非常勤劳的昆虫，整天在土壤表面寻找猎物。一旦发现有可食之物便立即上去，包围起来，小的东西就单独搬回家，大的就共同扛回家。如若碰到了比它大几十倍的伤残昆虫，蚂蚁就显得非常英勇，不顾个体的安危，立即爬到对方的前腿、后腿、头、触角等部分，开始撕咬对方的关节，直至把它大卸八块，逐一扛回家。碰到植物的种子时，蚂蚁不必战斗。但它同样十分投入，全力以赴地弄回家，有时地面不平会把蚂蚁连同种子一起摔个跟斗，从这头翻到那头（图3、图4）。

蚂蚁的这种举动看起来是寻找食物的偶发行为，但从植物的角度来看，这完全是植物刻意创造的一个条件，引诱蚂蚁帮它散播种子。蚂蚁把种子搬到蚁穴里，储藏它的食物，客观上也把种子埋在土中，留待明年萌发。有时蚂蚁也会把附属物摘取下来，把种子丢到蚁穴外。由此可见，植物虽然自身不能位移，但在几十万年的实践中感到这种搬动确实使植物得益不少，使它的后代有了更大的生存空间，于是让动物为它服务。这不失为弥补自己不能位移的良策，哪怕为此付出一定的劳务费也在所不惜。一旦这种互惠的关系确立，就在后代中不断得到加强。一代又一代的蚂蚁辛勤地搬运种子到运离母株的地下（蚁穴），子代的植物便在那里发芽、生长，扩大了地盘，同时避免了被其他动物吞食的危险。另外，三枝九叶草的附属物为网状，它的生态价值尚不清楚，留待感兴趣的读者去探究（图5）。

图 1　白屈菜（*Chelidonium majus*）的种子有一大块附属物，蚂蚁喜欢把它搬回巢穴储藏起来，帮助植物散播了种子。它是不吃种子的，明年开春种子就在地下萌发。

图 2　博落回种子的油质体能诱使蚂蚁为其散播种子。

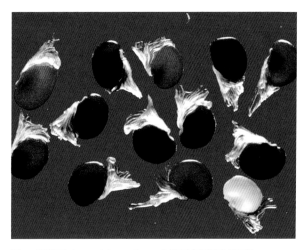

图 3　延胡索（*Corydalis yanhusuo*）种子有透明的附属物。

图 4　延胡索体长 2.5 毫米的种子，蚂蚁爱吃它甚于面包屑。我把两样东西放在前面，它就是爱搬运种子，哪怕此种子比自己体重还重。沿途由于路面的不平，不时翻个筋斗到了种子的另一端，所以它总是撑开 6 条腿，站稳了举起种子再向前。

图 5　三枝九叶草（*Epimedium sagittatum*）又称箭叶淫羊藿。它的附属物为网状，这是不是对风力传播的适应呢？

绿豆汤里的"诺亚方舟"

绿豆各地都有栽培，种子绿色，具清凉解毒、利尿明目的功效，是药食同源的植物，尤其在夏天喝碗绿豆汤更是我国民间常用之方。当你高兴地喝着绿豆汤时，冷不防会吃到一粒"石子"，吐出来一看，竟是一颗未煮开的绿豆。想必许多人都有此种吃到"石子"的经历，植物学家称这种"石子"为"硬石种子"（图1—图3）。为什么这些种子经过长时间的沸水高温煮、用压力锅加压，它们却"不动声色"呢？原来这是它们的生存策略，在自然条件下它必须经过土壤微生物长期的作用，种皮才能允许水分通过而使种子萌发。

自古以来每个物种都要结子，它们的后代必定基本相同于父代（遗传）又有所不同（变异），后代在其生长过程中必定经过自然条件的种种考验，不适应者当即死亡，只有那些有利的变异得到了自然界的保留并日益加强。这就是生物演化的一般规律："遗传，变异，自然选择，适者生存。"一块石头放在任何地方，都不可能有此种变化，这就是生物体的奇妙之处。正因为如此，植物发展至今才变得绚丽多彩、形形色色。生物的变异是没有目的、全方位的，只有将那些有利于生存的变异保留下来，淘汰掉众多的不利变异，才能兴旺发达，发展壮大起来。

《圣经》中曾讲述了"诺亚方舟"的故事："上帝因世人行恶，曾降洪水灭世，唯诺亚一家行善、维护正义，故命他制造方舟率全家并选取所有禽兽各一对避难，因而使人类得以留传。"豆类的这一特点好似给自己准备了诺亚方舟。一旦遇到干旱、水淹、暴冷或森林大火等不利环境，刚长出来的幼苗就会遭到灭顶之灾。按照常理，此地的绿豆就没有后代了，但是它自备了"诺亚方舟"——硬石种子。在灾难来临之时，它不动声色，这样可以坚持一年或更长时间。当灾难过去之后，硬石种子便可发芽生根，继续生长。要不了几年，绿豆便又繁荣在自己的故乡。

我们知道，硬石种子并不是绿豆专有的特征，仅我们观察到的，赤小豆、舞草等也有硬石种子，只是有些种类如大豆由于人类的长期栽培已经无意中选择了不产或少产硬石种子的品种，所以今天就很少见到了。

图1　绿豆植株。一株绿豆有好多花，能结出几百粒种子，就是有
几百个后代。即便遇到了天灾，只要诺亚方舟在，躲过了灾难，要
不了几年又可以成为当地的兴盛物种。

图2 绿豆汤

图3 绿豆汤中的豆粒多已煮开花，体积变大。

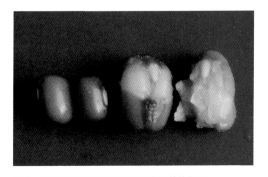

图4 绿豆汤中的硬石种子和已煮开花的绿豆。

科学发展至今，人类有了更多的办法来保护每一种植物不受自然灾害的影响。大家知道，人类已经在挪威斯瓦尔巴群岛建立了末日种子库，它可以预防植物的传染病，可以防原子弹爆炸的冲击，常年在零下18度的环境中可保存长达1000年的储存，估计最久的高粱大约能存放1.95万年。这个种子库主要储存农作物的种子，如果有朝一日地球上的植物灭绝了，这时末日种子库的种子就可以重新出来，恢复地球原来的百花盛开万紫千红的场景，尤其是经过人类多年种植的农作物依然可以向人们提供高产的粮食、水果、蔬菜，整个社会也可以很快恢复原来的面貌。到那时，活着的人们就会无比欣慰地感谢末日种子库带给他们的幸福。

实际上，全球各地分布着大大小小的种子库，数以千计。中科院昆明植物研究所中国西南野生生物种质资源库备存的国外种子数已增至1197份。英国邱园的种子库已入库87科346种野生植物种子，而且数量还在逐年增加。

第五篇　其他考察中的照片故事

以上谈的都是当环境变化了以后植物体所有器官（根、茎、叶、花、果实、种子）是如何应对的，下面要谈的是人们主动地去寻找存在于植物体中的种种有用的东西来为人类服务。这其实是一个非常浩繁的工程，写一套书都写不完，岂是本篇完成得了的？！这里就信手拈来几篇以飨读者。

地里种出石油来 —— 生物能源

数百年来，煤炭、石油、天然气一直是人类能源的主角。随着文明的飞速发展、人口的急剧增长和能耗的成倍增加，这些不可再生资源日趋紧缺，能源危机已直接威胁到世界的和平与发展，成为不同政治制度的国家共同关注的难题。石油资源具有不可再生性，总有一天要枯竭。而且原油价格不断攀升，从 2001 年的 20 美元 / 桶，到了 2007 年底已接近 100 美元 / 桶（每桶 158 立升），2008 年 5 月又突破历史上的最高价格 130 美元 / 桶。国际著名投资银行高盛的研究报告称：油价在未来几年将达到 200 美元 / 桶。产油国伊朗认为石油价格还太低，必须"发现其真正的价值"。看来油价的不断飙升是大势所趋。我国是依赖能源密集型产业推动经济增长的发展中国家，城市化进程正在加速，石油消费处于上升区间。这意味着我国将承受更大的压力。油价的高涨已经开始波及百姓生活。为了维持经济的可持续发展，许多国家正大力开发能源的可替代产品，生物质原料不但可以再生而且清洁，潜力巨大。科学家们设想，既然煤炭、石油和天然气等都是远古时代的植物把太阳能储存在生物中的一种化学能，它们直接或间接地来源于植物的光合作用，那么就有可能通过现今的绿色植物来"生产石油"。

生物柴油是典型的"绿色能源"，是以大豆、棉等油料作物，膏桐（图 1）、油棕（图 2、图 3）、黄连木（图 4、图 5）等油料林木的果实，工程微藻等油料水生植物，以及动物油脂、废餐饮油等为原料制成的液体燃料，是优质的石油代用品。大力发展生物柴油对经济社会可持续发展、优化能源结构、减轻环境压力、减少进口依赖等方面都具有重要的战略意义。

1986 年美国率先进行人工种植"石油植物"，每公顷年收获"石油"120～140 桶。随后法国、日本、巴西、菲律宾、俄罗斯等国也相继开展了"石油植物"的研究与应用，建立起"石油植物园""石油农场"等全新的"石油"生产基地。美国能源部建设了新能源研究中心，其目标是到 2030 年 30% 的运输燃料由生物燃料取代。

当前美国主要利用玉米生产燃料乙醇，巴西主要用甘蔗生产乙醇，而欧洲则用芸薹籽生产生物柴油，用小麦等生产乙醇。以玉米、甘蔗、小

图1（左上图）　麻风树又称膏桐（*Jatropha curcas*），为目前世界各国普遍选用的能源植物。属大戟科。

图2（右上图）　油棕（*Elaeis guineensis*）既可美化环境又是油料作物，属棕榈科即槟榔科。

图3（右下图）　油棕的一个果序，它的产油量是不少的。

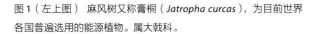

图 4　黄连木（*Pistacia chinensis*）果枝，属漆树科。

图 5　黄连木果枝

麦、芸薹籽等作为生物能源的主要作物，这种做法不符合我国的国情。我国能源局印发了《生物柴油产业发展政策》，提出了构建适合我国资源特点的政策。

在我国，环境保护问题已经迫在眉睫。我国具有十分丰富的原料资源，能源植物主要集中在大戟科、豆科、樟科、桃金娘科、夹竹桃科、菊科、山茱萸科、大风子科、萝藦科等，本文提供了一部分石油植物的图片。目前我国生物柴油的开发利用还处于发展初期。选择能源植物要考虑因地制宜，服从"不能与粮争地""不能与人争粮""不能与人争油""不能污染环境"的"四不"政策安排，采用廉价原料提高转化率从而降低成本，是生物柴油能否实用化的关键。这"四不"的原则是完全符合我国国情的，像上面提到的美国、欧洲、巴西的做法都不符合我国的国情。我国幅员辽阔，西部还有大片的土地可以种植石油植物。

我国的化工巨头——中国海洋石油总公司已投资，打造生物能源的生产基地，建设大戟科的麻风树（又称膏桐树、小桐子，图6）40万亩。麻风树原产拉丁美洲，分布于澳洲、非洲和亚洲，我国的云南、海南等地也有大量逸为野生的麻风树。这种树的种仁含油量高达60%，是传统的肥皂和润滑油的原料，一亩麻风树年产干果650公斤，每公斤干果可榨油0.3公斤。经过改性的麻风树油可适用于各种柴油发动机，被称为"生物柴油树"，是世界公认的能源树。联合国将麻风树种植作为生态建设和扶贫项目，我国也将其列入"西部开发科技行动专项"计划，西南地区已种植几十万亩。麻风树的种子不可吃，不会对粮食领域构成竞争，相反，麻风树能在非常贫瘠的土地上生长，能起抗旱、防止沙漠化的功效，并且使土地变得肥沃。我们用它生产的生物柴油的成本不会高于普通汽油。100升柴油中加入经处理的10~20升膏桐油，车辆使用几乎不受影响。湖南省长沙市完成了光皮树油（图7）制取甲酯燃料油的研究及绿玉树（图8）的相关研究。对油茶、油桐、光皮树、麻风树、蓖麻（图9）等非食用木本或多年生木本植物油的制取，油脂脱胶、脱蜡、脱臭工艺进行改进，也在进行之中。银合欢被菲律宾、马来西亚誉为石油植物，它的适应能力很强，有保土、固沙、为家畜提供饲料的作用，也是很有前途的能源植物（图10）。其他的如续随子、苍耳、山桐子、算盘子等都是可以开发的植物（图11—图14）。

图6（左上图） 麻风树，又称膏桐（*Jatropha curcas*），是世界各国普遍选用的能源植物，属大戟科。

图7（右图） 光皮树（*Cornus wilsoniana*），属四照花科（山茱萸科）

图8（左下图） 绿玉树，又名光棍树（*Euphorbia tirucalli*），属大戟科。

图9　蓖麻（*Ricinus communis*），属大戟科。

2019年5月7日，随着第一枪由餐厨废弃油脂制备的B5生物柴油加注到公交车油箱内，上海2000余辆公交车将正式用上以废弃油脂为主，木（草）本非食用油料为辅的可持续原料供应体系。

值得注意的一个倾向是，随着石油价格猛涨，世界进口粮食的成本将大幅度地提高，这使得一些农民放弃种植粮食转而进军生物燃料市场，即使是粮食生产户，也会将玉米和大米用于生物燃料，甚至干脆改种非洲棕榈等燃料作物。因此，联合国粮农组织官员称石油价格上涨将造成普遍饥荒，世界将面临史无前例的粮食危机，同时指出使用粮食生产燃料是一项"反人类的罪行"。我们应以此为鉴，在发展生物燃料的同时，必须全面兼顾14亿人口的粮食需求和工业用油需求之间的平衡。

图 10（左上图） 银合欢，又称白合欢（*Leucaena leucocephala*），属豆科。菲律宾、马来西亚誉其为石油树，原产热带美洲。

图 11（右上图） 续随子（*Euphorbia lathyris*），属大戟科。

图 12（左下图） 苍耳（*Xanthium strumarium*），属菊科。

图 13（右下图） 山桐子（*Idesia polycarpa*），属杨柳科。

图 14　算盘子（*Glochidion puberum*），属大戟科。

拟南芥 —— 最耀眼的植物明星

20 世纪 70 年代末,一位分配在中国科学院植物生理研究所的我系(华东师大生物学系)毕业生来求我说:老师经常在外考察,进行分类鉴定,请务必帮我找一种小草 —— 拟南芥,并说这是很重要的实验材料。看着他恳切的眼神,我不好意思推却。但是,这么小的草不开花时只有小小的几枚叶片贴在地上,与一元钱的硬币相仿,确实让我为难。到哪儿去找? 这种命为"××芥"的草(图1、图2),历来不被人们注意,所以才叫它为"××芥"。芥的意思就是一种既"小"又很不值钱的东西,我国古人常将身边一些卑微、低贱之事物"视若草芥"。拟南芥早先就是这样一种无声无息、名不见经传的小草,既不好吃,也不好看,对人类毫无经济价值。经查阅资料,在我国分布倒是很广的,从华东到内蒙古、新疆,西达云南、四川;全球除少量地区外,均广泛分布。既然答应了就得努力去兑现承诺,我一边在田间、山麓蹲下身子仔细看,一边在心里嘀咕:要这小草干什么用呢?!

功夫不负有心人,在我上百次俯身仔细观察之后,终于在安徽的田埂上发现了这个小不点儿。它的叶片上有很细的二三叉的星状毛,根据这一特征就大体能确定了(图3 — 图5)。拿回来仔细鉴定后确证是它,让我很高兴 —— 可以交代了。

那么,拟南芥到底有什么价值呢?

这要从当今科学的突飞猛进谈起。大家已经知道,基因和基因工程是改造动植物品质的关键,拟南芥就是和这一重大课题有关的,从 1964 年第一次"国际会议南芥研究大会"召开至今,五十年间已经开过近二十次世界大会了。正如 20 世纪是果蝇的世纪一样,21 世纪是拟南芥的时代。

拟南芥究竟是怎样的植物呢?

拟南芥属于被子植物门、十字花科、拟南芥属,是一年生或两年生的细弱草本。与人们熟悉的青菜、萝卜、荠菜是一家。只是拟南菜有如下的特点使得它威名大振,成为分子生物学中最优秀的"模式植物"。

1. 染色体很少,只有 5 对。包含 2.5 万个基因,控制着 1.1 万种蛋白质的合成;它的基因组很小,基因内的重复序列少,有利于人们解开基

图 1　栽种在茶杯里的拟南芥（鼠耳芥）（*Arabidopsis thaliana*）。它是分子生物学的模式植物。

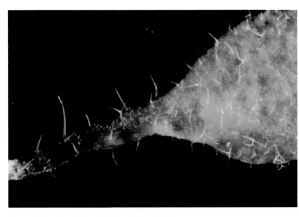

图 3　拟南芥叶片和叶柄上有分叉的毛。

图 2　野外见到的拟南芥植株就这么小。

图 5 拟南芥种子

图 4 在野外，拟南芥
可以长到四五十厘米高。

因之谜。而一般的被子植物都有六七十对染色体，蕨类植物甚至多达 1000 对以上。相比之下，拟南芥的染色体少、基因组小就是一个很大的优点。

2. 生长期很短。4～6 周就可以完成从种子到种子的完整的生长发育过程。大家知道，科学实验要求多次重复才能得出结论，生长周期短就有利于缩短科学研究的时间，做出成绩。

3. 个体极小。每平方米可以栽种 6000 株，这就可以在有限的空间进行各种不同光照、温度、营养的试验，为实验条件的改变和控制提供良好的基础，节约成本。

4. 它是十字花科的植物。十字花科是与人类关系极为密切的科，从拟南芥中发现的规律具有较容易地应用到同科植物中去的前景。

5. 它不论在长光照还是短光照下都能开花结实。它在自然条件下是典型的自花传粉（自交繁殖）的植物，这使得拟南芥在种植、繁殖过程中得以保持其遗传上的稳定性，同时又可方便实施人工杂交、人工诱发突变体处理，使得遗传分析工作较容易完成。

6. 拟南芥的大多数基因在其他植物中都能找到，因此有关拟南芥的任何发现都可能应用于其他植物的研究中。

鉴于以上六点，深受科学家喜爱的拟南芥，被公认为是 25 万种被子植物中迄今为止最好的模式材料。拟南芥的完整的基因图谱已经完成。

下面就看看拟南芥的应用前景吧。

1. 拟南芥是探索太空的先锋。2007 年，美国发射"侦察员"飞船时把转基因拟南芥送上了火星。为什么其他植物不送而要送拟南芥上去呢？就是因为拟南芥有上述几个特点，人们送它上火星的主要目的在于想通过它吸纳大气中的二氧化碳，并制造出生命所需要的氧气。一旦转基因拟南芥在火星上扎下了根，这种在地球上的"小草""野草""杂草"将成为人类登陆火星的无声的急先锋。

2016 年 9 月 15 日中国的空间站 —— 天宫二号空间实验室成功发射，科学家们把两种植物一同带入了空间站，它们分别是水稻和拟南芥。可见拟南芥在植物界中的地位。

2. 缩短作物生长周期。西班牙国家食品及农业技术研究院的科学家从拟南芥中提取出两个基因，将它转移到橘子树，结果一般需要 5～6 年才能成熟的橘子树，只需一年就能开花结果。

3．增加耕地。科学家们发现，拟南芥具有一种抵御高盐分侵袭的神奇机制，能排除叶片中过多的盐分。调控这一机制的基因名叫"AtHKT1"。如果今后能将这种基因转入其他农作物，人们将可以让荒废的1000万公顷土地重新得到利用。这对于耕地日益减少、人口不断增加的国家来说，无疑是增加耕地的大好消息。

4．开启了未来医学、农业、环境和工业研究的大门。拟南芥的研究告诉我们，植物和动物一样也有相应的自我保护方式，它本身就含有抵抗病虫害的基因，如何找到这些基因，如何使这些基因不保持"沉默"，能够"挺身而出"，找到抗病虫基因、抗冻基因、抗旱基因，是人类希望通过拟南芥的研究早日破解的奥秘。

5．开发生物反恐武器。2003年美国五角大楼拨款50万美元支持一项拟南芥研究项目，希望能让拟南芥感觉到生化战剂的存在而迅速改变颜色。若能成功，今后每个家庭都可以用廉价的盆栽植物作为自家生化战的报警系统。

从上述可以得知，地球上现存的种种生物都是经历了亿万年风雨的磨炼生存下来的，这是地球历史留给我们的宝贵"遗产"。每个物种都是一个基因库，只是人类至今还不了解，一株在田野里自生自灭了多少年的名不见经传的小草，竟然出了大名。它为我们揭开基因之谜立下了汗马功劳，我们能说它不重要吗？这就是今天大力提倡保护生物多样性的原因，但愿这类生物千万不要在被人类发现和认识以前就灭绝了。也希望拟南芥继续发扬它的本领为人类的探索作出新的贡献。

紫罗兰与石蕊试纸的故事

做化学实验配制溶液时都要用到 pH 试纸（又叫石蕊试纸），来测定 pH 值，否则就无法调制到需要的酸碱度。你知道石蕊试纸是怎么发明的吗？

17 世纪一个夏日的早上，爱尔兰科学家波义耳在他的私人实验室里正帮助助手威廉把才买来的浓盐酸倒入一只玻璃瓶。刺鼻的气体从瓶口冒出，在桌面上方缓缓而过，这一过程没引起波义耳的注意。倒完以后，他就拿着原来放在桌子上的紫罗兰回到书房，这时他突然发现紫色的花变成有红色斑纹的了。"真可惜！盐酸的烟雾破坏了花朵，应当让水冲洗一下才好。"波义耳自言自语道。过了一会儿，他又抬头看看放在杯子中冲洗过的花："奇怪！紫罗兰的颜色又变回紫色了。"这一变化使得这位科学家得到了一个极为闪亮的灵感（图 1），他飞也似的跑进楼下的实验室，和助手分别在多个试管中各倒入一种酸，用水稀释后，再放入一些花，结果深紫色的花朵开始带有一点淡红，不久就全变红了。"原来不仅是盐酸，其他各种酸都能使紫蓝色变成红色，这可太重要了。"

波义耳兴奋地说道。

受此启发，波义耳有了一个新的研究课题——到自然界中去寻找能够指示酸碱度的植物。他采集了各种药草、苔藓、地衣、五倍子、各种树皮和根，泡出了不同颜色的多种浸液，进行筛选，最终最使他感兴趣的是，一种枝状地衣——石蕊的紫色提取液遇酸变红、遇碱变蓝（图 2）。波义耳用这种浸液浸透纸片再烘干，只要将一小块这种纸放进被检测的溶液，纸片就会改变颜色，这就是今天 pH 试纸的雏形。

那么它为什么有这么神奇的变色功能呢？原来，石蕊的浸液是一种有机弱酸，在水溶液中它的分子和它电离后形成的离子有不同的颜色，分子呈红色，离子呈蓝色。当两种浓度相同时，呈现紫色。若向溶液中加酸，由于化学平衡的转动，红色分子会逐渐增大，于是溶液变为红色。

这个例子对我们至少有两点启发。

1. 人类对于植物的认识常常是很片面的，一直仅仅被当作观赏植物的紫罗兰，竟能启发人们去寻找测定 pH 值的物质。我们赞扬波义耳对问题

图1 紫罗兰（*Matthiola incana*），十字花科观赏植物，花紫、红或白色。给科学家发现 pH 试纸提供了灵感。

的深入思考和发散性的思维，一个人从青少年开始就要养成发现问题的习惯，好的家长就是这样培养他们的孩子的。

2. 任何发现、发明都需要有仔细、灵敏的观察，一旦发现了新的问题就要锲而不舍地钻研下去，提不出问题就说明思考不深入，就失去了进一步解决的可能。新的突破可能就在于"坚持一下"。

波义耳在做上述试验时并没有放弃其他的想法，他还发现用水泡出的五倍子浸液能和铁生成黑色溶液，能制成墨水，于是后来人们沿用这种方法来生产不沉淀的高质量的墨水达一世纪之久。

波义耳的这些实验对我们有什么启示呢？一个勤于研究的人要思想活跃，善于对出现在眼前的事物问一个为什么，并着手去解决。若能如此，那么这本书教会你的就是如何学习做一个智慧的人。

图2　石蕊（*Cladonia* sp.），一种枝状地衣，最初由它提取测定酸碱度的物质。

辣根与神经生物学的故事

有人问我："老虎有什么好处？它会咬死人、会吃掉家养的牛，我们为什么还要花那么大的力气去保护它？不像大熊猫，长得好看，还可以换得不少外汇，保护它还有一定的道理。要保护老虎，我实在想不通。"

前面讲的拟南芥、紫罗兰等实例说明，我们今天还没认识到的生物不能说它就是无用的。这一点我想大家一定有所认识了，这里再提供一个例子。

辣根历来被人们当作食品的调料来种植，可是你有没有想到，它在今天已经成为生理学研究中的重要试剂了？

辣根也是十字花科的草本植物，根肉质肥大，叶片边缘有圆齿，茎下部的叶羽状分裂。原产欧洲南部和土耳其，20世纪三十年代由英国人士引入上海。我国常栽培。根味辛，芳香，是制造辣酱油、咖喱粉和鲜酱油的原料，也是食品罐头工艺不可缺少的香辛料，罐头中加入了辣根不仅可以增加香味，而且不易变质。辣根亦可药用（图1）。

大家知道，当今生命科学的研究中神经生物学是最尖端、也是最困难的领域，因为人们很难摸清神经通路的传递到底去向何方了。近年从辣根中提取的辣根过氧化物酶作为神经生物学研究中示踪技术的示踪剂，解决了这一难题：用它注射到动物的神经中枢以后，它会沿着轴突，定时地扩展，几天后在麻醉状态下处死小鼠，做成切片以后，还可以在紫外线中看到它随着神经走向何处。这是一种高效、敏感的神经通路的追踪方法。

从上面的几个实例你就知道，任何生物都是地球历史上历经千万年的进化演变过来的，都是唯一的，我们人类对它们的认识还很有限，所以我们不能根据现有的认识，就判定一个物种是有用或无用，有利还是有害。再说了，所谓有利、有害，也只是基于人类自身的利害标准，而不是按照自然界的标准来判断的。

这里就要提到生物多样性的保护问题。上述三个例子都是随着科学的发展提出了新的要求，然后生物学家们到生物多样性中去寻找。拟南芥是应基因工程的要求而脱颖而出的杰出代表，一百年前不可能去探究哪种植物的基因最少且生长期很短，今天有了这种要求，于是人们就找到了拟南芥。石蕊试纸是适应化学的发展，需要准确了解溶液的酸碱度而寻找到的，在此之前人们也就知道"醋是酸的"，管它多少度，更不会想到用滴定法使溶液达到中和。同样地，今天有了具体要求，人们就从生物多样性中找到了石蕊；辣根过氧化物酶更是因当今分子生物学中最尖端的学科——神经生物学的发展而得到重视的。了解了这个道理，就不会对为什么要保护老虎产生疑问了，就会以更广阔的视野来看待生物界的一切。

近二三十年来，袭击人类而新发生的传染病有二三十种，例如：艾滋病，大肠杆菌 O157（一种引起出血性肠炎、导致死亡的传染病），微小病毒引起的 5 号病，肝炎丙、丁、戊、庚，SARS 病毒，埃博拉病毒及 2020 年春节前后大流行的新型冠状病毒 Covid-19 …… 当这些疾病袭来时，人们就要求对付该病的新药，生物多样性就是能满足人们这类新要求的一个资源库。保护生物多样性是联合国对世界各国提出的要求，也是标志着各国政府和人民看待自然的一大转折，我们谈植物的智慧也只是生物多样性中的一小部分。正如本书前面所述，生物是由上一代遗传至下一代的，是由多数基因组成的，如果某个植物的居群（前称"种群"）中有 1500 个基因，那么可能的组合估计比宇宙基本粒子的数目 10^{78} 还要大得多，这样的遗传变异储备，为因自然选择的需要而发生变化的进化反应提供了基础。植物体就是在这样的背景下产生着各式各样的变异，这些变异都是随机的，无目的；大自然对这些变异何者淘汰何者保留也是随其适应与否而决定选留的，当植物的某种变异正好适合于新的自然条件时（或人类对植物的新要求时），这种变异便被选中，一代一代地得到加强，逐步成为当时最合适的植物体，甚至新的物种。这就是植物由一个物种发展成为几十万种的缘由，也是植物随着当前人们的特殊要求而产生的变异。随机的变异遇到了自然界的随机的选择或人们有意识的选择，两者一旦结合就是适者生存。在这个自然规律面前，没有超自然的力量主导着植物的演绎和进化，植物没有自主的愿望去适应某种生存条件。因而植物没有主动的智慧可言，有的只是植物具备了变异的无尽可能。人们平时惊叹植物的智慧是指植物长期演化的结果，植物的多种适应被大自然或者被当前人们的特殊需要所选中而得到保留，所以这不能说是植物主动、有意识地改变自身结构的结果。

图1 辣根（*Armoracia rusticana*），十字花科的草本植物。它因根具辛辣味，历来作为调味品栽种，用在辣酱油、咖喱粉中。从中提取出的辣根过氧化物酶现今是神经生物学中的示踪剂。

话说莲花

莲的历史　莲又称荷花、芙蕖（图1），在我国有悠久的栽培历史。远在公元前500年的吴王夫差，就在太湖之滨的离宫（今江苏苏州灵岩山），为宠妃西施欣赏荷花而修筑玩化池，这可算最早的记载。以后历代文人墨客和各种本草都有记载。莲花与佛教有着千丝万缕的联系，用莲花作为佛座是认为莲花出淤泥而不染，又非常香洁，莲花因而成为佛教的象征。但必须明白：佛教中的莲花并非荷花的同义词，它还包括睡莲属的5个种。莲花原产亚洲热带地区和大洋洲，我国早有野生的莲花，古植物学家徐仁教授曾于70年前在柴达木盆地发现莲叶化石，该化石距今至少已有1000万年。今天莲花在我国南起海南岛（北纬19度）北至黑龙江（北纬47.3度）除西藏和青海外，几乎都有栽培，垂直分布可达2000米，在秦岭和神农架的深山池沼中也可见到。

藕断丝连　莲花为宿根水生草本。藕是莲横生于淤泥中的肥大根状茎，藕的断面有许多大小不一的孔道，这是适应水中生活而形成的气腔，气腔一直通到叶柄和花梗，有利于进行气体交换。茎内还有许多细小的导管和筛管，导管内壁附有木质纤维素的螺纹加厚壁，当折断拉长时，这些加厚的次生壁就像电话听筒上的电线那样被拉长，出现"藕断丝连"的现象（图2、图3），荷叶大，全缘，盾状着生。叶面深绿色，布满极短小的突起，能使脏物随滚动的水珠掉落；花两性，萼片4～5，花有单瓣、复瓣、重瓣、千瓣之分，色有深红、粉红、白、淡绿等，雄蕊60～450枚，花药顶部有黄色的附属物，柱头顶生，子房上位心皮散生于碗形的花托内；花后膨大的花托称莲蓬，莲蓬老熟时，从高举的柄上拆断向下，种子得以洒落水中，随水漂到他处进行扩散繁殖；每个心皮结实成一个果，果实俗称莲子，其中的胚呈绿色（图4、图5）。

千年古莲之谜　植物种子寿命短的只有几小时，一般的有几个月、几年，而莲子（莲的果实）却可以存活千年以上。1953年我国科技工作者在辽宁普兰店的泥炭土层中发现了一些古莲子，经同位素测定年龄在千年以上。当时，中国科学院北京植物园和苏联、日本的科学家一起将古莲子进行发芽试验，结果在1955年夏天就开出了粉红色的花朵。

图 1 莲花（*Nelumbo nucifera*）。荷塘里的叶片每张都干干净净，
因为它的叶片有"自洁"的结构与功能。

图 2　藕断丝连。藕丝是藕的导管内壁加厚形成的次生壁。

图 3　藕丝扫描电镜照片

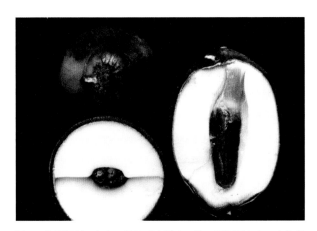

图 4　莲子解剖。左上：莲子顶上削去一片，可见顶上有一白色的气室，可藏 0.2 立方毫米的气体，据称这是莲子埋于地下千年不死的关键；左下：子叶 2 枚；右：莲子内绿色的胚。

图 5　莲子靠莲蓬在水中漂动来传播种子。

为什么莲子这么长寿呢？关键在于它的果皮。果皮虽然不厚，但是却由五层严密的结构组成：最外层是表皮层，有充满分泌物的气孔室和保卫细胞；第二层为含纤维素的栅栏组织，第三层是厚壁组织，这两层是最关键的；第四层是薄壁组织；最里面是含储藏物的内表皮细胞层。由这五道防线构成的"密封仓"阻止了水分和空气的自由进出，当然也挡住了微生物的钻入。在这个特殊的装置里，莲子的生命活动仍在微弱进行，而莲子所含的抗坏血酸和谷胱甘肽等化合物，比其他植物高出许多倍，这类化合物是种子长寿和保持萌发力的重要物质。因此，莲子被埋在温度低、少微生物干扰的泥炭中休眠上千年仍能萌发、长出新枝。莲子的柱头边上有一个小孔，里面可以储藏 0.2 立方毫米的气体，这一结构的生物学功能还没有被彻底弄清，有人估计这是莲子在土中长时间进行气体交换的通道。另外，叶绿素都是在阳光下形成的，那么莲子中间的胚（莲子心）是被子叶包围从不见阳光的，它怎么会成为绿色的呢？莲子提供了在自然界中无光条件下能产生叶绿素的证据，以上这些问题还有待研究。

"莲叶效应"—— 污泥不染、尘埃不沾之谜 莲叶的表面总是干干净净的，哪怕脏水、泥水、墨水、各种油污、食物残渣泼上去，只要它头一歪，水分掉落，依然干干净净，这说明它有自我清洁的功能。这是什么道理呢？1997 年德国波恩大学的植物学家巴特洛特（Wilhelm Bathlott）发现，一般的叶片要在显微镜下观察的话必须先清洗表面，才能进行观察，而莲叶的上表皮为一层外壁具角质的细胞，每个细胞都有微米级的脂质乳头状突起（1 米＝ 1000 毫米；1 毫米＝ 1000 微米），突起表面又覆盖一层直径约为一纳米的蜡质结晶（1 微米＝ 1000 纳米）；经电子显微镜观察，表面像有一座座毗连的雪峰，这种结构称为"微米—纳米双重结构"。这一结构使得降落在叶面上的灰尘、雨水等一切赃物和叶面的接触只占灰尘表面积的 2%～3%。水降落到叶面时，由于这一结构再加上脂质的疏水性，便会因表面张力而形成水珠。当水珠滚下叶面时，污物的颗粒被附着粘连，与水珠一起滚动而被清除（图 6、图 7）。再对比一般叶，其光滑的表面虽然也有疏水性的蜡质，但由于水滴与表面的接触面积大，水滴只会在表面以大面积的滑动方式移动，灰尘只是被挪动了一点点，而不可能被夹带着一起离开叶面（图 7 右侧）。因此，光滑的疏水结构表面没有自洁的功能，而"微米—纳米双重结构"的表面能将污物与水珠一起滚动而表现出自洁的功能。巴特洛特解开了这一莲叶特殊现象之谜，莲叶运用自然的纳米结构达到自洁的效果这一物理现象，被巴特洛特称为"莲叶效应"（lotus effect），人们用此原理制作人工的防污表面，用以作为衣料的外表面、房顶、自动喷漆器等。上海市已将其用在城市雕塑的表面，使它保持光亮，永不沾灰尘。这是仿生学的成功一例。

　　我们对荷叶做了一个实际的实验：叶片上面先有不少灰尘，当我们用水壶淋水时立马可见灰尘随着水一起流走了。其原因正如上面说的：灰尘与叶面的接触只占灰尘表面积的2%～3%，水降落到叶面时由于表面张力而形成水珠，当水珠滚下叶面时污物的颗粒被水珠附着粘连，一起滚动出叶片。

莲叶自洁效应慢动作（寿海洋拍摄、沈崴懿剪辑）

　　莲叶效应不仅莲叶有。在偌大的自然界里，你必然还能找到雨水落在叶片上，呈水珠滚落的现象。请你到大自然中去看看哪些植物有类似莲叶效应的情景，你能举出几例吗？

　　莲花在地球上是最早出现的被子植物之一，它的很多结构还保留着原始的性状，譬如：花被分化不明显（萼片与花瓣尚没有明显的界线，只有过渡性）、雌雄蕊都是离生的（演化高级的就会相互愈合成合生心皮，或雄蕊的各种联合）、子房上位（进化的类型为子房下位，使胚珠得到更好的保护）……可是它也有许多适应环境的高级特征，如：全身充满气道有利于它在污泥中不致缺氧而死亡，这是它在千万年中适应环境的一个明显的特征。另外，莲子何以能在泥土中保存这么长的时间而其中的蛋白和各种酶依然保持活性，这至今仍是个谜；莲花种子成熟后花葶倒下，便于种子从花托中散出掉落在水中，随水流动而传播这种散播的方式是这个物种传播很广的原因；叶面的"莲叶效应"使得莲叶保持洁净，不至于被空中下降的枯枝、落叶、灰尘挡住了阳光影响光合作用，这使得它适应水生环境，始终能得到全部光照。莲的这种特征都是在亿万年的时间中不断产生的随机变异（不变者则死亡），而大自然也是随机地进行选择，凡符合自然条件变化的特征便被保留下来，逐代加强，成为今天的莲花。由此看来，它虽然古老，要是没有一套适应环境的超强能力，就不可能活到现在。

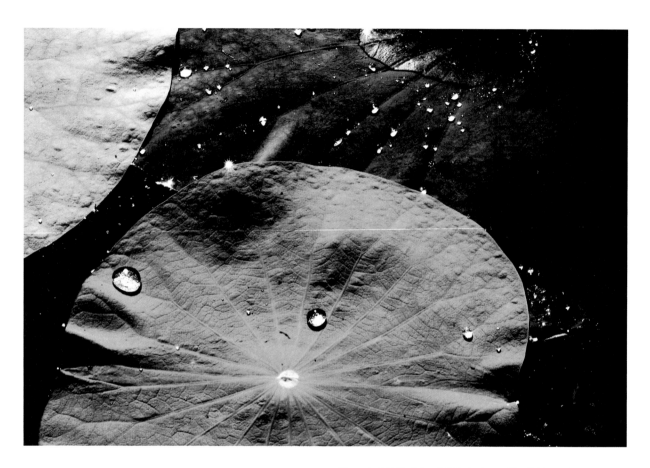

图 6 水珠掉落叶面，像被架在叶面一样，依然呈珠状。可以自由滚动，带走杂物而不湿叶面。

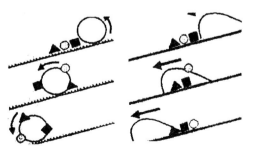

左：滚动方式   右：滑动方式

图 7 莲叶效应：由于污物浮在微米－纳米结构的表面，和叶面直接接触很少，所以被水珠以滚动方式黏附带走（左）。而在一般光滑的表面上，污物是直接贴在表面，不成水珠，向下流动时不能带走细小的灰尘，只能以滑动方式做近距离的位移，无自洁功能（右）。

真假天麻

20世纪60年代，有一位朋友出差到了四川成都，听说那里出产天麻，这是治疗头晕的好药，回家前他决定为妻子买此药。要知道，当时这种药工薪阶层是吃不起的。出于对妻子的关爱，再贵也得买，让她有一个惊喜——买到了对症的好药。于是吃过晚饭他兴冲冲地来到药市场，在昏暗的灯光下，兜售的人向他出示了几个大天麻，而且价格比正规的店里便宜不少，于是他一下子买了一斤半。心里思忖着："这下妻子高兴之余一定会嗔我，不该花高价买这药，而我呢，为她的病体好转，当然觉得这钱花得'值'。"等他回到上海，有人告诉他这药似乎不对，拿到药店一看才知全是假药。他怎么会看不出呢？原来那些奸商专门利用傍晚光线昏暗蒙混过关，图1中只有左1是真天麻，左2是紫茉莉的根，左3是土豆（洋芋），左4和5是大理花的根。面对这么多的假货，一个从未见过天麻的人如何识别得了？这位朋友没掌握天麻的特征有二：第一，它的块茎上有许多成轮排列的小点；第二，它的表面有许多纵向的皱纹。他花钱买了个教训。

那么天麻到底是怎样的植物呢？为什么这么名贵？

天麻属于兰科天麻属。它的一生不进行光合作用，几乎都在地下生长，靠一种真菌——蜜环菌（*Armillariella mellea*）提供的营养，不断长大，把营养储藏在肥厚肉质的长圆形的块茎里面（图2）。大约经过3~8年才从顶端长出一个花茎，茎节上具鞘状鳞片（叶片），顶上是总状花序（图3），花黄褐色较小，萼片和花瓣合成筒状，顶端5齿裂，花粉块2，蒴果倒卵形，5—7月开花。结果以后，球茎的养料耗尽，就此结束一生。人们要采天麻，必须在开花以前进行，否则就没有药用价值了。天麻分布在我国东北、华东、西南各地，在山林里天麻要找到蜜环菌才能生长，它的产量不高，历代本草都将它列为上品。天麻含有香草醇、苷类和微量的生物碱，有熄风镇痉、通络止痛作用，用以治疗高血压、头痛、眩晕、肢体麻木、神经衰弱及小儿惊风等。

说起天麻的生长，还有一段很有趣的故事呢！鉴于天麻的名贵，历来人们就想加以栽培，可是

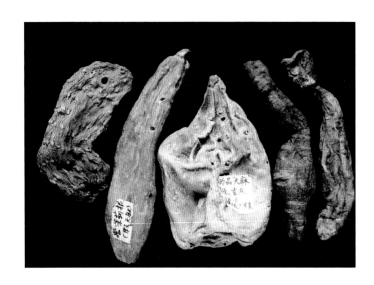

图 1（左上图） 真假天麻的对比。左 1 是真天麻，其余的都是假货，都是烘干了的其他植物的地下部分。

图 2（左下图） 刚从地下挖出的天麻（*Gastrodia elata*）鲜块茎

图 3（右图） 天麻开花前的地上部分，沿着茎往下，必能挖到天麻。

总不成功。20世纪60年代，中国科学院昆明植物研究所周铉教授深入云南山区，吃住在天麻田边，于是人们叫他"周天麻"。周铉教授经过悉心研究，终于搞清了它的生长规律，并种植成功。

原来，天麻在生长过程中始终与一种真菌——蜜环菌展开着激烈的较量。天麻的种子（图4）是未发育完成的处于原胚阶段的胚胎，经过风力的传播掉落到土壤上，这时它得在另一种真菌——紫萁小菇（*Mycena osmundicola*）等分解有机物形成的营养基质上才能发芽。这种概率是很小的，不过天麻的种子很多，一个果实里可以有5万颗种子。所以即使只有万分之一的概率，对它也是不错的了。蜜环菌主动进攻发了芽的天麻，天麻被蜜环菌寄生，蜜环菌是分解枯枝落叶的重要菌种，它对任何掉下地的有机物都要试着分解，并从中获得自己的养分。但是这次蜜环菌估计错误了，它侵入天麻的菌丝后没有能力分解天麻，反而被天麻当作食物吞噬了。从显微镜中观察，蜜环菌像干粉丝一样进入细胞，到最后变成水泡过的模糊的糊状——被天麻消化了。蜜环菌的一端分解着其他枯枝落叶，另一端源源不断地生出新的菌丝到天麻球茎内，企图消灭天麻，

这一场寄生与反寄生的搏斗最终以天麻不断发展壮大而收场（图5）。在这长期的互相搏斗的过程中，天麻成功地将寄生真菌变成了自己的寄主，由被寄生者一下子转变了地位，从自养型的绿色植物演化为异养型的以真菌为营养的寄生植物。正是由于蜜环菌的入侵，才使得天麻得到了丰富的营养，所以"食菌植物"的美名，天麻当之无愧。

在天麻的生活史中，第一年形成米粒般大小的球茎，第二年在此基础上长出一个中等大小的球茎，第三年（甚至时间更长）再继续这一过程，长成大的球茎，向上伸出花枝，开花结实，结束生命。由此可见，天麻的一生都在地下度过，只有当它开花结实的短暂时间才长出地表。天麻与蜜环菌的关系经历了三个阶段。1.拒菌阶段：各类球茎形成时，都可以抗拒蜜环菌的侵入。2.阻滞阶段：每当次一级的球茎出现后，原来的球茎允许蜜环菌侵入皮层，并在那里将菌丝消解为天麻的营养，蜜环菌被阻滞在皮层组织中。3.开放阶段：当次一级球茎长大发育完毕后，原来的球茎在天麻整体植株中的生长使命已经完成，此时蜜环菌即侵入到球茎的所有部位，将球茎分解，天麻的一生到此为止。

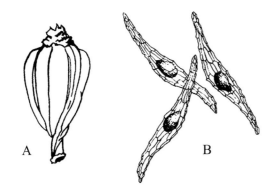

图4　天麻的果实（A）和种子（B）。每个果实里有数万颗种子（经显微放大）。

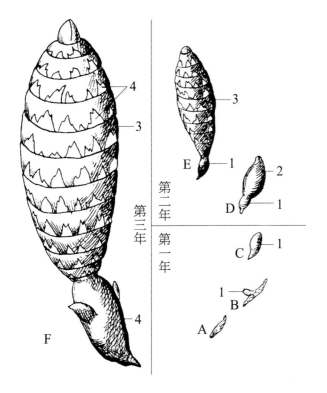

图5　天麻生活史。A—F表示天麻从种子萌发到球茎长大历经至少三年，蜜环菌企图侵染它，结果反而被它利用，成为营养的提供者。球茎的每一节长有多数鳞片，它们的维管束环成为区别真假天麻的重要特征。（1.原生球茎；2.初生球茎；3.次生球茎；4.鳞叶。）

蜜环菌首先是主动的侵染者，天麻被蜜环菌当作寄主，但是蜜环菌侵入以后，两者间并未表现出细胞间的物质交流，而是保持各自正常的生命活动，并共同生活一段时间。入侵的菌丝在天麻一系列的细胞内消化过程中，被酶类分解成供天麻生长的营养物的同时，被侵染的天麻细胞也因此失活。这种过敏性坏死的抗病反应有时也被称为植物的免疫反应，它使共生不再可能。正是这种变化使天麻成功地将入侵者当作自己的营养提供者，由被侵染者（被寄生者）变成了寄生者。这一情况是不同于众多兰科植物根中的共生关系的。

蜜环菌是森林中常见的先锋腐生菌，以分解枯枝落叶为生。天麻在长期的历史演化中由自养性的绿色植物演化为异养性的真菌寄生植物，发生了一系列的形态、结构、生理、生化方面的遗传变异，它们之间的关系是寄生与反寄生的关系。称它为食菌植物，就是强调它以消化蜜环菌作为自身营养的主要来源这一特性。

其实真菌和天麻的关系是很复杂的。天麻种子自身不会萌发，在自然界还得在紫萁小菇等分解有机物而形成的营养基质上才能完成种子的成熟以至发芽；球茎生长过程中一旦遇上尖孢镰刀菌（*Fusarium axysporum*），天麻就毫无抵抗力了，被其侵染得病而死；再则，开花结果后的天麻最终还是为蜜环菌所分解，进入大自然的物质循环。进一步的生理生化研究若能证实天麻在消解蜜环菌的同时也向它提供了生长所需的某些物质，因而促使蜜环菌在天麻周围长得更好，那么共生将更为恰当。

这里再说一点题外话。20 世纪 80 年代，周教授衣着朴素地来到他的母校——华东师范大学。他是 50 年代初最早的毕业生，回母校时有些感冒咳嗽。到卫生科去看病，所花钱的数额让他意想不到，为此他老大不高兴了一阵子。一位业绩斐然的老教授还得为几块钱的诊疗费而抱怨，实在是因为知识分子的待遇和明星们不可同日而语。在此我为周教授潜心科研，解决了天麻的栽培难题，为我国药学事业做出了杰出贡献而赞赏，同时也为做出了杰出贡献的人依然为几块钱耿耿于怀而不平。愿周教授不平的故事不再重演！

泡　桐

提起泡桐，人们就会想到焦裕禄为了防止风沙和土壤中的水分大量流失带领群众种植大量泡桐的事迹。河南兰考位于黄河边，历史上黄河曾多次泛滥改道，形成了大面积地质疏松、透气性能好的土质，对泡桐生长十分有利。今天泡桐已经成为兰考的巨大财富。

泡桐为玄参科泡桐属的落叶乔木。叶对生，宽卵形至卵形，花大，排成顶生的花序，蒴果开裂成2瓣，种子细小，多数，有翅。全国泡桐有5个主要树种：兰考泡桐、楸叶泡桐、白花泡桐（图1）、毛泡桐（图2、图3）和四川泡桐。

泡桐树生长迅速，成材时间短（图4），素有"一年像把伞，三年能锯板"之称，它是中国特产的速生优质树种之一。泡桐虽不是一种珍贵用材树种，但用得恰当仍是好材，如果我们知道它的性能并做到材尽其用，就能发挥它的许多独特的优良性能：它的木材纹理直，结构均匀，不翘不裂，易加工，变形小，隔潮性能好，对保护衣物非常有利；耐腐性强，是良好的家具用材；音质好，共振性强，又是良好的乐器用材；木材不易燃烧，油漆染

图1　白花泡桐的花序

图2　毛泡桐（*Paulownia tomentosa*）林带

色良好，耐酸性强；泡桐木材可用以制作家具，可做箱柜、床板、桌子、水桶等；用以制作乐器，可做琵琶、古筝、月琴、大小提琴面板等；用在建筑上，多用做橼、檩、门、窗等；用在工艺方面，可做木碗、木碟、茶盘、花瓶、屏风等；还可做航空模型，各种填料，飞机、轮船内部的衬板等。每年日本民族的传统节日，都要穿和服、木屐，泡桐就是最好的木屐用材，泡桐木材是出口商品材之一，在国际市场上享有很高的声誉。还有，毛泡桐的果壳历史上作为瓷器出口时的填充料（图5、图6），它的果壳有一定的硬度，又不至于把瓷器挤坏，这是我国人民的创造，也因此把泡桐树传到了欧美。

"华而不实"这一成语就是出自泡桐（古时"华"与今天的"花"同义），用以指某人讲话讲得天花乱坠，但是却没有多少结果。从图7中看看泡桐的落花还真是不少呢！

泡桐叶、花、果、树皮均可入药，治疗慢性气管炎有显著疗效。花注射液可治疗细菌性炎症，桐花酊可治手足癣，桐根皮可治蜂窝组织炎，泡桐树还耐盐碱，对二氧化硫、氯气等有毒气体有较强的抗性。

只要用得恰当，泡桐全身都是宝。

图3（上图）　毛泡桐花枝。花冠紫色，唇形，内面有黑色斑点和紫色条纹。

图4（下图）　毛泡桐一年生枝条，长成大树后锯板成通直的良材。

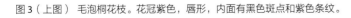

图5 毛泡桐果实卵圆形,顶端开裂,种子有翅,果实质地较脆,比瓷器稍硬。

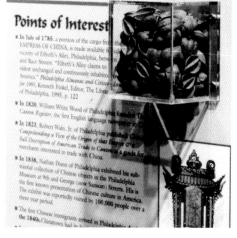

图6 毛泡桐果壳作为远洋运输瓷器到欧美的填充物,不意间竟把原产我国的泡桐树带到了那里长成了大树。图为美国费城博物馆展示清朝时期瓷器运美的历史,右下盒内装的是当年瓷器的填充物——毛泡桐果壳。

图7 毛泡桐花落满地是我国经典成语"华而不实"的典故出处,意即话语说得天花乱坠,实际结果却很少见。

毒品植物不能试

毒品植物对于人类的危害已是尽人皆知，对它各方面的认识的加深有利于从源头上打击毒品犯罪。下面就三大毒品植物作一简单介绍。

一、罂粟

又称鸦片，为罂粟科罂粟属的一年生草本植物。茎直立，高达 1.2 米，叶片长达 25 厘米，宽达 15 厘米；花大，单生于茎顶，花瓣 4 片，有白、粉红、红或紫色等多种色彩（图 1、图 2），雄蕊多数，雌蕊一个，没有花柱，柱头呈放射状位于子房顶部。罂粟的名称就是从它的子房象形而来，"罂"意为罐，"粟"即小米。罂粟作为药用已有 3000～5000 年的历史，古巴比伦在 5500 年前即用作镇痛药，罂粟制品"底野茄"（Theriaca）早在公元 1624 年明朝天启年间随荷兰人混合吸食鸦片和烟草的方法传入我国，从此鸦片就在我国传播开来。鸦片是懒庄稼，每年 11 月播种后，可以不理不顾任其生长，只需间苗一次，不需施肥、浇灌和田间管理，来年 2 月就可开割。在罂粟的果实外面划上几刀，就流出白色的乳汁（图 3），在空气中氧化成黑色的鸦片。鸦片中有三十多种生物碱，主要的镇痛成分是吗啡（Morphine）。它是一种五元稠环化合物，含量为鸦片中的 10%。1815 年德国药物学家 F.Sarturner 首次分离出纯吗啡，并以希腊梦神 Morphine 的名字命名，吗啡的毒性比鸦片大 10～20 倍。由吗啡加 2 个乙酰基，成为"双乙酰基吗啡"，就成了海洛因（Heroin），又称"白粉"，它的毒性又比吗啡大 5 倍。

人脑中有一种接受吗啡的装置 —— 鸦片受体。正常情况下，人脑中的内源性吗啡肽与鸦片受体相作用，调节着人的情绪和行为。吸毒者吸食鸦片后，吗啡便通过血液集中在受体密度最高的地方，那里正好是痛觉传导通路和情感作用最集中的大脑某部位，所以在镇痛的同时能刺激出一种莫名的欣快感。于是大脑就在外源吗啡的作用下与鸦片受体之间形成了新的平衡，一旦停用便出现"戒断反应"，其症状是不安、焦虑、忽冷、忽热、流泪、流涕、恶心、呕吐、腹痛、腹泻。如此反复发作，促使吸毒者不顾一切地再度觅食，反复使用以致产生耐受性、身体依赖性和精神依赖性，造成精

图 1（左图） 罂粟（*Papaver somniferum*）为罂粟科植物，花朵艳丽，有毒。

图 2（右上图） 罂粟白花品种

图 3（右下图） 罂粟的果实上划伤以后流出白浆，干后黑色即为鸦片。

神紊乱，产生异常行为，最终导致瞳孔极微小，皮肤发黑，呼吸极慢，终至呼吸中枢麻痹而死。吸食毒品既对吸食者的身体健康有害，同时又带来严重的社会问题。

我国 1949 年以前有毒贩 40 万人，吸毒者有 2000 万人，新中国成立后经过整顿，结合土改，800 多名毒枭被处死，禁绝了帝国主义带来的鸦片毒害。近年由于经济利益的驱动，也由于我国毗邻世界上两个最大的毒品生产地 —— 金三角（缅甸、老挝和泰国的交界地）和金新月（阿富汗、巴基斯坦和伊朗的交界地），那里的毒品泛滥对我国构成的威胁不会在短期内彻底消除。

报载，上海市 1992 年以来吸毒人员猛增 100 多倍。据公安部统计，截至 2013 年 5 月底，中国有吸毒者 222 万人，金三角地区是我国毒品消费的主要来源，约占 60%～70%；2013 年 6 月 4 日，上海禁毒工作新闻发布会透露，上海已发现并登记的吸毒人员为 6.7 万人，且 2008 年至 2013 年间以 10% 的幅度不断增长，其中尤以年轻人居多。我国的禁毒形势依然严峻。值得注意的是，有些青年出于好奇，想体验一下吸食毒品后的快感。这种猎奇思想是极其危险的，因为毒品一旦上瘾就不能自拔

了，那些因毒犯罪、倾家荡产、妻离子散的人何尝不知道走错路了，到那时他已经被毒品绑架而不顾后果了。所以我们要大声呼喊：毒品植物不能试！

二、古柯

为古柯科古柯属的常绿灌木，单叶互生，叶革质、倒卵形，单花腋生，黄色，果红色。原产南美洲（图 4），长期以来人们对它的毒性认识不清。安第斯山区的农民和矿工自古以来就有咀嚼古柯叶或用以制成茶饮用的习惯，以此消除疲劳，增强耐饥渴的能力，当地人对其作为药品的神奇功效趋之若鹜。香草茶、巴拉圭茶就是用古柯叶添加茴香、春黄菊等天然香料制成的。在秘鲁、玻利维亚等国，政府还曾以立法的形式促进出口，政府投资修港口、公路，支持古柯种植业和加工业的发展，使之成为国民经济的支柱产业。请看种植古柯与其他经济作物的产值差距有多大：种一公顷古柯产值为 6400 美元，种一公顷咖啡产值 1500 美元，种一公顷香蕉产值为 600 美元，种一公顷棉花产值仅 300 美元。而且古柯是多年生的灌木，种植一次，多年收入，比一般的作物方便多了，由此可见它对农民、农场主的吸引力有多大。

图4 古柯（*Erythroxylum coca*）果枝

为什么称古柯为毒品植物呢？因为古柯叶中含有多种生物碱，其中最高的为可卡因，大约1公斤古柯叶浆可以提取90克可卡因。它的化学结构是由甲基芽子碱与苯甲酸形成的酯，它是一种局部麻醉药，常用于手术中，可卡因使人神经兴奋，产生经久不衰的欣快感，可以毫无倦意地从事长久而紧张的脑力和体力劳动，竟然一点也觉察不出是在药物的支配下。但是长期使用可卡因就有体重下降、忧虑、失眠、面色发白、呕吐、脉搏衰弱等症状，进而产生幻觉而自残，并有迫害、嫉妒、妄想而无端动用暴力，进行所谓的报复，以致犯罪，最后导致呼吸衰竭而死亡，这就表现出了它的毒品属性。

美国曾提出几项禁止种植的措施。1. 洒落叶剂，像美国在越南战场上使用过的那样。但是，当树木叶片脱落之后，它们又会再次萌发新叶，农民的损失并不很大，何况古柯可以活200年，所以此法看来是行不通的。2. 施放食叶昆虫。那些农场主听到这措施，还没等到美国培养出大量的食叶昆虫，他们先已准备好了"高效杀虫剂"，严阵以待，看来此法也是收效甚微的。3. 立法严禁种植。立法当然可以，但是若在短时间里实行，则国民经济的支柱倒塌，大量人员失业，必然造成社会动荡。就以玻利维亚为例，全国600万人口中从事古柯种植和加工的农民就有50万，1986年曾获利30亿美元，一下子禁止确实会造成社会不稳定。所以切实有效的途径是推广"替代种植"：一方面，大力宣传禁毒的必要性、种植毒品危害他人，进行思想教育；另一方面，推广经济价值较高的作物让农民依然有饭吃，同时推进当地的医疗、卫生工作，经过不懈的努力转变人们的思想，求得禁毒工作的实效。

顺便提一下，"可口可乐"（cocacola）这一世界著名饮料的品牌中曾经添加了可卡因，它的前半段名称——coca就是植物古柯的种加词，当初为的是让人上瘾之后可以大赚其钱，后来发现它的毒性太大，于是取消了，代之以咖啡因。

三、大麻

又称火麻、胡麻，是大麻科大麻属的一年生草本植物。掌状复叶，雌雄异株，原产亚洲中部，现遍及全球（图5、图6）。在我国种植的大麻都是作为纤维，用以制麻袋、麻绳、纺织等。作为毒品的大麻主要是指矮小、多分枝的印度大麻，它的全身都有一种叫作"大麻脂"的物质，含有400多种化合物，从中可提取毒品——四氢大麻酚（THC）。印度大麻主要产在墨西哥、哥伦比亚等中南美国家，非洲及印度也有。

大麻是当今世界上最廉价、最普及的毒品，它的剂型很多，可吸食、饮用、吞服，甚至加工后可以注射，一支掺有大麻毒品的"香烟"可供好几个人吸食，价格也很便宜，所以称它为"穷苦人的毒品"，而可卡因则称为"富人的毒品"。吸食大麻后的危害表现为以下四点。1. 神经障碍：发生意识不清、抑郁等，对人产生敌意或有自杀意愿、偏执和妄想。2. 记忆和行为损害：可使记忆力、注意力、计算力、判断力减退，使人思维迟钝、木讷。3. 影响免疫系统：易受感染，所以吸食者患口腔肿瘤的多。4. 影响运动协调：造成站立平衡失

图5　大麻（*Cannabis sativa*）。在我国种植的大麻，形态与毒品大麻一致，但无毒性。美国已允许毒品大麻公开出售。

调，失去复杂的操作能力和驾驶机动车的能力。几个吸毒者在一起常表现为莫名的傻笑、愚蠢性的欢乐歌唱等，但难做依靠智力的综合活动，他们不能恪尽社会职责，易带来社会问题，并造成经济损失。

吸食大麻的人员主要在美洲，据说前些年美国有 1/3 的高中生品尝过大麻的味道。

除了上述三种毒品以外，近年新型毒品悄悄进入娱乐场所。所谓新型毒品，是相对于海洛因、大麻和可卡因等传统毒品而言，主要指人工合成的精神类毒品，包括冰毒（甲基苯丙胺）、摇头丸（苯丙胺类兴奋剂）、K 粉（氯胺酮）、麻果、"开心果"

和"迷幻蘑菇"等，其中又以冰毒为最。冰毒即去氧麻黄素，又称甲基苯丙胺。由此再精加工而成的透明体即为"冰"，吸食米粒大小的"冰毒"极易成瘾。它是精神类的毒品，会破坏人的中枢神经导致精神失常，一旦断药则表现为戒断症状，再次寻求吸食，症状随即消失，如此循环愈演愈烈，最后痉挛而死。一些以为冰毒不会上瘾的人最终付出了惨痛的代价。还有许多原本作为药物的，处理不当，也会对人造成毒害。例如：仙人掌科的乌羽玉（图 7），又名僧冠拳，植物体内含有仙人球毒碱，是南美洲印第安人用来祭祀神灵的一种致幻植物。在特定的宗教日子里，在宗教首领的带领下，人们成群结队地来到乌羽玉生长茂盛之地，向它膜拜，

图 6   大麻的雄株（左）和雌株（右）的茎端，中间为它的花果解剖。

图 7   乌羽玉（*Lophophora williamsii*），仙人掌科的致幻植物。

图8　曼陀罗（*Datura stramonium*）

图9　烟草（*Nicotiana tabacum*）

然后切下最嫩的部分，放在口中，慢慢咀嚼，不久便"受到神的召唤"，共同进入"天堂"，出现各种色彩的奇妙幻觉，如看到一枚金币就满眼全是金币，看到人是小小的，好像自己脱离了身躯，达到幻游，从而度过一段美好的时光。嚼食多了能使瞳孔放大、体温上升、精神萎靡不振。目前嚼食的人数已达25万之众。

曼陀罗又叫洋金花（图8），也是致幻药物，含有莨菪碱、东莨菪碱、阿托品等多种生物碱，它会干扰和破坏人体正常的传导功能，使人出现瞳孔放大、心动过速、躁动不安、谵语等症状，并产生幻觉。

几乎所有的致幻剂都来自植物，它们主要集中于真菌类的5科21种，以及双子叶植物中的19科41种。在人的大脑和神经组织中存在许多传递信息的物质，如：乙酰胆碱、去甲肾上腺素、5－羟色胺、多巴胺等。这些物质担负着调节神经活动、协调精神功能的重要使命。而多数致幻剂的化学组成与人体内这些物质的分子结构相似，因而参与和影响神经传递过程，扰乱了大脑的正常功能，导致精神疾病。

另外，烟草（图9）制成的香烟、雪茄等，对人体有害无益，也应该属于此类。

叶面上的一场战斗

叶片上的昆虫在忙些什么 在糯米椴的叶片上我们发现了成行排列的蚜虫，在它的周围还有几只大蚂蚁（图1）。我们不妨思考：蚜虫在叶片上干什么？蚜虫为什么不是像蚂蚁那样分散在叶片上而是成行排列？蚂蚁在叶片上干什么？蚂蚁靠近了蚜虫张开大口，是否想吃掉蚜虫？

蚂蚁的喜与乐：蚜虫吸树汁，蚂蚁吃"蜜露" 原来蚂蚁对蚜虫是很"温柔的"，它用柔软的触角依次轻轻地抚摸一只只蚜虫，当某只被抚摸到的蚜虫尾部翘起来，蚂蚁就知道蚜虫要排出含糖的水珠——蜜露，于是就凑上去"欢欢喜喜地"吃这滴营养液（图2），而且还会很"友好地"反哺给刚刚爬上叶片的同类（图3）。蚂蚁对蚜虫好比人们对于放牧的羊群，可以随时取得其奶液为自己补充营养。在这里我们不妨思考：蚜虫和椴树之间是什么关系？蚜虫和蚂蚁之间又是什么关系？蚜虫为什么要排出蜜露？

蚂蚁的怒：天敌降临，瓢蚜大战 大家知道，蚜虫的天敌是瓢虫，如果瓢虫来到叶片上，吃掉蚜虫，蚂蚁没有了营养来源，它肯定"不乐意"。

为此，我人为地制造了一场"瓢蚁大战"：从另一棵椴树上用镊子夹住幼瓢虫的肉质毛，提到蚜蚁共居的叶片上方。尽管离叶片还有10厘米左右的高度，蚂蚁却全闻到了，立即在叶片上做出非常发怒的姿态：它们张开大牙，举起两条前腿，并使劲地往上甩动两条触角，警告敌人不得来犯。此时还能听到叶片上发出"嗒嗒"的声音。我不禁想问：蚂蚁凭什么知道敌人将至，它的嗅觉器官在哪里？蚂蚁会不会叫，有没有发声器官，叶片上的声音是怎么发出来的？此时的瓢虫幼虫被我夹在镊子尖上，尽管下面有蚂蚁示威，它还是"降落"到了叶片上，蚂蚁被这不听劝告的行动激怒至极，纷纷快速冲上去就咬（图4）。按理，接着应该发生一场剧烈的厮杀，但是奇迹出现了：瓢虫幼虫被咬了好几口，却似乎什么也没发生过，依然向前慢悠悠地走着，而蚂蚁却全部失去了战斗力。

蚂蚁的哀：蚂蚁个个都"站着发呆" 原来，它们中毒了，它们的大牙（上颚）半张不开，触角向后耷拉，用后面4条腿站立，把整个身子举

图1　蚂蚁（蚁科 Tormicidae 弓背蚁的一种 *Camponotus* sp.）和蚜虫（*Aphis* sp.）在糯米椴（*Tilia henryana* var. *subglabra*）的叶片上。弓背蚁在叶面游荡，随时警惕来犯者以保护蚜虫。蚜虫却显得挺守规矩的：两只一排，一动不动，其实它们正在进食 —— 盗食植物赖以生存的养料。

图2　蚜虫在蚂蚁温柔的抚摸下，把尾部翘起并排出一滴蜜露，蚂蚁正好凑上去吃蜜露（这是瞬间即逝的画面）。

图3　先上来的蚂蚁反哺给后来者，这种现象在蚂蚁家族里是很普遍的。

图4　瓢虫幼虫"来到"叶面，蚂蚁主动发起攻击，瓢、蚁大战随即开始 —— 蚂蚁立即迎上去咬它的肉质毛。

得高高的，前腿无力地举起，似乎在痛苦地呻吟，完全失去了几秒钟前的威风（图5）。

　　设想一下，如果这时的瓢虫已经饿了，它就会转过身去大啖蚜虫，一饱口福。过不多久，蚂蚁从中毒状态中苏醒过来，这时它也学乖了，再也不敢正面冲向瓢虫，即使碰上了，也不敢张嘴，只是心有不甘，依然用触角监视着它的敌人瓢虫，以防其冲过来咬自己（图6）。我们又制造了一场瓢虫成虫与蚂蚁的战斗：从另一棵椴树上捉一只瓢虫成虫，把它放到蚜蚁共存的叶片上。大战随即开始，蚂蚁闻、见瓢虫来犯，立即“大怒”，张开大口，冲上去就开咬。但它马上发现瓢虫的硬壳使它的大牙到处打滑，使不上劲（图7），即使爬到瓢虫身上，还是奈何不得。（此处提示我们：瓢虫的硬壳是进化的产物，是防止蚂蚁等其他昆虫咬噬的“保护装备”，所以它的头部也有盔甲。否则颈部被咬一口，头就掉下来了，岂不完蛋了？）于是蚂蚁又使出一个新招：弯下头去试图把口器插到瓢虫的硬壳下把它掀翻，然后咬它没有硬壳保护的部分。谁知瓢虫也来了一个新招：把六条腿一收，蹲下，使整个身体紧贴在叶片上，就像一只倒扣过来的碗。如此一来，蚂蚁更无从

下口了。有时几只蚂蚁会围攻一只瓢虫，一只蚂蚁侧着身子，企图掀翻瓢虫，另一只则张开大口，高举起右后腿参与搏斗（图8）。我又产生了疑问：蚂蚁为什么高举起它的右后腿？瓢虫的幼虫也是吃蚜虫的能手，体表只有肉质的毛，没有硬壳保护，蚂蚁能否战胜它呢？直到瓢虫把叶片上的蚜虫全部吃光，蚂蚁没了甜食，也就“无可奈何”地离开叶片，另求出路去了。这就是瓢蚁大战的必然结果。

　　上面我们已经把树、蚜、蚁、瓢虫四种生物间关系的事实展示出来了，同时看到了蚂蚁的喜、怒、哀、乐——蚂蚁在叶片上见到了蚜虫心生“欢喜”，它吃到了蜜露肯定很是“快乐”，瓢虫前来把它“激怒”，通过战斗它无可奈何地被抢去食源，实在是“悲哀”。下面我们来探讨几个问题。

　　1.蚜虫在叶片上为什么成行排列？我们知道，蚜虫是刺吸式口器，植物经过光合作用制造的有机物是通过维管束中的韧皮部向下输送的，蚜虫要汲取植物光合作用的产物，必须把口器插到叶脉的韧皮部中才可以。因为叶脉是整个叶片物质输送的通道，如果它把口器插在叶肉部位，它就

图5 蚂蚁中毒发呆了。第一回合的结果是，瓢虫若无其事继续前行，而蚂蚁却不动了——它们纷纷用四条后腿站立，两条前腿无力地挂下，触角也无力地耷拉下来不再往前扫视，最厉害的武器牙齿也半张不开。

图6 过不多时蚂蚁缓过神来，但它们依然敌视瓢虫幼虫，可是它们也学乖了。你看，上面一只蚂蚁让瓢虫过去了，它的口还未张开——是不敢鲁莽了；下面一只蚂蚁不敢直接面对瓢虫，而是等它走过去时用右侧的触角监视着瓢虫，以免瓢虫转过身来咬它。看来它们是没胆量进行第二回合的战斗了。

图7 我用镊子夹住一只瓢虫的成虫，欲放到叶面上。当离叶面还有十厘米时，蚂蚁便闻到了（蚂蚁的嗅觉器官在触角上），在叶面上做出如前激烈的反对动作之后。当我真的把它放下去时，蚂蚁便上来咬它，但是发现到处打滑无从下口。此时我才明白：瓢虫不但有一对硬壳保护身体，它的头部也是有硬壳保护的，所以，蚂蚁不可能一口咬下瓢虫的头。这硬壳是该种群在历次搏斗中逐步变异得来的。

图8 下面一只蚂蚁侧着身子正想把瓢虫掀翻过来，上面一只蚂蚁却高高举起右后腿。为何要高举一条后腿呢？请思考。

会饿着了，蚜虫必然会转移到叶脉上，尤其是较粗的叶脉上，所以蚜虫在叶片上必然是沿着叶脉成行排列的。在这过程中，它既破坏了叶肉组织，又带来了病毒，因此叶片上也就出现了块块枯斑。

2. 蚜虫是不是害虫？人们或许会不假思索地回答"蚜虫是害虫"。这样评论似乎是正确的，可是错了。今天我们必须懂得：每一种生物都是地球历史上经过千万年进化的产物，是唯一的。一旦丧失，便无法再生、无法复制。一个物种就是一个基因库，在自然生态系统中，它们各有自己的生态位，都是必须保护的。我们只能说农田中、花圃里的蚜虫是害虫，如果脱离了具体的时间、空间对一个物种下结论，那就是错误的。我们不妨设想一下蚜虫在自然界的生存意义：它把植物生产的糖分（由碳、氢、氧元素构成）通过排出蜜露转移到土壤，而我们在实验室里的实验证明了一点：在培养固氮细菌时，如果在培养基里加了糖分，那么固氮细菌就能生长得更好。土壤中固氮细菌多了，就能把空气中的氮气更多地转化成植物能吸收的氨态氮，植物便能长得更好。从这个意义上说，蚜虫不是帮了植物的大忙吗？要知道，植物用它自己能够制造的碳水化合物 —— 糖，经过蚜虫排到了土壤里，又经过固氮菌的作用，便得到了自己极其必需的氮素营养。换句话说，植物用它自制的碳水化合物换取了它生长所必需的氮素营养，因而长得更加茂盛。在这过程中，蚜虫的作用难道不应该肯定吗？有人可能会说：就这么一点糖，能起什么作用！这方面我可以给各位讲一个实例。有一次我骑自行车经过上海瑞金医院后面的建德路，道路两旁行道树是中国梧桐，此时树上长了很多蚧壳虫。它和蚜虫一样专吸树汁，此时蚧壳虫排出的蜜露已经把柏油马路都淋湿了，自行车在这路上滚动像行进在涂有胶水的路上，发出"吱吱"的响声。见此情景，可以想象蜜露有多少！可想而知，它们落入泥土后能培育的固氮菌一定也很可观，所以不能小看了这一滴滴的蜜露。

何况，蚜虫是许多小动物（瓢虫和各种小鸟）的天然美食，它是自然生态系统中的重要一员。科学的益害观是我们观察物种间关系的一个基本观点。我们人类在自然中也不过是一份子，我们不能凭人类一己的私利、一己的好恶对一种生物下一个好或坏的结论。

（问题讨论：通常人们把豺狼虎豹列为害兽，并由此造出很多贬义的成语，如：狼狈为奸、狼心狗肺、引狼入室、狼子野心、放虎归山等。从生物学的观点来看，应该怎样分析？现在欧洲各国如英国、挪威、波兰等正纷纷引进已经灭绝的狼，又是为什么？）

3. 上述几种生物之间的生态关系如何？大家可能都见过植物上的蚜虫和蚂蚁，但是，是否观察和考虑过它们之间的关系呢？我们不难排出下面的表格，这是科学研究中必须具备的科学的思想方法。只有充分理解，才能更好地感知。

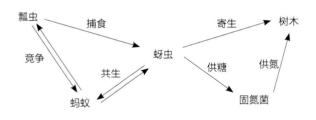

4. 蚜虫为什么要排出蜜露呢？有人认为，这是蚜虫招引蚂蚁过来以保护自己的巧妙方法，好像是蚜虫向蚂蚁"行贿"。其实不然。蚜虫一辈子以蜜露为唯一的营养来源，可是蜜露对于它，并不是均衡的营养品，糖分（C、H、O三种元素）过多，而它生长发育中极其需要的另一些元素——氮、硫、钙、磷等却严重不足。没有氮、磷、硫等元素，蚜虫就无法合成自身的蛋白质和核苷酸，也就不可能长大。其实，蜜露中是有这些营养成分的，只不过量少而分散。为此，它必须把自己的身体当作一个过滤器，从流经身体的大量糖液中截留住足够的微量元素及其化合物，以保证生长发育之需。因此，排出过多的糖分是它生理活动的必然，而绝不是一种有目的、有意识的讨好蚂蚁的行为。生物的进化是自然选择的结果，我们要避免用错误的"目的论"来解释生物间的关系。

5. 图8上方一只蚂蚁为什么高高举起它的右后腿？大家再仔细观察这张照片，如果蚂蚁把这条腿放下，不是正好在瓢虫口器的前方吗？瓢虫的口器也是咀嚼式的，它也可能咬住蚂蚁的后腿，所以说蚂蚁不但要咬瓢虫，而且还要防止被瓢虫咬到。看了这幅照片，我们不得不对蚂蚁表示敬意。它在搏斗时既要打到对方，又要防止被对方打倒，真不愧是天生的"武林高手""拳击冠军"。

6. 蚜虫的天敌是瓢虫。蚜虫的繁殖能力惊人，有"万子千孙"之称，一只蚜虫一天能产许多只小蚜虫，几天后就可以"五世同堂"。这里有一个观察的实例。一天早晨，我看见夹竹桃绿色的嫩枝上叮满了金黄色的蚜虫，使得枝条变成黄色的了，蚜虫下面的树枝上正好有 3 只瓢虫，于是我把这根枝条剪下来拿回家，插在水杯中，并且数了一下蚜虫约有 180 只。等到第二天早晨，再去看时，却发现枝条上已经一只蚜虫也不剩了。大约 15 只蚜虫的体积相当于一只瓢虫，也就是说，瓢虫那天的食量是本身体积的好几倍。如果让我们人类吃那么多的食物，能行吗？上面说的 180 只蚜虫可能还不够瓢虫吃饱，或许只要一两只瓢虫就可以在一天时间里把枝条打扫得干干净净了，瓢虫的食量确实惊人！瓢虫还能捕食介壳虫、粉虱及红蜘蛛等。瓢虫的种类很多，习性各异，在此就不展开了。

7. 科学的益害观要求我们不以人类的私利来判断生物的益或害，"狼"是最能说明问题的了。美国的黄石公园是世界上最早建立的自然保护区，由于狼群经常下山袭击牧人的羊群，1906 年美国总统罗斯福下令射杀全部 6000 头狼。大家知道，美国西部的牧民都有枪，于是黄石公园里的狼很快就绝迹了。几十年过去了，人们发现鹿群中疾病蔓延、健康下降，许多草食动物因青草被鹿群啃食过度而濒临灭绝。于是，20 世纪 80 年代，在生态学家的倡议下，美国从同样位于洛基山脉的加拿大重新引进了 25 头狼。这些狼不时地追赶鹿群，迫使那些鹿天天奔跑，其结果是狼成了鹿群的"体育教练"，那些老弱病残，那些落在后面的鹿不断被狼吃掉。如此一来，鹿的数量得以控制，鹿群得以复壮。此外，其他食草动物，如水獭等，由于鹿群过度啃食的减少也繁盛起来。狼在这个自然生态系统中起着关键的作用，生态学上称之为"关键种"（key species）。从此，许多欧洲国家纷纷开展"引狼入室"的工作。这就是不以人们一己的私利对狼的公正评价，这是正确的益害观。当然，如果狼进了村子，时间、空间变化了，就另当别论了。正像蚜虫在麦田里高发时，人们当然要消灭麦田里的害虫 —— 蚜虫，但不等于说蚜虫这个物种生来就是害虫。只是它在某个时间、某个地点与某些人的利益发生了冲突，由此引发了益害之争，但是不能否定它在自然界的作用，也不能漠视它在历史的长河中逐步形成的一套基因库。因为这是我们人类至今无法创造、复制的极其有用的宝库。

8.有人会问：这组照片是如何拍得的？当年，作者正在哈尔滨开会，期间去了哈尔滨国家森林公园，在两棵椴树上发现了一个有趣的现象：A树上有许多瓢虫，有各个发育阶段（幼虫、蛹和成虫），却难得见到蚜虫（估计蚜虫已被消灭光了）；B树上有蚜虫和蚂蚁，但没有瓢虫（估计是蚜虫刚上去不久，蚂蚁也已经发现蚜虫，但瓢虫尚未到达）。这一对比引起了作者的探究欲，于是放弃了去松花江、太阳岛、斯大林大街等地观光、购物的机会，一有时间便往森林公园跑，花了四个半天，单腿跪在地上，摄下了蚂蚁吃蜜露、蚂蚁和瓢虫争斗的一幅幅精彩画面。由此可见，要想办成一件事，是要有一种锲而不舍的精神的，要舍得放弃才能有所收获。同时，还要具备必要的技能。当时我自制了镜头倒接圈，在这次摄影中充分地发挥了它的作用。要是没有这倒接镜头，我真不知如何拍下这种小动物的照片呢！当然，现今我们的装备比几十年前有了很大的提高，这是后话暂不说了。第三还要有耐心等待的精神，这是无论拍鸟、鱼、兽等任何生物都需要的，世上没有一蹴而就的好事等着你。例如我拍图2蚂蚁吃蜜露，要等到蚂蚁和蜜露很近才好。但是，

这个时间实在是太短了，稍一迟疑蜜露就给蚂蚁吃掉了；若提早了，蜜露还没排出又是不行。为了这个画面，我一遍一遍地等待，共拍了十几张才从中选出一张。

通过这次观察，我也验证了一个理论：植物遭到侵害时会释放出"求救信号"——一种挥发性的次生物质，能够引来天敌昆虫，于是植物得救了。这一设想是否属实呢？人们经过一个实验得到了证实：他们把致害昆虫的唾液涂在机械创伤的伤口内，就会导致引诱害虫天敌种类的针对性的物质的释放，而单纯的机械创伤则不会引起这种物质的释放。而且已经分离鉴定出2种信号物质：B-葡萄糖苷酶和激活素，这些酶能激活植物体内某些特定的信号传递途径，导致某种相关代谢过程的启动或改变，从而引诱了昆虫的天敌。这是在大自然进化过程中，在适者生存、不适者淘汰的严峻条件下，由自然选择而延续，并在长期互相配合的过程中得到进一步加强的。这是最近二十多年才被人们证实的。由此人们也就想到，在当前化学农药污染日益严重、害虫的抗药性不断增强的情况下，随着植物新的"求救信号"的不断确认，有可能找到防治

植物害虫的最有效的新途径、新资源，并可能用基因方法使植物体不断产生这种信号素。若能这样，这将为我国农业可持续发展做出新的贡献。

变例及趣闻

1. 全世界的蚂蚁已知有一万种（未知的可能还有一万种），它们的习性各有特色，你对蚂蚁的行为如果进行一番观察必有新的收获。图9是扁豆上长满了蚜虫，蚂蚁也在上面，干什么？图10和图11是榆树的叶片受到刚孵出蚜虫幼虫分泌物的刺激，叶片细胞加速分裂而形成的一种畸形构造——虫瘿，里面安全地生活着许多蚜虫。树上有瓢虫、蜘蛛和蚂蚁，都等着蚜虫出来呢！如果你见到这种现象，就是观察研究的好时机。请你到自然界去观察：瓢虫一天能吃多少只蚜虫？称它为蚜虫的天敌有什么道理？

2. 蚁穴趣闻：每年夏天，血红林蚁（*Formica sanguinea*）都会捕捉奴隶。它们会潜入另一种蚂蚁的巢中，例如爱好和平的大黑蚂蚁（*Formica fusca*）的巢穴，杀死后者的蚁后，绑架蚁蛹并培育成下一代的奴隶。随着奴隶们在新巢里孵化，它们对自己被绑架的事情一无所知。它们会尽职尽责地收集食物，保卫整个种群，就好像这里是它们自己的家一样

3. 大部分蚂蚁十分勤劳，忙于完成日常任务，但也有一些蚂蚁无所事事。通过研究这些懒惰蚂蚁的解剖学和行为信息，发现它们并不像人们之前预想的那样在蚁群中"吃白食"。它们的体内能容纳更多卵细胞。这些结果表明，懒惰蚂蚁不是简单的年龄老、无法工作的工蚁。相反，它们可能是不成熟的工蚁。证据显示，它们可能在为同伴储存食物，它们的卵可能用来给其他蚂蚁吃。当这些懒惰蚂蚁能储存食物时，更大量的劳动力就会有用武之地，例如保卫巢穴。它还有可能代替因觅食而死去的工蚁。

总之，本文探究的是作者在野外考察中看到的一个现象，实录至此是想通过这个实例阐述生物界自然辩证的规律，纠正错误的"益害观"，介绍研究的科学方法和研究中必须具备的科学精神，并提出几个可供操作的变例，以供进一步的探究学习。

图9（左上图）　蚂蚁和扁豆藤上的害虫 —— 蚜虫。

图10（右图）　榆树上的虫瘿。这是蚜虫刺激榆树叶片后生出的瘤子，是蚜虫的避难所 —— 既可以吸树汁又不必担心被消灭。

图11（左下图）　左：剖开虫瘿，可见里面不少蚜虫正准备出飞；右：虫瘿外面的瓢虫已经等不及了，它们咬破了虫瘿壳，直接进去大快朵颐了。

麻黄 —— 到处生长却千里难觅

说起麻黄（图1—图3），我心里真是感慨万千：要采一个标本有时竟会那么难，况且还不是稀有的植物。你知道吗，我为了得到一个麻黄标本，竟花了几年的时间，行迹达陕西、河北、吉林、新疆、内蒙古和北京，可以说是经历艰辛。话得从头说起。

麻黄由于特殊的形态、功能和特殊的演化地位，使我迫切想得到它。以前虽然见过，由于当时既没有对它的精细结构进行观察也没有把它拍摄下来，所以还是得去找。从资料上看，麻黄广泛分布于我国北部地区。一天我到了新疆乌鲁木齐找到新疆农业大学（前称"八一农业大学"）基础部主任安争夕教授，问他哪里能采到麻黄。他指着窗外的妖魔山说，就在这山的背后有成片的麻黄。他看我很兴奋的样子，就问：这东西对你很重要吗？我说我在河北、陕西、吉林都没采到，来新疆两次也没采到，是很想要。于是他主动提出陪我去跑一趟。我怎么好意思让一位年过六旬的老教授陪我去采标本呢？但他热情地坚持着，穿起一双布鞋就出发了。我亦步亦趋地紧跟着，

心里想着，今天碰到热心人，我多年的愿望就要实现了！想到这里，就更来劲，脚步也跟得更紧了。可是要不了多久，他就遥遥领先地在前面等我了，待我气喘吁吁地赶到他落脚的地方，正想喘口气歇一会呢，他却又往前赶了，我只能使劲跟上。不多一会，这样的局面又出现了，我喘着粗气、拖着快走不动的腿、大汗淋漓地紧紧跟上，心想：人家是专程陪我来的，我怎敢浪费他的时间呢？经过两个多小时的攀登，我们终于到了山顶。沿着后山寻找麻黄，在新疆荒漠中一般的植物是远远望去就能看到的，不像在江南，林子密，一株植物在草丛中不易发现。但是我们在后山上上下下都找了，就是没有麻黄，有的就是木贼麻黄。安教授说这几年被挖光了。我拖着疲惫的身子，扫兴地回到"农大"，天都快黑了。找麻黄是我不会放弃的一个愿望，我还将找下去的。

又一次我到内蒙古考察，我想，这次总有机会采到麻黄了。汽车在草原上穿行了二十多天，竟然又没见着。回到北京，我对北京师范大学的周云龙老师说起这事，他很慷慨地同意送我一株。

图1　草麻黄（*Ephedra sinica*）生长在我国北方干旱的沙质土中，由于其叶片退化，所以不容易看到。

图2　草麻黄叶片2，对生，已退化成鞘状，靠枝条进行光合作用。

图 3　从收购的卡车上掉下来的一株草麻黄。

我如获至宝，回到上海马上栽起来，等待它开花。等到第二年，果然开花了，一看竟是一株雄株，拍了照片（图4），这次算是前进了一步，但还是没有解决好我的需求。拍麻黄，除了雄花以外，主要就是要拍它的雌花和"麻黄果"。

图4 草麻黄的雄球花

又一次我去北京出差，顺便打个电话给北师大的周云龙教授，为他几年前的馈赠向他表达谢意。他知道了我到现在还没解决麻黄的拍摄，便说明天就让他的研究生去采，并交代了他曾经采过的麻黄的生长地点、环境。两位研究生一清早便出发，结果回来告知：去了一整天，还是没有找到。这时我就着急地对周老师说，我明天18点要坐火车离京，如果一早去一次是否来得及？他一听我那么坚决、迫切，便主动提出我们俩明天一起去。于是第二天乘上头班车出了长城，到了京郊的延庆，然后租了两辆自行车，沿途找起来了。最后在一个不显眼的乱石堆上找到了，我赶紧拍照、记载、取样……然后赶紧往回赶，等赶到火车上不停擦汗，才坐定，火车就开了，心里是甜滋滋的。感谢周教授，也要感谢安教授他们能在自己百忙之中不怕劳累，伸出援手，圆了我的梦。回到上海又是栽培，等待它明年开出雌花……于是，今天朋友们能够形象地看到它的结构了。

有人会说，找这么一个不显眼的东西有何用？麻黄的生态很特殊：植物体为亚灌木或草木状，叶片退化成鳞片状，靠枝条进行光合作用，胚珠的先端延伸形成珠孔管；它是一种裸子植物，但它的木质部内有导管，又不同于其他裸子植物只有管胞没有导管；所以它被分在买麻藤纲中；但是它有颈卵器，又不同于买麻藤纲中的其

图5 草麻黄的大孢子叶球（雌球花）单生枝顶，有苞片四对，盖被把胚珠包围，珠孔管伸出，右边一滴水珠是珠孔管里分泌出来的"传粉滴"。

图6 草麻黄雌球花纵切

他植物；它是裸子植物，但是它的胚珠被叫作盖被的假花被包裹，又不同于一般的裸子植物……正由于此，麻黄的学术地位很特殊，科学价值很高，促使人们去探求（图5—图9）。麻黄含麻黄碱，能使支气管舒张，是哮喘药的主要成分；并能使血管收缩，有升压作用，另含挥发油及甲基麻黄碱，为发汗主要成分，根有明显的利尿作用。

值得注意的是，麻黄素近年已被毒贩子利用制成毒品。他们把麻黄素制成去氧麻黄素（又称甲基苯丙胺），又将其加工成一种透明体，外形酷似冰块，美其名曰"冰"，就是"冰毒"，吸食米粒大小即可成瘾。经历了这几年采集的艰辛，我才恍然大悟：我之所以难采到，可能就是与这个原因有关。"八一农大"的安教授陪着我爬到后山，本来大量生长的地方现在却已经不见踪影，所以本文的题目用了"到处生长却千里难觅"来形容麻黄今日的尴尬处境。麻黄被高价收购去了……毒品贩子可是刮地皮式的采收，连我们做个标本都没有，更别说资源保护、合理开发了。可恨的毒品，可恨的毒品贩子。

由上面的经历来看，对有特殊意义的植物进行采集、拍摄进而让大家认识并一起来保护，真是要有心人坚持不断地工作才能完成。其实，任何科学事业都一样，都需要我们以科学的态度、忘我的精神，坚持不懈、锲而不舍地努力才有可能做出结果。我在写作本书时，就是这样寻找所需要的植物。在这里，我也把这点体会告知年轻人，期望你们做出更大的成绩。

图 7　草麻黄苞片离析。左：枝顶及雌球花；中：三对苞片；右：
第四对苞片种子成熟时干褐色和棕色的盖被分别包着两颗胚珠，现
已发育成两粒种子。

图 8　草麻黄结出的"麻黄果"

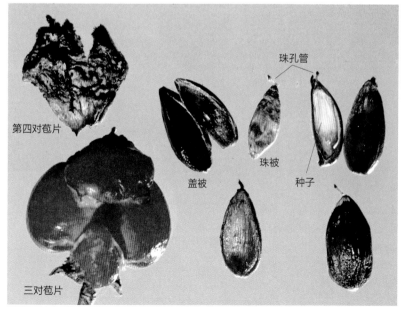

图 9　"麻黄果"解剖：下面三对苞片肉质、红色，第四对苞片干褐色，里面有种子两颗。种子具一层硬壳状的盖被和一层珠被，珠被顶端延伸形成珠孔管。

海南遭遇山蚂蟥

海南岛是我们向往已久的地方，那婆娑的椰林、那宽阔的海滩、那茂密的热带森林……让我神往。一次终于获得机会，去考察海南岛的热带森林。我带着研究生在尖峰岭森林里穿行，在巨大的板根周围留影（图1），见识了许多闻所未闻的植物：如，犁头尖的花序是那样的臭，以致我们误认为是踩到了大粪，其实它是一种吸引苍蝇传粉的策略。簕竹真是名不虚传，它浑身长满了坚硬的刺而且方向不一，怪不得当地人用它防止盗贼。我想，如果哪个盗贼掉到簕竹丛中，那他是绝对逃不了的，只能等着让人把他从簕竹丛中解救出来并送派出所。那些鸟巢蕨、鹿角蕨、崖姜蕨像筑在树干上的鸟巢，向四周张开它大大的叶片，吸收林下微弱的光线；膜蕨的名称和它十分般配，它的叶片只有一层细胞，犹如薄膜状在树干上静静地过着安稳的日子（图2）。而地衣植物松萝则像森林中的老者，在树干上挂着长长的胡须，一年又一年地吸收空气中的矿质元素，依靠阳光不断生长（图3）。我们还见到了猫尾木，它的果实就像长长的猫尾巴，毛茸茸地挂在树木

的高处。人们以为热带森林里面一定很茂密，其实错了，由于高大的树木遮住了阳光，所以林下反而显得空空荡荡，有时一些巨大的藤本植物从高处挂到了地面，或者一些耐阴的蕨类植物、兰科和棕榈科的植物在林下顽强地生活着，间或可以看到只有2米高的禾本科的阔叶箬竹稀稀拉拉地在林下生长着。但就在这种看似单调的林下，也可以有惊人的发现。这里分享一例。

林下除了有趣的动植物外，还有许多不受欢迎的吸血的小动物——小咬、各种蚊子。而最可怕的要算热带的山蚂蟥，我曾被它弄得手足无措。那天，在林下找到了向往已久的植物松叶蕨（图4）和瓶尔小草（图5），我赶紧扒开杂草，蹲在地上用相机拍下它们。我为这里丰饶的植物资源兴奋不已（可能就在我蹲下拍照时山蚂蟥上身了），暮色中带着满足的心情走出了森林，不期一场热带常有的大雨劈头盖脑砸了下来。情急之中，我把装相机的挎包挪到胸前用手臂护着，举起一枝长约1.5米的芭蕉叶，用手托着，冒雨回到林场（图6）。饥肠辘辘的我丝毫没有觉察到

图1 在海南的密林中作者站在巨大的板根前，一手拉着长长的从上挂下的藤萝。

图2 膜蕨（*Hymenophyllum* sp.）只有一层细胞的叶片，高不过八厘米，长在潮湿的雨林树干上，正悠闲地进行着有性繁殖。

图3（左图） 地衣植物松萝（*Usnea* sp.）像森林中的老者，须发飘逸地挂在树枝上，一年又一年地吸收空气中的矿质元素，依靠阳光不断生长。

图4（右上图） 蕨类植物松叶蕨（*Psilotum nudum*）是松叶蕨亚门不可或缺的典型代表。

图5（右下图） 蕨类植物瓶尔小草（*Ophioglossum vulgatum*）是真蕨亚门厚囊蕨纲的典型代表。

图6 兴奋地割一片芭蕉叶为伞，冒雨回到驻地，不知蚂蟥已经上身。

图7 腹股沟处被热带蚂蟥叮上了，有些不知所措。

山蚂蟥正在吸我的血。待我吃过饭用手往黑色的裤腿上一摸，顿时大吃一惊：怎么满手掌全是血？待我把裤腿卷起到大腿根部，才发现了伤口，鲜血汩汩冒出，以3～4条血流往外涌出，漫过膝盖流向脚踝。我一脸惊恐，知道山蚂蟥叮上了我的股静脉。这可是右下肢的一条大静脉啊！（图7）正在我不知如何是好时，林场的职工告诉我：用伤口同样大小的高锰酸钾结晶敷上去就能止血。我照办了，而且用量比他说的还要多，结果还是没有止住。最后还是场长的土办法见效了：他从茅屋顶上撕下一小片盖屋顶的棕榈科植物的叶片，用火烧成灰，然后抹到伤口上。血终于止住了，但血水（淋巴液）还在慢慢地往外渗出。待我坐林场的吉普车回到驻地时，我发现坐垫已经是一片湿漉漉的了。在慌乱之中，我还没有找到这罪魁祸首——蚂蟥，不知道它究竟有多大，因为这和我们在黄山、天目山的经历大不一样。在黄山茶林场，我们曾在雨中采集标本，半个小时之内就可以从裤腿外的爬山袜子上抓走四五十条蚂蟥。有的蚂蟥甚至趁着雨水爬到头顶在头皮上吸血，有的爬到衬衫里面在胸口吸血，以至于到了第二年出差时再拿出野外工作服，竟然发现裤袋里面还有两条已经干瘪的蚂蟥干。蚂蟥叮咬的结果一般是吸去多少血还要流出多少血，一条火柴梗那么大的蚂蟥吸饱了就像一粒饱满的花生米，因此流的血也不过这么些。海南的蚂蟥让我流的血何止是黄山蚂蟥的几十倍！原来蚂蟥吸血时先用后部的吸盘吸住人体，前端 Y 型的口器中有极细的齿，以闪电的速度刺破皮肤，同时分泌蛭素和组织胺样的物质，使伤口的神经末梢麻痹，血管得以扩张，血液就源源不断地吸进蚂蟥的胃中。海南蚂蟥的蛭素特别多，所以我流的血也特别多，亲身经历海南蚂蟥的厉害让我终生难忘。现在人们已经将蚂蟥的蛭素、抗血栓素等用于治疗中风、心绞痛、肿瘤等疾病，用蚂蟥治疗断指再植术后瘀血，医用水蛭成了中国外科医生经常使用的医学动物。

从热带雨林回到了住地，惊魂甫定，马上想起了采回来的标本——松叶蕨和瓶尔小草。这两种蕨类植物是很难采到的，尤其在我付出了血的代价之后显得更加珍贵，我必须在当晚趁它鲜活的时候拍摄下来。于是，在海南炎热的晚上，在头上滴着汗水、腿上还有血水渗出的情况下，全神贯注、不慌不忙地把这两种难得的植物仔仔细细地进行精细解剖的拍摄，直到半夜两点才结束。这两种植物也就成了向学生介绍蕨类植物的极好材料：松叶蕨是蕨类植物四大亚门之一的首选代表，它的演化地位很特殊；瓶尔小草也是真蕨亚门中厚囊蕨纲的典型代表。终于完成了它们的拍摄，我可以心满意足地休息了。拖着疲惫的身体想上床睡觉，但一想我这么睡下去，不是弄脏了招待所的被褥吗，于是拿出塑料雨衣垫在床上，迷糊着睡了一阵。不久天就亮了，第二天的工作又开始了。野外工作有苦也有乐，只有在艰苦的条件下不忘自身的研究题目，才有可能达到光明的彼岸。

在采集标本时被蚂蟥叮上，同时又能拍到这些珍贵的资料，值！

长白山找水晶兰遇森林螨

　　植物都是绿色的，都能进行光合作用，这是人们的常识。但是在植物王国的大千世界里竟然有雪白透明的、浑身像玻璃制品的植物，它的大名就叫"水晶兰"，是属于被子植物纲水晶兰科的植物。20世纪60年代，我曾在浙江的密林中目睹它的芳容，但是当时没有照相设备，未拍摄下来。1992年有机会与东北师大的师生们一起上长白山考察，我的目标之一就是拍下水晶兰的照片。这种植物长约15厘米，茎、叶，花瓣通体透明，只有花蕊中绽出一点棕黑色，给人婀娜多姿、冰清玉洁的感觉。只是很难见到，有的人做了一辈子的植物工作也未能碰上一回。

　　那天，我和研究生小车一起来到长白山，找了半天难觅芳踪。这时只见一群大学生叽叽喳喳地下山来，我想他们人多眼多"观点多"，于是便问道："采到水晶兰了吗？""采——到——啦——"，学生们拖着长音欢呼道，一支小白花举到我的眼前，可惜已被碰断了。我惋惜地用一根细细的木条插在断的茎里把它连接好，然后用苔藓、泥土支好，反复端详、拍照，总觉得美中不足——细看照片的人会发现这是"断肢再植"（图1）。

　　我想，既然已经在这里采到了水晶兰，说明这里就可能有另一丛。很多成功都在于"再坚持一下"，于是我对小车说："我们再去找找好吗？"这将意味着拖着疲惫的身子继续爬山，来时乘专车45分钟的路程，将要靠两个脚板花几倍的时间走回去。小车见到我热

图1　球果假沙晶兰（*Monotropastrum humile*）通体雪白，我国广布，但找到它并不容易。

切的眼神，只得变摇头为颔首。

我们俩各扳了根树枝，一边拨草寻觅，一边声声呼唤："水晶兰 —— 水晶兰 ——"，空旷幽深的森林里回响起两人此起彼伏的嗓音。两人顺人字形两边找开去，一会不见了人影。在这人迹罕至的森林，在这大小咬围追堵截的地方，不免有几分凄凉、几分恐惧，忙互相召唤，聚到一处再找开去。太阳渐渐西沉，第二株水晶兰终没出现。

我对小车说："找过了，没找到，以后也不后悔。"

回去的路上，发觉脖子异样，抓下一看，是一种八只脚的褐色小虫，绿豆般大，纸样薄，一连抓下十多只。当我们回到驻地，还没进屋，就被东北师大的同志吓住了："你们身上肯定有草爬子，它会传染森林脑炎的，快在室外先把衣服脱光，抖刮干净。"这时我们才意识到问题的严重性，因为我们身上已经抓走十几只虫子了，小车忙去医院候诊。"给草爬子咬了没法治，就看你的运气了。"医生的话着实让我们受惊不小。东北师大的同志们早在 3 个月前就打过两次预防针，而我们才来，打预防针也没用。这种草爬子名叫"森林螨"，是蜘蛛的同类，属于蛛形纲。吸血时整个头部都会钻入皮肤内，被咬的人中有 4% 会得脑炎，病的潜伏期是两个月，如发病，不是死就是瘫痪、痴呆。回沪时，我打趣地对东北师大朋友说："三个月内不给你们发讣告，就说明没事。"所幸最后只是一场虚惊。

抱着满心的希望远途来到长白山，结果仍是落空，这是常有的事。真所谓"踏破铁鞋无觅处"，这就要看谁不放弃，坚持到下

图 2（左页大图）　球果假沙晶兰。水晶兰科的腐生植物，在枯枝落叶很厚的泥土中才能找到它。

图 3（左页小图）　球果假沙晶兰的基部。没有主根，粗细相等的、肉质、脆质的多数菌根组成团块状。

一次"得来全不费工夫"了。果然，事隔 15 年之后，在 2007 年考察福建宁德时又见到了它，于是我把它细细地拍了下来（图 2 —图 5）。

野外工作有苦也有乐。当腰酸腿疼、气喘吁吁地爬上一座高山，但见云环雾绕或霓虹及顶，飘飘欲仙的感觉哪是城里人能够体会的？我曾在新疆参加具有浓郁民族风情的哈萨克族婚礼，围坐在毯子上合着拍子击掌祝贺新人喜结连理；也曾在内蒙古进入蒙古包，像藏民那样用手指搅拌着喝酥油奶茶、吃糌粑。当时的种种愉悦又岂是常人能享受到的？当爬上冰川，脱去衣服赤膊贴着大冰川留影，拍下壮丽的冰川地貌时，很自然地引发自己对祖国大好河山的热爱与眷恋。想想我们能到这些边疆地区考察，这是我的导师郑勉等老一辈的科学家很少能做到的，那时正是 20 世纪二三十年代，国力贫弱，而我们今天有党的坚强领导，有解放军的保护，才有了社会的稳定，有了我们出去考察的可能。当采到稀有珍贵的植物时简直是欣喜若狂，那个时候我们会手舞足蹈，大叫大笑，会长时间地沉浸在幸福、满足的心境里。年轻时曾经表示愿为祖国服务终身，只要祖国需要我们去哪里，我们就在哪里生根开花。现在已经八十多岁了，这样的豪言壮语已属多余。祝愿有缘翻阅本书的年轻人能够志向高远、努力工作，不断前进，做出更大的贡献。

图 4 球果假沙晶兰通体晶莹剔透。

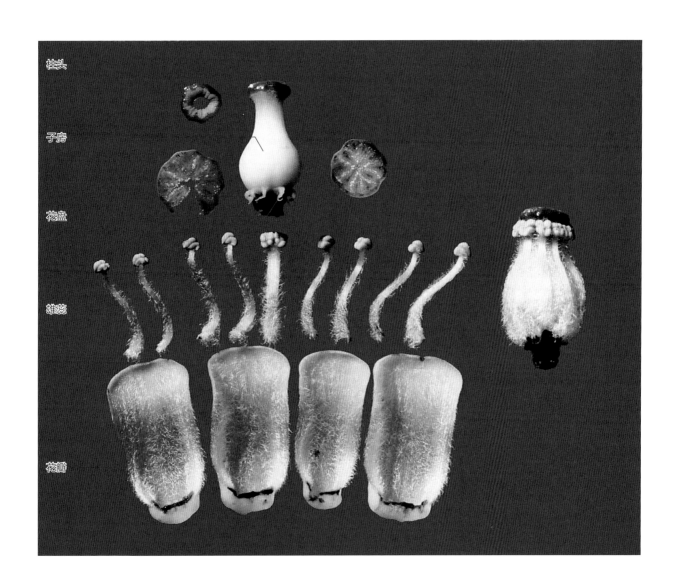

柱头

子房

花盘

雄蕊

花瓣

图 5　球果假沙晶兰。多年生，腐生草本：花瓣 3～4，基部浅囊状；雄蕊 8～10，花丝多毛，药侧裂，裂瓣向内，黄色；子房基部有 9 裂的花盘，尖锥状。子房白色，柱头边缘黑色，侧膜胎座。

讲不完的植物故事

生物钟

常春油麻藤演化中的
奥妙

植物的三重婚配制度

神秘的黑花

探访猪笼草在我国的
独子

旱金莲雌、雄蕊七上八
下的智慧

为传粉，三色堇巧布
"机关"

堇菜属植物的两种生存
策略

又一种闭锁花 —— 三
籽两型豆

太子参的两种花

1. 能进行光合作用的蓝细菌（Cyano-bacteria）

原始海洋中诞生了蓝细菌（又称蓝藻）这种能够进行光合作用的原核生物，其生物体的单个细胞无细胞核。

蓝细菌通过光合作用释放出氧气，从而逐渐改变了大气层的成分，为所有需要氧气的生物创造了条件。

卷曲藻（*Grypania*）

光合膜　食物泡

细胞壁　拟核　质膜

现今的单个蓝细菌结构

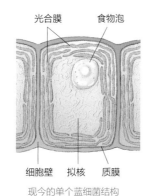

3. 多细胞藻类的出现

真核细胞和多细胞藻类的出现，大大加速了地球生物物种多样性的产生。

多细胞的进一步分工与合作，为有性繁殖创造了条件。

5. 两栖型陆生植物

叶状体植物（细小、匍匐性的植在地上，它们从赤都有分布，显示了

随着这些低矮物进化的乐章开始

轮泺

地球诞生
（约46亿年）

地球形成于大约 46 亿年前。生命在原始海洋中大约诞生于 35 亿年前。从那时起，我们这个星球上的生命之河便奔流至今，不曾有片刻停留。在这波澜壮阔的生物进化史中，默默无语的植物对地球上的其他生命至关重要。作为地球上最早期出现的生命体，它们通过光合作用改造原始大气、制造和积累有机物，为其他生物的诞生和演化提供了种种先决条件，可谓居功至伟。

植物扎根陆地、开枝散叶、传粉结果并非天经地义之事，而更像是充满偶然性的、跌宕起伏的史诗。在穿越数十亿年时光的漫长历程中，它由最低等的蓝细菌，逐渐演化成多细胞的藻类，再拼尽全力，离开海洋登上危机四伏的陆地。紧接着，一步步地繁衍出苔藓植物、石松类和蕨类植物、裸子植物和被子植物，最后才成为我们今天所看到的丰富多彩的植物类型。

这里就植物先锋们的进化之路做一简单的介绍。

2. 真核细胞（Eukaryotes）的出现

真核细胞的出现是生物进化史上一次大的飞跃。有了它，才能进化出各种各样的真核细胞藻类，并且使藻类进入最繁盛的阶段。

真核细胞的结构趋于完善，极大地提高了物种的变异性，为演变出各种更高级的动植物提供了基础。

核仁　内质网　核糖体

细胞核　线粒体

高尔基复合体　液泡

叶绿体

细胞壁　质膜

现今的单个真核细胞结构

4. 宏体植物的出现

宏体多细胞藻类，如绿藻、藻和褐藻等进一步繁盛。这些藻体形较大，一般都在几毫米到厘米间，用肉眼都可以清楚看到。

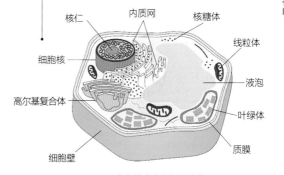

附录一
植物的进化

蓝田生物群。亿万年前，产自中国的海生藻类是最的绿色植物之一。

松柏类和苏铁植物快速发展

松柏类和苏铁植物快速发展，舌羊齿（Glossopteris）统治地球。

舌羊齿植物的叶子发现于远离的▢和不同的纬度，它们拼合在一起▢成了超大陆（冈瓦纳大陆）的一部▢舌羊齿植物的分布成为"大陆漂▢说"最重要的证据之一。

舌羊齿
（Glossopteris）

白垩纪　约 1.45 亿年前

13. 被子植物首次出现

裸子植物、南洋杉形木属、蕨类植物、苏铁类、银杏类、松柏类依然处于统治地位，但被子植物首次出现。

种子蕨类逐渐被淘汰，南洋杉形木属等松柏类植物占据陆生植物的统治地位。

辽宁古果（Archaefructus liaoningensis）（1.25 亿~1.27 亿年前）

第三纪　约 0.655 亿~0.2303 亿年前

15. 被子植物占主导，禾本科植物增多

古新世，大量现代的植物科进一步演化，仙人掌科、棕榈科均在此期得到发展。

温暖的气温继续保持，使得雨林得以扩展，并分布至地球的几乎每一个角落。

石松众多

重要的史▢的煤炭资▢繁盛，高▢沼泽遍布

侏罗纪　约 2.1 亿~0.9 亿年前

12. 多种子植物（Hydrasperman）的出现

本内苏铁植物是中生代最常见的植物类群之一。有些早期的本内苏铁植物具有分离的雄性和雌性器官，但大多数具有像花一样的两性生殖结构，类似于被子植物的花托。

本内苏铁植物的两性"花"使许多古植物学家将它视为被子植物可能的祖先。

本内苏铁目（Bennettitales）

白垩纪　约 1.45 亿~0.7 亿年前

14. 被子植物迅速发展

被子植物得以迅速发展，繁茂的开花植物，吸引着大批传粉昆虫。以昆虫为食的小动物便迅速发展起来，花和传粉者之间形成了许多不同的协同演化途径。

一些被子植物的种子能够在动物掠食者的消化道中安然无恙，动物的活动和排泄大大帮助了它们的散布。

美国蜡梅（Calycanthus floridus）

第四纪　约 0.2303 亿~0.018 亿年前

16. 禾草类植物迅速发展

随着气候的变冷，禾草类植物迅速发展，并逐渐居于统治地位，马、貘、犀牛以及鹿类等食草的有蹄类哺乳动物也迅速发展。它们又为狮、虎、豹一类的大型肉食动物的崛起提供了可能。

ria）

的出现

（Thallophyta）是一种个体十分
物，带状扁平的叶面紧紧地贴
直到高纬度地区、热带到寒带
很强的环境适应能力。

植物登上陆地并开始蔓延，生
主陆地奏响。

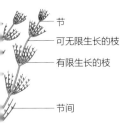

节
可无限生长的枝
有限生长的枝

节间

假根

植株

志留纪　约 4.3 亿年前

阿格劳蕨（*Aglaophyton*）复原图

7. 陆生维管植物的出现

晚志留世，由于出现了陆生维管植物，植物完成了真正意义上的登陆过程。

最古老的陆生维管植物是阿格劳蕨（丽藓蕨），它们是一种植物体裸露的植物，没有根茎叶的分化，但出现了与根茎叶相似的器官。

石炭纪　约 3.5 亿~2.5 亿年前

鳞木（*Lepidodendron*）

9. 大型维管植物（Tracheophyte）的繁盛

在石松类植物的演化中，一些类群（如鳞木）拥有高大树木般的体型。它们的茎干高达 30~40 米，直径 2~3 米，与今天的那些参天大树相比毫不逊色。

这些植物拥有多个共同点：拥有允许它们长高的维管组织；体表具有角质层，可以帮助它们抵御干旱；这类植物已不再是发育自单倍的配子体，而是源自二倍体孢子体。

11

羊

产

形

分

移

三叠纪　约 2.99 亿~2.35 亿年前

奥陶纪　约 4.65 亿年前

红类厘

6. 陆生有胚植物（Embryophytes）的出现

原始海洋中一些进化的藻类植物不仅分化出不育细胞来保护精子和卵，还将结合后的受精卵留在母体内，成为胚。胚在植物体内得到有效的保护和照顾，大大提高了繁衍成功率。

在植物进化史上，胚的出现成为植物登陆成功的关键之一。

这些植物根本没有维管组织（输送水分的组织），因此只能生活在离开阔水域很近的地方。

泥盆纪　约 3.8 亿年前

8. 前裸子植物（Progymnosperms）的出现

植物适应陆地生活之后，它们在进化中出现了胚珠。如古羊齿属（*Archae-opteris*），它们的孢子体基本结构已经与当今种子植物中的柏类相似了。

胚珠的出现，为受精作用的发生和形成种子提供了有利条件，使植物的受精作用可以不依赖于潮湿环境。

古羊齿属植物

二叠纪　约 3.18 亿~2.6 亿年前

10. 裸子植物增多，苔类、木贼

对人类来说，石炭纪可能是最前纪元之一，因为我们人类开采源，一半以上都产自石炭纪地层。

当时气候温暖湿润，植物极其大的蕨类树木组成森林，湖泊和大陆。

封印木（*Sigilla*

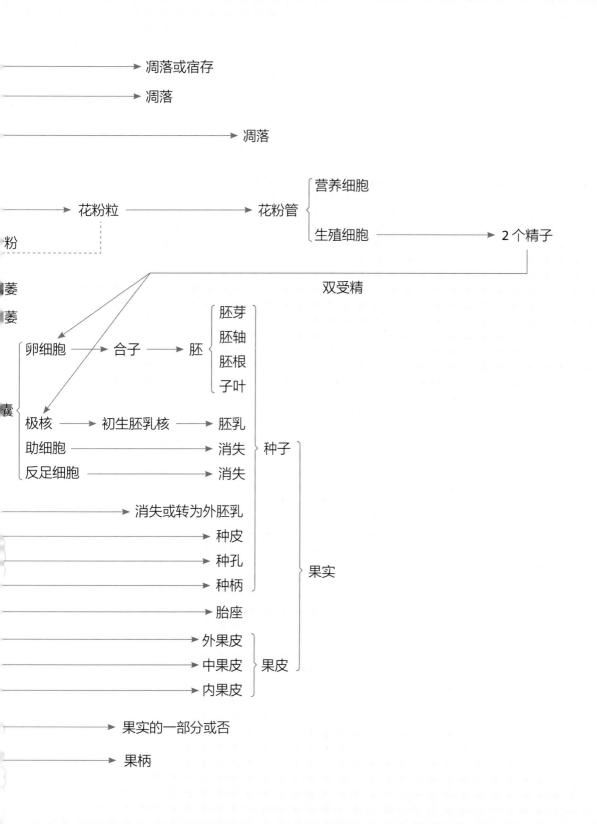

凋落或宿存

凋落

凋落

花粉 → 花粉粒 → 花粉管 ⎧ 营养细胞
⎩ 生殖细胞 → 2个精子

双受精

萎

萎

卵细胞 → 合子 → 胚 ⎧ 胚芽
⎪ 胚轴
⎪ 胚根
⎩ 子叶

囊 ⎧ 极核 → 初生胚乳核 → 胚乳
⎪ 助细胞 → 消失
⎩ 反足细胞 → 消失

种子

消失或转为外胚乳

种皮

种孔

种柄

胎座

果皮 ⎧ 外果皮
⎪ 中果皮
⎩ 内果皮

果实

果实的一部分或否

果柄

附录三
从花朵开放至形成
果实、种子成熟的
过程中植物体各部
分的演变

花
├ 花萼 ────────────────
├ 花冠 ────────────────
├ 雄蕊
│ ├ 花丝 ──────────────
│ └ 花药
│   ├ 药隔
│   └ 花粉囊 ──────────
│   传
├ 雌蕊
│ ├ 柱头 ──────→ 凋
│ ├ 花柱 ──────→ 凋
│ └ 子房
│   │   ──→ 胚
│   ├ 胚珠
│   │ ├ 珠心 ───────
│   │ ├ 珠被
│   │ ├ 珠孔
│   │ └ 珠柄
│   ├ 胎座 ──────────
│   └ 子房壁
│   ├ 外层 ───
│   ├ 中层 ───
│   └ 内层 ───
├ 花托 ────────────────
└ 花柄（花梗）────────────

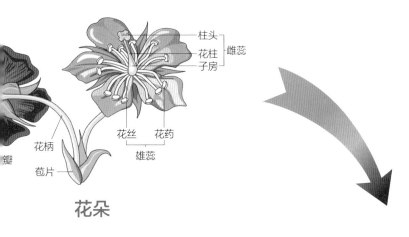

花朵

柱头
花柱
子房
雌蕊

花丝 花药
雄蕊

花柄
苞片
瓣

附录二
植物名词图解

果实

果柄
花萼
外果皮
种子
中果皮
腔室
胎座
维管束

种子

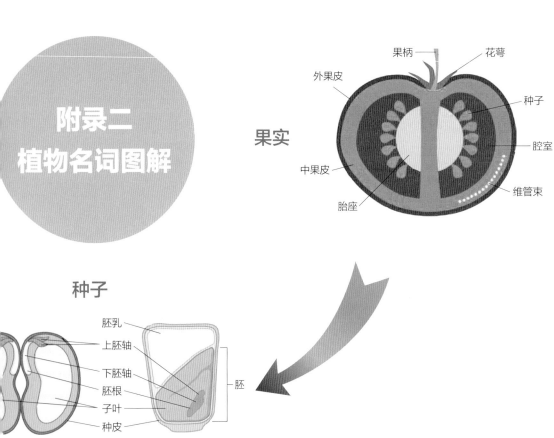

胚乳
上胚轴
下胚轴
胚根
子叶
种皮
胚

子叶植物
单子叶植物

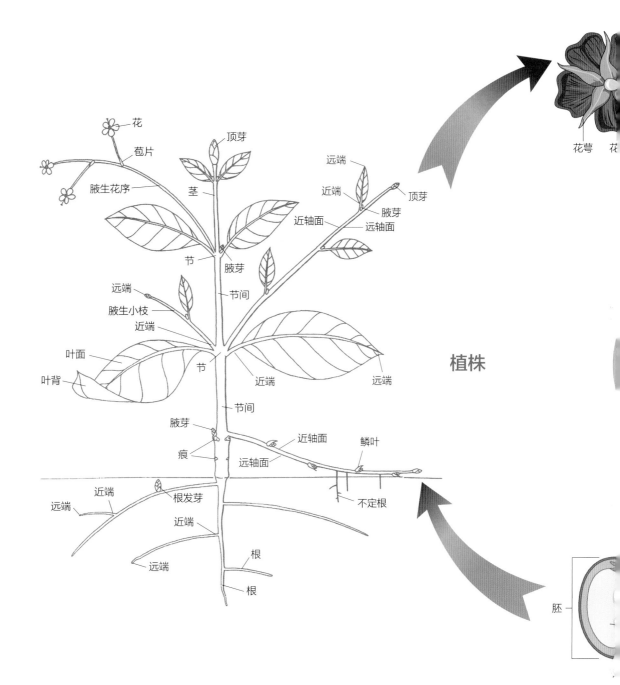

花

苞片

腋生花序

顶芽

茎

节

腋芽

远端

近端

近轴面

远轴面

顶芽

腋芽

远端

腋生小枝

近端

叶面

叶背

节

节间

近端

远端

植株

节间

腋芽

痕

近轴面

远轴面

鳞叶

近端

远端

根发芽

近端

不定根

远端

根

根

花萼　花

胚

后　记

这可能是我的最后一本书，在封笔之时想把我这一辈子做学问、健体、交友、为人之道写出来。尽管这方面的论述网上已经很多，但我想一吐为快，不愿把话憋在肚里。如果年轻人能从中汲取一两点有用之言，指导将来，我也就满足了。

首先想到的是 5 年前（2015 年）的八十寿辰答词：

我今年虚岁八十了，学生们要为我祝寿，我想：祝什么呢？有什么事可供自己高兴的呢？有什么事可供学生们借鉴的呢？七十以后一晃就到八十了，再两个"一晃"就上一百了。这是奢望，还是趁早把老来之事想好，交待好，以后就活一天赚一天，活到哪天算哪天。今天首先要感谢学生们的一片心意，为我举办了这次寿宴，学生们的爱戴对我来说是至高无上的荣耀，我深知它在我心中的分量。

我的一生可以说得上丰富多彩。为抵御帝国主义的封锁，1960 年曾考察云南橡胶宜林地，为我国橡胶事业的发展贡献了力量，当时付出的辛劳以及汉傣共欢的营火欢聚至今仍历历在目。为癌症病人在山里寻找抗癌药，在暴雨中脚步不停地四处寻找，尽管脚上套着爬山袜子，身上穿着雨衣，还是全身湿透，身上爬满了山蚂蟥，只半个小时就从身上抓下四五十条。我们只能每半小时清理一次，洗澡时从头皮中还摸出一条，第二年上山时又从放了一年的裤袋里摸出两条蚂蟥干……山里最怕的动物倒不是巨型的野兽，而是小不点儿的东西：跳蚤——让你坐立不安；森林螨——一种吸血时用头部钻进人皮下的小虫，让你在往后 3 个月中担心是否染上了会突然发作的脑炎。野外工作艰苦异常，其中当然还有常人无法享受的登高望远之乐，采到新、稀植物之喜，那时我会对着天空大笑大叫……这些正是吸引我乐此不疲的内在动力。

接下来倚老卖老地提几条对年轻人的希望。

1. 人际交往最重要的一点就是待人以诚，不算计对方，这到哪里都是颠扑不破的为人之道。你真诚待人，换来的必是他人的真心。你们都是国家培养的有一技之长的人才，千万不要把自己掌握的一技之长据为私有，因为用这种态度处世，必然没有真心朋友，或者会失去一个又一个真心朋友。只要不是属于国家机密的事，应该让大家了解或者动员多数人参与，这才是正道。《中国植物精细解剖》一书含1100个属，就是我动员了其他五位同志，六人通力合作的结果。

2. 坚持实事求是的严谨学风。不弄虚作假，这样老来就没有后悔之事；心地坦荡，才能为颐养天年做好心理上的准备。

3. 关心自己的身体，注意每天锻炼，不能因为忙而把这事丢诸脑后。所谓"锻炼"，不一定是指运动会上的项目，只要炼到自己有感觉就行。我每天去复兴公园一个多小时，包括快走、筋骨操。我已经不能和年轻人相比，只能尽己之力，就怕几天不动今后就再也动不起来了。

还有两点很实用的健康小窍门。1. 从中年甚至青年时起就关注自己的牙齿健康。一反"老掉牙"的旧观念，尽可能做到老而牙不掉，这样你的老年生活将因为不挑吃食、吸收充分而充满乐趣。2. 从中年开始密切关注自己的腿部健康，"把人老腿先老"的时间尽量往后推移，特别是把膝关节的退行性病变控制在可忍受的范围内，如此一来，你的老年生活将因行动自如而令人羡慕。

我在工作中不刻意追求名气，自认为就是一介书生，是一个对学生充满善意的普通教师，有什么成就那也是自然生成的。譬如，我写的一本科普书《植物的智慧》原来是针对学生在学习中的问题而写，不被早年毕业的学生看好，所以找不到合作者，只有孤家寡人出书，谁知出版后居然产生了强烈的社会反响，完全出乎我的意料。下面选择四段老辈长者、老朋友、老学生给我的勉励之言，以此自贺生日；也用以鞭策自己努力把《中国植物精细解剖》一书做好，以实际行动表达对他们的谢意。[①]

---

① 该书已于2018年12月出版。上册为纸质图书，全彩，共596页；下册为电子书。

中国科学院王文采院士来信：

今天中午收到您的新书《植物的智慧》，内容极为精彩，深为感谢！被子植物来到地球一亿多年了，到现在演化出二十多万种、一万数千个属、四百多个科，没点适应多变环境的能耐、本事，是不能成为现在这样一个丰富多彩的大群。您这本新书表现了植物许多方面的本事，是对植物演化研究的新贡献，可喜可贺！

王文采　2014 年 2 月 27 日 [①]

北京大学汪劲武教授来信：

寄来的大作《植物的智慧》收到 …… 你身体已完全恢复了？这也是可喜的大事。年岁不大，不到 80，大有可为，但望别太累了，注意以保护身体为第一要事，事业还可再做些，适可而止为盼。

问好！

汪劲武 2014 年 2 月 27 日 于北大 [②]

北京师范大学周云龙教授来信：

…… 内容非常丰富 …… 从中的确能够增长很多科学知识，即使是大学教学，如果能够应用到有关的内容中去，肯定可以大大提高教学效果，也会激发学生的学习兴趣。…… 让我分享你的成果，祝贺你！老朋友，有机会到上海去看你。代问你老伴好！

周云龙　2014 年 4 月 [③]

广州南方医科大学（原第一军医大学）龙北国：

马老师深受一届又一届学生的敬仰和欢迎，我认为主要是因为他的心永远年轻，永远爱

---

① 王文采院士是植物学界的老长辈（时年 93 岁），《中国高等植物图鉴》一书（七册）的主编。王文采院士对我鼓励有加，我当努力。

② 汪劲武，北京大学著名植物学教授，一位不知疲倦地整天忙于标本室的学者，我尊敬的长辈。他说我年岁不大，可见他看小 78 岁的人了。其实我们都已老矣！这是不争的事实。

③ 周云龙，北京师范大学《植物生物学》教材的主编。也是书中专程陪我出长城赴延庆，采到麻黄的热心人。我清晰地记得那天清晨我们俩乘头班车出长城，傍晚当我带着疲惫而喜悦的心情赶回火车，坐定下来不一会儿火车就开了……由此教材上就有了麻黄的解剖图。周教授真是雪中送炭啊！我感铭在心。果然如他所言，2015 年他来上海了，我们相见甚欢。

着学生。……我在大学教了 23 年，深深体会到"传道"的重要性，但"亲其师"，方可"信其道"……我会好好拜读您的大作，并将相关内容在我所开设的选修课"宇宙、生命起源与进化之启示录"中讲授，和学生们一起分享您的的感悟。谢谢您！

龙北国　2014 年 2 月 22 日 [①]

另外，把我父亲早年教我的十六字格言送给大家："**戒忙中错，慎嘻中言，忍怒时气，惜有时钱**。"这 16 个字帮助我少犯许多错误。每当自己情绪亢奋或难以控制时，只要想到父亲的教诲，心就静下来了。先考虑自己该取何种态度，事情就不会走到岔道上去。

以上是我想到的一些心里话。期望你们每个人都过得比我好，"青出于蓝而胜于蓝"，这是自然规律。再次谢谢各位的光临！

自诩为八旬老翁的马炜梁
2015 年 10 月 22 日（农历九月初十）

这本《植物的"智慧"》是 2013 年出版的《植物的智慧》一书的修订版，整个修订工作花费了我一年半的宝贵光阴。这一版是对老版的"脱胎换骨"和"后出转精"，和老版相比至少有如下的不同。第一，重新撰写前言，集中讨论了什么是植物的智慧，结论是：植物没有主动应对大自然变化的智慧，我们所信以为真的植物智慧应该打上引号，所以书名也相应做了修改。第二，立基于演化的大视野考察形形色色的植物对不同生境的巧妙的适应性，对原有的篇什进行了较大的增删、调整，正文文字和图注文字都有大幅度的修改，不仅更正了多处不当，提升了叙述的生动性和通俗性，而且紧扣植物"智慧"这一大话题来探讨各种植物个案，使各篇之间形成内在的呼应。第三，本版的图文版式较第一版有了质的提高，所有图片都经过了精心的调修，这得益于责任编辑的敬业精神。第四，本书还大胆地尝试了"融媒体"出版，在纸本书内附赠电子资源（含与本书主题相关的十篇文章和多个植物小视频），读者扫码即可欣赏。第五，寿海洋同志撰写了《一

[①] 龙北国，我三十多年前的学生（83 级，87 届）

朵花能结几个果，一个果能有多少颗种子？》以及三篇附录，还提供了多个视频，协助编辑审校稿件、勘正植物的拉丁学名。

最近一年半，我为《植物的"智慧"》的文字改写与内容提升倾注了大量的心血。在我心里，这个修订版更像是一本新书。敬请读者提出宝贵意见！

在《植物的"智慧"》的成书过程中，还得感谢如下几位。1. 不能忘记我所在单位的历届党政领导，他们默默无闻地在背后支撑我，没有他们在科研时间、出差经费、科研器材等方面的大力支持，我将一事无成。对这一点，我一直是牢记心间、感恩不尽的。2. 我的中学母校——上海市市南中学。七十多年前母校的老师们以多少个45 分钟的辛劳给我打下了文化的基础，特别是生物课上徐祥生老师对我有深刻的影响（这位老师就是后来在东吴大学和南京师范大学长期担任系主任的徐祥生教授）。3. 我的研究生导师、华东师大郑勉教授（中国植物学会名誉理事长）为我打下了坚实而正确的植物分类学基础。4. 我的父亲马树荣培育了我的摄影爱好，养成了我坚持终生的锻炼习惯，教会了我如何做人、不讲假话。5. 我的夫人江悦琴教授是本书的第一位读者，也是第一位批评者，她包揽了众多家务，让我能够全身心地去往各地，沉醉于植物世界的解剖、拍摄与写作。6. 本书的责任编辑周志刚精通编辑业务，不仅对文字而且对彩色图片眼光犀利。他善于发现问题、善于团结周围的人；他虽然是文科出身，但通过编辑工作，凭着自己的好学也已成为植物学的内行。祝愿他成为精通百科的专家。

我一路走来，这些热心人的扶持、指点是我能取得一定成绩的关键，我衷心地感谢你们！

马炜梁

2020 年 10 月

于上海华东师范大学